高等学校教材

新编基础化学实验（Ⅰ）

——无机及分析化学实验

第二版

倪哲明　刘秋平　夏盛杰　主编
浙江工业大学化学工程学院　编

化学工业出版社
·北京·

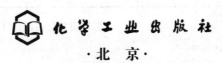

本书首先介绍了化学实验基础知识与基本技能，然后按基本操作实验、常数测定实验、元素性质实验、定量分析实验、基础综合实验等5个方向设置了61个实验，实验内容安排由浅入深、由简到繁，有利于学生实验操作水平的提高。最后一章安排了7个英文的常规经典实验，为学生专业英语水平的提高打下了良好基础。

本书可作为高等院校化学化工类专业本科生的实验教材，对其他专业亦适用。

图书在版编目（CIP）数据

新编基础化学实验. Ⅰ——无机及分析化学实验/倪哲明，刘秋平，夏盛杰主编. —2版. —北京：化学工业出版社，2015.9 （2024.8重印）
高等学校教材
ISBN 978-7-122-24368-3

Ⅰ.①新… Ⅱ.①倪…②刘…③夏… Ⅲ.①无机化学-化学实验-高等学校-教材②分析化学-化学实验-高等学校-教材 Ⅳ.①O6-3

中国版本图书馆CIP数据核字（2015）第135686号

责任编辑：宋林青　　装帧设计：史利平
责任校对：宋　玮

出版发行：化学工业出版社（北京市东城区青年湖南街13号　邮政编码100011）
印　　装：河北延风印务有限公司
787mm×1092mm　1/16　印张12¼　字数300千字　　2024年8月北京第2版第8次印刷

购书咨询：010-64518888　　售后服务：010-64518899
网　　址：http://www.cip.com.cn
凡购买本书，如有缺损质量问题，本社销售中心负责调换。

定　　价：25.00元　

前　言

著名化学家门捷列夫说过，“从开始有测量的时候才开始有科学”。化学实验无疑是近现代化学快速发展的基础。本书自2006年出版以来，已在许多高校使用，受到师生好评。古人云“十年树木，百年树人”，10年后的今天，当代化学的发展已日新月异，化学教育，尤其是化学实验也注入了许多新思想、新理论和新技能，如绿色化、减量化、仪器化、信息化，化学实验更加注重生态环保，更加关注学生绿色化学素养和理念的养成，因此，本书的修订再版，体现了现代化学的特征和时代的潮流。我们教学团队在《新编基础化学实验(Ⅰ)——无机及分析化学实验》第一版的基础上，做了大量的修正与修改，使得第二版的实验内容更加丰富、实验手段更加环保、实验仪器更加充实，整本教材更加国际化。具体修改和修正的工作有以下几个方面。

1. 从环境保护的角度出发，加强了实验室废弃物处理的内容，尤其增加了无机化学实验常见废弃物的处理方法。同时，我们对第一版中一些强酸强碱的用量进行了减量处理，如实验34中原来的1∶5浓硫酸的用量从30mL减少到15mL。在不影响实验现象的情况下，尽可能减少药品用量，如实验60中减少取样量一半，使随后的所有试剂都有了相应的减少，等等。

2. 尽量选用无毒无害的实验内容，修改了部分实验。如实验49，把使用苯的同系物改用醇的同系物，受到学生与教师的欢迎。

3. 更新了新型号的仪器，如电子天平的使用实验，用了新型号的天平。更新了部分新的网址与网站。

4. 为了适应日益增长的国际化需求，编写了新的章节，如增加了第七章英文实验。

第二版的工作主要是在第一版的基础上完成的，化学实验教学示范中心副主任刘秋平老师完成了实验内容的修改，化学系的夏盛杰博士完成了英文实验的编写工作。全书由倪哲明策划与统稿。

由于编者学识水平所限，本书难免有疏漏或不当之处，恳请各位读者及专家不吝赐教。

编者

2015年5月于浙江工业大学屏峰校区

第一版前言

化学是研究物质的结构、组成、性质和变化规律的学科。化学实验是化学研究的重要手段和方法，从某种意义上讲，化学是一门实验科学。大学化学基础实验是理工科学生所必须经历的基本教学环节，是从感性到理性，从理论到实践，加深对物质变化内在规律认识的重要途径，是培养学生基本化学素养的有效方法。因此，根据现代化学发展的特点和趋势，科学地设置大学化学的实验内容，让学生接受完整的化学实验技能和方法训练，是深化大学基础化学实验教学改革的重要内容，而组织编写《新编基础化学实验》是教学改革的一次尝试。

长期以来，四大化学（无机化学、有机化学、分析化学和物理化学）的实验彼此独立，自成体系，许多实验内容交叉重复，实验室的资源分散，仪器设备不能优化配置，实验教学改革不能适应基础化学教学的需要。《新编基础化学实验》系列教材科学、合理、有效地重组实验内容和体系，打破学科的界限，目的是使学生更好地掌握化学实验的基本操作技能、基本实验方法，培养学生分析和解决基本化学问题的能力，为今后专业教学和研究奠定良好的基础。

《无机及分析化学实验》是此系列教材的第一本，本书主要是针对大学低年级学生而编写的。本教材具有以下几个特点。

1. 实验内容的安排以加强实验技能的综合训练和素质能力培养为主线，将实验内容分为三个层次：基本技能训练实验；应用技能训练实验；综合技能训练实验。三个层次的实验由浅入深，由简到繁，由单元技能训练到组合技能训练，最后跨入综合性设计实验，循序渐进，逐步提高。让学生逐步建立应用意识，掌握必备的化学实验技能和方法，确立正确的量的概念，培养良好的实验素养和严谨的科学态度，使学生初步具备获取知识的能力和开拓创新的能力，并树立不断学习、终生学习的观念并学会科学的思维方法。

2. 实验内容涉及无机合成、组分提纯、定性和定量分析、物性及相关化学常数测定。由于实验独立设课，因而教材中增设实验原理、方法与技能的理论课内容。

3. 本实验教材的特色是增添了许多综合性实验。这些实验需要综合已学知识，结合实践，运用综合技能完成。实验中结合了计算机辅助教学，力图达到提高学生素质和实践能力的目的。

4. 本教材在编写中，改变了单一传授技能训练的模式，加强了学生自行设计类型的实验内容，让学生有充分思考、开拓和创新的余地，让学生在参与设计性的综合实验中，体会科学研究的特点和规律。在编写时还从不同层次的实验教学要求出发，在每一类型实验中都编写了一组平行实验，以供挑选。所以本书也可供其他学校化学化工类或相关专业的学生选用。

参加本实验教材编写的主要有陈爱民、赵少芬、王力耕、黄荣斌、曹晓霞、程晶波。潘国祥为本教材的编排付出了辛勤的劳动，浙江工业大学化学工程与材料学院的领导和实验中心的老师也对本书的出版作出了贡献，在此一并感谢。

用新的教学思想和理念编写实验教材是一种新的尝试，限于编者水平，书中疏漏和不当之处在所难免，恳请使用本书的师生、读者批评指正。

编　者

2006年6月于朝晖

目 录

第一章　化学实验基础知识与基本技能

第一节　实验室基本知识

一、实验室学生守则

（1）学生进入实验室工作，应严格遵守实验室管理条例，服从管理人员的安排。

（2）实验前必须认真预习，明确实验目的和基本要求；掌握实验原理、方法及步骤；了解仪器操作规程、药品性能和实验过程可能出现的问题。综合性实验必须在实验教师的指导下拟定正确的实验方案。

（3）实验过程中，须正确地进行操作，避免实验事故的发生。要爱护仪器设备，除指定使用的仪器外，不得随意乱动其他设备，实验用品不准挪作他用。

（4）要节约水、电和药品。对有毒有害物品必须在教师指导下进行处理，不准乱扔、乱放。

（5）不迟到，不早退，不无故缺席。如有特殊事情，必须与任课教师请假，并及时补做实验。

（6）因违反操作规程损坏或丢失仪器者应按有关规定赔偿。

（7）实验过程中，要保持室内安静，不准高声交谈，不得到处走动、影响他人实验。

（8）实验完毕，要及时清洁工作台，把清洁后的仪器、工具放回原处，并报告指导教师或管理人员，经同意后才能离开实验室。

二、实验室的安全与防护

在进行化学实验时，常会用到一些有腐蚀性、有毒、易燃易爆的化学药品以及玻璃仪器，某些电气设备、煤气等，如果不严格按照一定规则使用，容易造成触电、火灾、爆炸以及其它伤害事故，所以了解实验室的一般安全知识是防止事故发生、确保实验正常进行和人身安全的重要保证。

1. 实验室安全守则

（1）一切能产生刺激性气体或有毒气体的实验必须在通风橱中进行，有时也可用气体吸收装置吸收产生的有毒气体。倾倒试剂和加热溶液时，不可俯视，以防溶液溅出伤人。

（2）使用浓酸、浓碱、溴等强腐蚀性试剂时，要注意切勿溅在皮肤和衣服上，严禁用嘴直接吸取强酸、强碱，应用洗耳球吸取。

（3）一切有毒药品必须妥善保管，按照实验规则取用。有毒废液不可倒入下水道中，应集中存放，并及时加以处理，在处理有毒物品时，应戴护目镜和橡皮手套。

（4）钾、钠和白磷等物质暴露在空气中易燃烧，所以钾、钠应保存在煤油中，白磷可保存在水中。苯、乙醚、乙醇、丙酮等易燃有机溶剂应远离火源。实验室不允许存放大量易燃物品。

（5）容易爆炸的试剂，如浓高氯酸、有机过氧化物、芳香族化合物、多硝基化合物和硝酸酯等要防止受热和敲击。

(6) 在实验中，仪器装置和操作必须正确，以免引起爆炸，例如常压下进行蒸馏和加热回流，仪器装置必须与大气相通。

(7) 严格遵守气体钢瓶的使用规则。不纯的氢气遇火易爆炸，操作时严禁接近烟火。点燃前，必须检验并确保纯度。

(8) 实验室内严禁饮食及喝水，实验完毕后应洗净双手。离开实验室时，应关好水、煤气和电源开关；实验室药品及实验时的产物不得带离实验室。

(9) 金属汞易挥发，当被人吸收后，易引起慢性中毒。所以当温度计打破或汞洒落在桌面上时，必须尽可能收集起来，并用硫黄粉盖在洒落的地方，使汞变成不挥发的硫化物。

(10) 如发现违反实验室安全制度的各种情况，要及时向实验室教师报告。

2. 实验室意外事故的急救处理

(1) 玻璃割伤：应先取出伤口中的碎片，并在伤口处擦龙胆紫药水，用纱布包扎好伤口。如伤口较大，应立即就医。

(2) 烫伤：伤势不重，擦些烫伤油膏（如玉树油等）；伤势重时，应立即就医。

(3) 酸灼伤：酸溅在皮肤上，可先用水冲洗，然后擦碳酸氢钠油膏或凡士林；若酸溅入眼内或口内，用水冲洗后，再用3% $NaHCO_3$溶液洗眼睛或漱口，并立即就医。

(4) 碱溅伤：碱溅在皮肤上立即用水冲洗，然后用硼酸饱和溶液洗，再涂凡士林或烫伤油膏；若溅在眼内或口内，除冲洗外，应立即就医。

(5) 吸入刺激性或有毒气体（如硫化氢）而感到不适时，立即到室外呼吸新鲜空气。

(6) 误食毒品：一般是服用肥皂液或蓖麻油，并用手指插入喉部以促进呕吐，然后立即就医。

(7) 触电：立即切断电源，必要时对伤员进行人工呼吸。

(8) 火灾：实验室发生火灾时，一般用沙土或 CCl_4 灭火器或 CO_2 泡沫灭火器扑灭（有些试剂，如金属钠与水作用会引起燃烧或爆炸，因此不可用水扑灭）。如火势小，可用湿布或沙土等扑灭。但如果是电气设备着火，则必须用 CCl_4 灭火器，因为这种灭火方式不导电，不会损坏仪器或使人触电，此时绝不可用水或 CO_2 泡沫灭火器。

以上仅举出几种预防事故的措施和急救方法，如需更详尽地了解，可查阅有关的化学手册和文献。

3. 安全用电

化学实验与电的关系密切，对实验人员来说，掌握一定的电气安全知识是十分必要的。电对人体的伤害可分为外伤和内伤。电外伤包括电灼伤、电烙印等，通常是局部性的，一般危害不大。而电内伤就是电击，是电流通过人体内部组织而引起的，通常所说的触电事故基本上都是指电击而言。一般情况下，45V以上具有较大电流的电源是危险电源。对于50周的交流电，10mA以上能使肌肉强烈收缩，25mA以上可导致呼吸困难，甚至停止呼吸，100mA以上可使心脏的心室产生纤维颤动，以致无法救治。直流电对人体的危害与交流电相仿，若两手同时接触45V的电源两极则会打手。为防止触电，在实验中应注意如下几点：

(1) 一切电气设备应有足够的绝缘，其金属外壳应接地线，绝不允许用潮湿的手进行操作。

(2) 不许带电修理或安装设备！不许用电笔试高压电！

(3) 在安装仪器或连接线路时，电源线应最后接上。在结束实验拆除线路时，电源线应首先断路。

(4) 防止设备超负荷工作或局部短路，要使用合格的保险丝。

三、实验室用水的规格、制备与检验

1. 实验室用水的规格及检验方法

(1) 化学实验室用水的规格

国家标准 GB 6682—92《分析实验室用水规格和试验方法》将适用于化学分析和无机痕量分析等试验用水分成三个等级：一级水、二级水和三级水。表 1-1 列出了各级分析实验室用水的规格。

表 1-1 分析实验室用水的规格及主要技术指标（引自 GB 6682—92）

指标名称	一级	二级	三级
pH 范围(25℃)	—	—	5.0～7.5
电导率(25℃)/$mS \cdot m^{-1}$	≤0.01	≤0.10	≤0.50
可氧化物质(以氧计)/$mg \cdot cm^{-3}$	—	<0.08	<0.4
蒸发残渣(105℃±2℃)/$mg \cdot cm^{-3}$	—	1.0	≤2.0
吸光度(254nm，1cm 光程)	0.001	0.01	—
可溶性硅(以 SiO_2 计)/$mg \cdot cm^{-3}$	<0.01	<0.02	—

(2) 化学实验室用水的检验方法

① 一般检验方法　为方便起见，化学实验室用的纯水可采用电导率法和化学方法检验。离子交换法制得的纯水可以用电导率仪监测水的电导率，根据电导率确定何时需再生交换柱。注意在取样后要立即测定，以避免空气中的二氧化碳溶于水中，使水的电导率增大。也可采用表 1-2 的化学方法检验。

表 1-2 实验室用水的化学检验方法

测定项目	检验方法及条件	指示剂	现象	结论
阳离子	取水样 $10cm^3$ 于试管中，加 2～3 滴氨缓冲溶液，使 pH=10	铬黑 T 2～3 滴	蓝色	无钙、镁等离子
			紫红色	含阳离子
阴离子	取水样 $10cm^3$ 于试管中，加入数滴硝酸酸化后的硝酸银溶液		白色浑浊	有氯离子
			无色透明	无氯离子
pH 值	取水样 $10cm^3$	甲基红 2 滴	不显红色	符合要求
	取水样 $10cm^3$	溴甲基酚蓝 5 滴	不显蓝色	符合要求

② 标准方法简介

a. 测定 pH 值范围　量取 $100cm^3$ 水样，用 pH 计测定 pH 值。

b. 电导率　用电导率仪测定电导率。一、二级水测定时，配备电极常数为 0.01～$0.1cm^{-1}$ 的“在线”电导池，使用温度自动补偿。三级水测定时，配备电极常数为 0.1～$1cm^{-1}$ 的电导池。

c. 吸光度　将水样分别注入 1cm 和 2cm 的吸收池中，于 254nm 处，以 1cm 吸收池中的水样为参比，测定 2cm 吸收池中水样的吸光度。若仪器灵敏度不够，可适当增加测量吸收池的厚度。

d. 可氧化物质　量取 $1000cm^3$ 二级水（或 $200cm^3$ 三级水）置于烧杯中，加入 $5.0cm^3$（20%）硫酸（三级水加入 $1.0cm^3$ 硫酸），混匀。加入 $1.00cm^3$ [$c(1/5KMnO_4)$=

$0.01mol \cdot dm^{-3}$] 高锰酸钾标准滴定溶液，混匀，盖上表面皿，加热至沸并保持5min，溶液粉红色不完全消失。

e. 蒸发残渣　量取1000cm^3二级水（500cm^3三级水），分几次加入到旋转蒸发器的500cm^3蒸馏瓶中，于水浴上减压蒸发至剩约50cm^3时，转移到已于（105±2)℃质量恒定的玻璃蒸发皿中，用5～10cm^3水样分2～3次冲洗蒸馏瓶，洗液合并入蒸发皿，于水浴上蒸干，并在（105±2)℃的电烘箱中干燥至质量恒定。残渣质量不得大于1.0mg。

f. 可溶性硅　量取520cm^3一级水（二级水取270cm^3），注入铂皿中，在防尘条件下亚沸蒸发至约20cm^3，加1.0cm^3钼酸铵溶液，摇匀后放置5min，加入1.0cm^3草酸溶液，摇匀后再放置1min后，加入1.0cm^3对甲氨基酚硫酸盐溶液，摇匀转移至25cm^3比色管中，定容。于60℃水溶液中保温10min，目视比色，溶液所呈蓝色不得深于0.50cm^3 $0.1mg \cdot cm^{-3}$ SiO_2。标准溶液用水稀释至20cm^3经同样处理的标准对比溶液。

2. 纯水的制备

(1) 蒸馏法制纯水

将天然水用蒸馏器蒸馏就可得到蒸馏水。蒸馏水中仍含有一些杂质，原因是二氧化碳及某些易挥发物随水蒸气带入蒸馏水中；少量液态水成雾状，进入蒸馏水中；冷凝管材料成分带入蒸馏水中。为消除蒸馏水中的有机物，可在硬质玻璃或石英蒸馏器中加入适量碱性高锰酸钾溶液进行二次蒸馏，收集中段的重蒸馏水。

(2) 离子交换法制纯水

用离子交换法制取的纯水也叫“去离子水”或“脱离子水”。用离子交换法制取的纯水电导率可达到很低，但其缺点是不能除去非电解质、胶体物质、非离子化的有机物和溶解的空气等。另外，树脂本身也会溶解出少量有机物。对于一般的化学实验，离子交换法制取的纯水是完全能够满足需要的。由于其操作技术较易掌握，设备可大可小，且比蒸馏法成本低，因此是目前化学实验室中最常用的方法。

(3) 电渗析法制纯水

电渗析法制纯水是利用离子交换膜的选择性，在外加直流电场作用下，使一部分水中的离子透过离子交换膜迁移到另一部分水中，造成一部分水淡化，另一部分水浓缩，淡水即为所需要的纯化水。其缺点是耗水量较大，只能除去水中的电解质，且对弱电解质去除效率低，因此这种方法不适于单独制取纯水，可以与反渗透或离子交换法联用。电渗析法的特点是仅消耗少量电能，不像离子交换法需消耗酸碱及产生废液，因而无二次污染。由于设备自动化，电渗析法制取纯水几乎不需要占用人工。

3. 超纯水的制备

一般的化学实验采用纯水即可满足要求，而某些分析工作则需采用超纯水。如无机痕量分析或原子吸收分析中，要求具有很低的空白值；高效液相色谱分析中，要求控制有机物和颗粒。目前，国内外已有定型产品，可采用超纯水制造装置来制备超纯水，以满足实验的需求。

四、加热装置和使用方法

1. 加热装置

(1) 煤气灯

实验室中如果备有煤气，在加热操作中常用煤气灯。煤气由导管输送到实验台上，用橡皮管将煤气龙头和煤气灯相连。煤气中含有毒的物质，所以绝不可把煤气逸到室内。不用时，一定要注意把煤气龙头关紧。

观察煤气灯的构造时（图 1-1），可以转下灯管 1，这时可以看到灯座的煤气出口 2 和空气入口 3。转动灯管 1，能够完全关闭或不同程度地开放空气入口，以调节空气的输入量。灯座下有螺旋针 4，可控制煤气的输入量。

当煤气完全燃烧时，生成不发光亮的无色火焰，可以得到最大的热量。但当空气不足时，煤气燃烧不完全，便会析出炭质，生成光亮的黄色火焰。不发光亮的无色火焰（图 1-2）可以分为三个锥形区域：内层 1，在这里空气和煤气进行混合，并未燃烧。中层 2，在这里煤气不完全燃烧，生成含碳的产物，这部分火焰具有还原性，称为还原焰。外层 3，在这里煤气完全燃烧，但由于含有过量的空气，这部分火焰具有氧化性，称为“氧化焰”。在煤气火焰中，各部分的温度如图 1-2 所示。点燃煤气时先关上空气入口 3（图 1-1），再划火柴，然后打开煤气开关，将火柴从下斜方向移近灯口将灯点燃，然后调节空气和煤气进入量直至两者比例适当，火焰正常为止。燃烧完全时，火焰应无声无色，呈不光亮的锥形，如图 1-3（a）。如果点燃煤气时空气和煤气入口都开得太大，火焰就会临空燃烧，称为“临空火焰”，见图 1-3（b），当煤气进口开得很小，而空气入口开得太大时，进入的空气太多，就会产生“侵入火焰”，见图 1-3（c），此时煤气在管内燃烧，并发出“嘶嘶”的响声，火焰的颜色变成绿色，灯管被烧得很烫。发生这种现象时，应立即关闭煤气，用湿布将灯管冷却后再关闭空气入口，重新点燃（必须注意，在产生侵入火焰时，灯管很烫，切勿立即用手去调节空气入口，以免烫伤）。煤气量的大小一般用煤气阀门来调节，也可用煤气灯下的螺丝来调节。

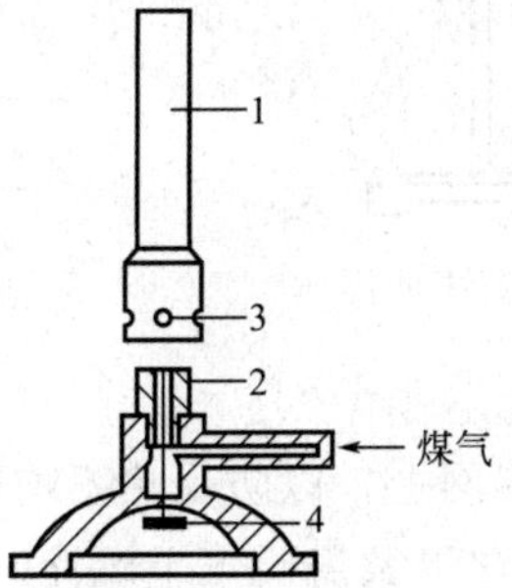

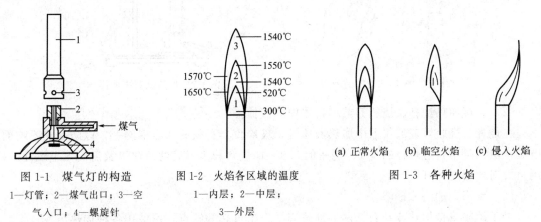

图 1-1　煤气灯的构造

1—灯管；2—煤气出口；3—空气入口；4—螺旋针

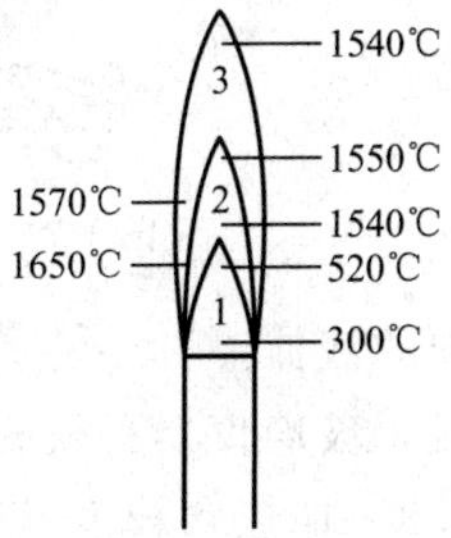

图 1-2　火焰各区域的温度

1—内层；2—中层；3—外层

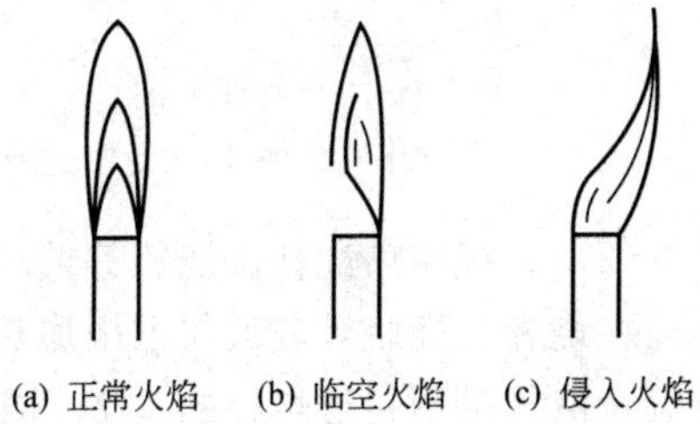

图 1-3　各种火焰

（2）电炉和箱形电炉（旧称马弗炉）

根据需要，实验室还常常用电炉或箱形电炉进行加热。它们都是通过电热丝而产生热量的。针对加热物的不同要求，可选用不同功率、不同形式的电热炉。

① 电炉　电炉（图 1-4）可以代替酒精灯或煤气灯用于一般加热，其温度高低可以通过调节电阻（外接可调变压器）来控制。加热时容器和电炉之间隔一块石棉网，保证受热均匀。

② 箱形电炉　箱形电炉（图 1-5）的炉膛呈长方形，也是用电热丝或硅碳棒来加热，最高温度可达 1100～1200℃。使用时将试样置于坩埚内，放入炉膛中加热，温度一般由温度控制器自动控制。

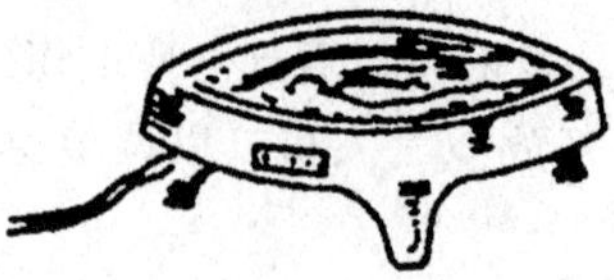

图 1-4　电炉

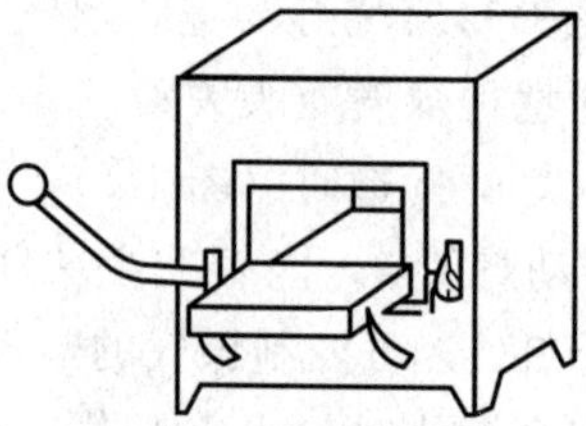

图 1-5　箱形电炉

2. 加热方法

(1) 直接加热试管中的液体和固体

直接加热试管中的液体时，应擦干试管外壁，用试管夹夹住试管口 1/3 处，手持试管夹的长柄进行加热操作。试管口向上倾斜（见图 1-6），管口不能对着自己或他人，以免溶液在煮沸时迸溅烫伤。液体量不能超过试管高度的 1/3，加热时要先均匀微热，再集中加热，以防止液体喷出，应先振摇试管或间歇加热。

直接加热试管中的固体时，也可将试管固定在铁架台上，试管口要稍向下倾斜，略低于管底（见图 1-7），防止冷凝的水珠倒流至灼热的试管底部炸裂试管。

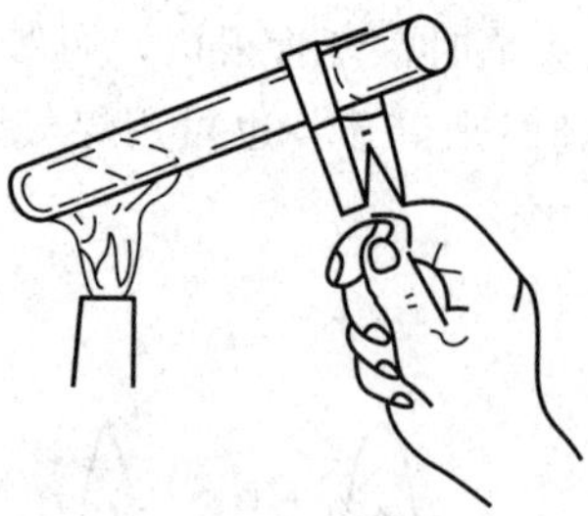

图 1-6　加热试管中的液体

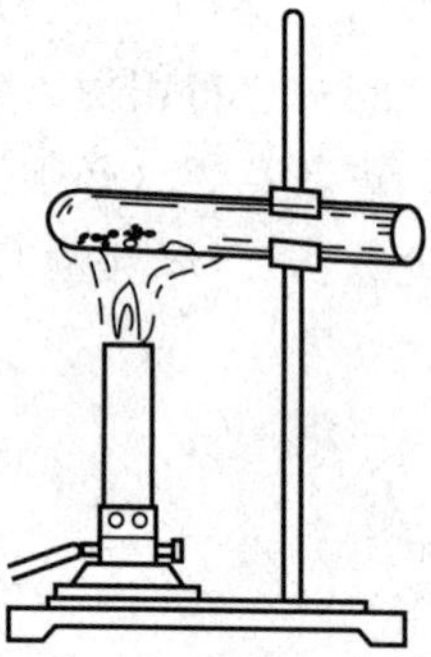

图 1-7　加热试管中的固体

(2) 直接加热烧杯、烧瓶等玻璃仪器中的液体

在烧杯、烧瓶等玻璃仪器中加热液体时，玻璃仪器必须放在石棉网上，以防受热不均而破裂。液体量不超过烧杯的 1/2、烧瓶的 1/3。加热含较多沉淀的液体以及需要蒸干沉淀时，用蒸发皿比用烧杯好。

(3) 水浴、油浴或砂浴

为了消除直接加热或在石棉网上加热容易发生过热等缺点，可使用各种加热浴。

① 水浴　当被加热物质要求受热均匀而温度又不能超过 100℃时，可用水浴加热。水浴是在浴锅中盛水（一般不超过容量的 2/3），将要加热的器具浸入水中（但不能触及锅底），就可在一定温度（或沸腾）下加热。若盛放加热物的容器并不浸入水中，而是通过蒸发出的热蒸汽来加热，则称之为水蒸气浴。

通常使用的水浴如图 1-8 (a) 所示，都附带一套具有大小不同的同心圆的环形铜（或铝）盖，可根据加热容器的大小选择，以尽可能增大器皿底部受热面积而又不落入水浴为原则。为了方便起见，无机化学实验中也常用大烧杯替代水浴锅。

② 油浴和砂浴　当被加热物质要求受热均匀，而温度高于 100℃时，可使用砂浴或油浴加热。油浴是以油代替浴锅中的水。一般加热温度在 100～250℃时可用油浴。油浴的优点

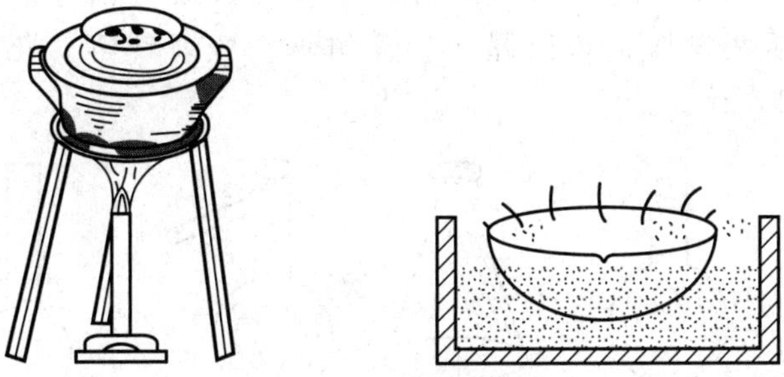

(a) 水浴　　(b) 砂浴

图 1-8　水浴和砂浴

在于温度容易控制在一定范围内，容器内的反应物受热均匀。容器内及反应物的温度一般要比油浴温度低 20℃左右。

常用的油有甘油（甘油浴用于 150℃以下的加热）、液体石蜡（液体石蜡用于 200℃以下的加热）等。使用油浴要小心，防止着火。当油的冒烟情况严重时，应立即停止加热。油浴中应悬挂温度计以便随时控制温度。加热完毕后，把容器提离油浴液面，仍用铁夹夹住，放置在油浴上面，待附着在容器外壁上的油流完后，用纸和干布把容器擦干净。

砂浴是将细砂盛在平底铁盆内。操作时，可将器皿欲加热部分埋入砂中，见图 1-8(b)，用煤气灯非氧化焰进行加热（注意，如用氧化焰强热，就会烧穿盘底）。若要测量温度，必须将温度计水银球部分埋在靠近器皿处的砂中。

（4）坩埚

高温加热或熔融固体时，根据原料不同可选用不同材料的坩埚（如瓷质坩埚、金属坩埚及耐火材料坩埚等）。加热时，将坩埚放在泥三角上（见图 1-9），用氧化焰灼烧，先小火，后强火。因普通煤气灯只能加热到 700℃左右，故若需灼烧到更高温度时，应将坩埚置于马弗炉中进行强热。移动坩埚时，必须使用干净的坩埚钳。坩埚钳用过后，应按图 1-10，钳头朝上，平放在石棉板上。

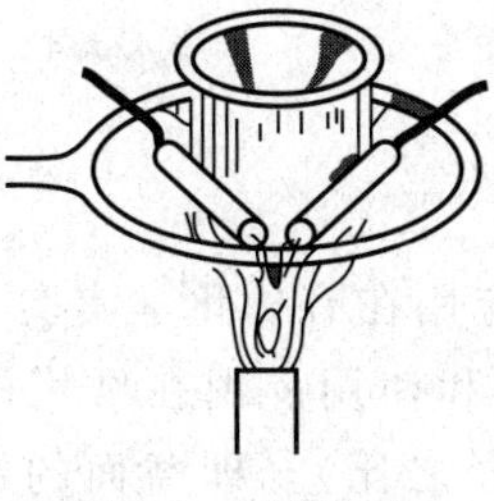

图 1-9　坩埚加热

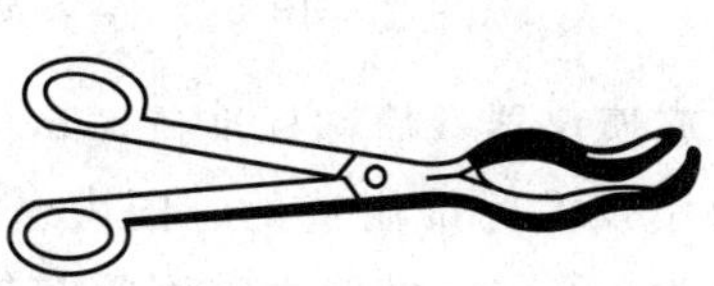

图 1-10　坩埚钳的放置

五、实验室常用玻璃仪器及其它制品

1. 常用玻璃仪器介绍

化学实验常用仪器中，大部分为玻璃制品和一些瓷质类器皿。玻璃仪器种类很多，按用途大体可分为容器类、量器类和其它器皿类。容器类包括试剂瓶、烧杯、烧瓶等。根据它们能否受热又可分为可加热的和不宜加热的器皿。量器类有量筒、移液管、滴定管、容量瓶等。量器类一律不能受热。其它器皿包括具有特殊用途的玻璃器皿，如冷凝管、分液漏斗、干燥器、分馏柱、砂芯漏斗、标准磨口玻璃仪器等。瓷质类器皿包括蒸发皿、布氏漏斗、瓷坩埚、瓷研钵等。化学实验中常用的仪器如图 1-11、图 1-12 所示。

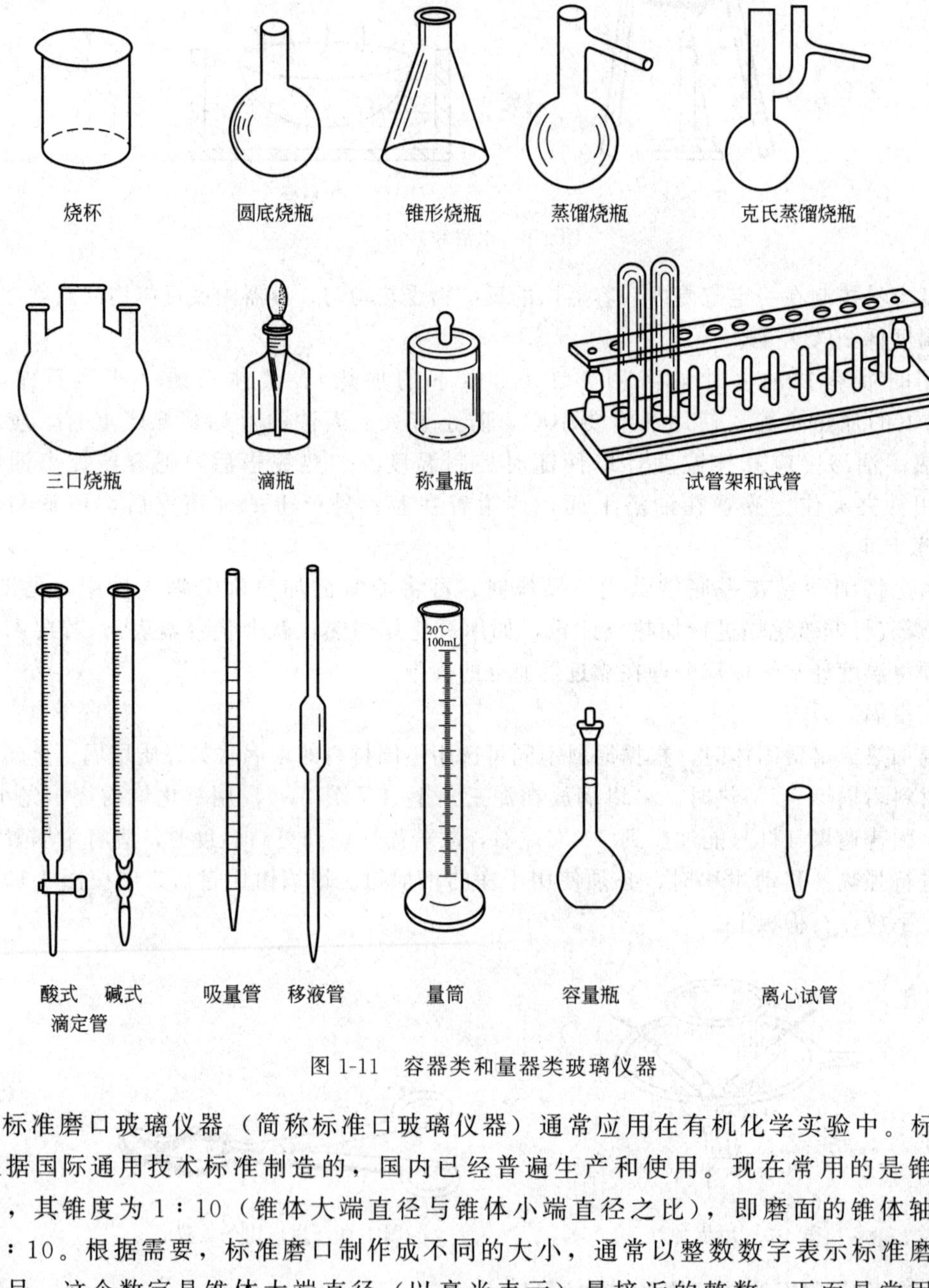

图 1-11　容器类和量器类玻璃仪器

标准磨口玻璃仪器（简称标准口玻璃仪器）通常应用在有机化学实验中。标准磨口是根据国际通用技术标准制造的，国内已经普遍生产和使用。现在常用的是锥形标准磨口，其锥度为 1∶10（锥体大端直径与锥体小端直径之比），即磨面的锥体轴向长度为 1∶10。根据需要，标准磨口制作成不同的大小，通常以整数数字表示标准磨口的系列编号，这个数字是锥体大端直径（以毫米表示）最接近的整数。下面是常用的标准磨口系列：

编号	10	12	14	19	24	29	34
大端直径/mm	10.0	12.5	14.5	18.8	24.0	29.2	34.5

有时也用 D/H 两个数字表示标准磨口的规格，如 14/23，即大端直径为 14.5mm，锥

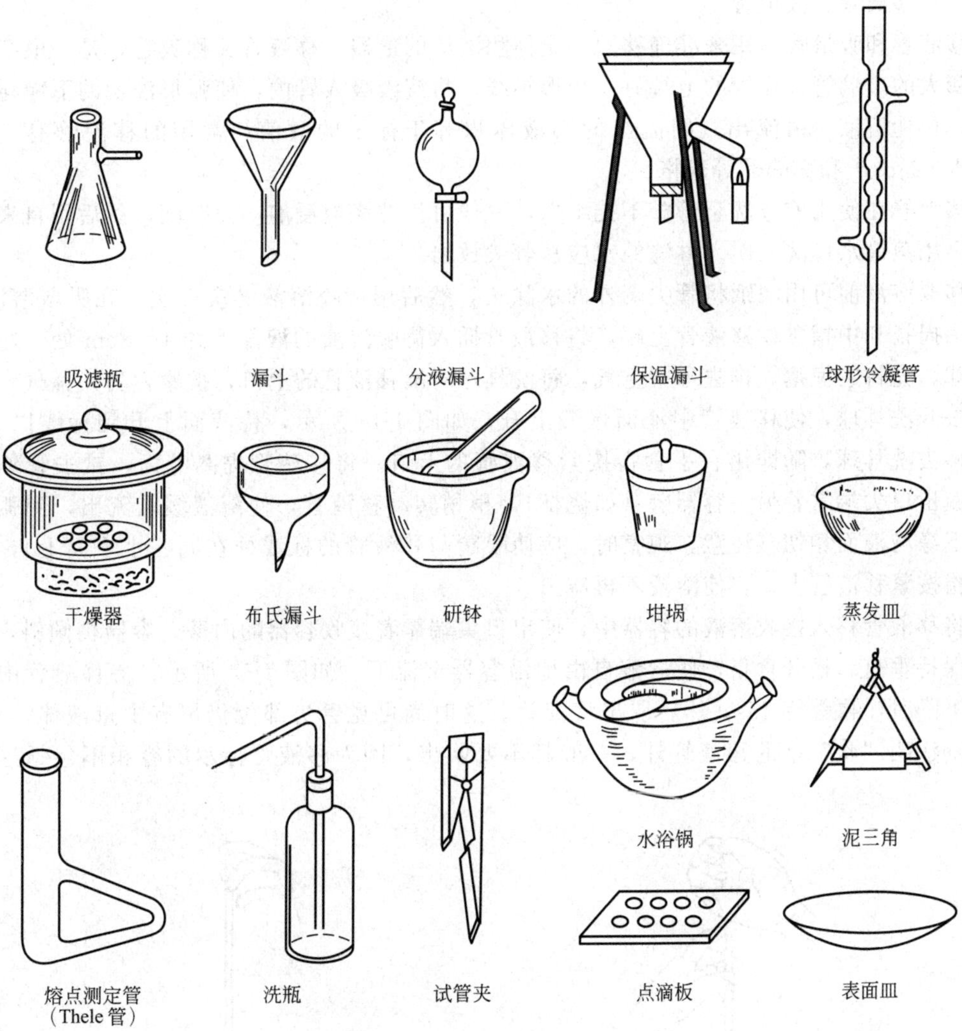

图 1-12　其它常用的玻璃仪器

体长度为 23mm。

使用标准磨口玻璃仪器时须注意：磨口处必须洁净，不能沾有固体杂物或硬质杂物，以免磨口对接不严，导致漏气；装配仪器时，要注意安装顺序正确，装置整齐、稳妥，保证磨口连接处不受到应力。用后应立即拆卸洗净，否则磨口的连接处将会发生黏结，难以拆开；一般用途的磨口无需涂润滑剂，以免沾污反应物或生成物，但若反应中有强碱性物质或进行减压蒸馏时，磨口应涂润滑脂（真空活塞脂）。

2. 容量器皿的使用

实验室中玻璃量器是量度液体体积的仪器，有标有分刻度的量筒、量杯、吸量管、滴定管以及标有单刻度的移液管、容量瓶等。其规格是以最大容量为标志的，常标有使用温度，不能加热，更不能用作反应容器。读取容量时，视线应与容器（竖直）凹液面的最低点保持水平。

（1）量筒、量杯

常用于液体体积的一般量度，均属测量精度较差的量器。

（2）移液管、吸量管

移液管和吸量管是用来准确移取一定体积液体的量器。移液管又称吸管，是一根细长而中间膨大的玻璃管，在管的上端有一环形标线，将溶液吸入管内，使弧形液面的下缘与标线相切，再让溶液自由流出，则流出的溶液体积等于标示的数值。常用的移液管有 $5cm^3$、$10cm^3$、$25cm^3$ 和 $50cm^3$等规格。

移液管在使用前应洗至管壁不挂水珠，一般可用洗涤液浸泡一段时间，然后用自来水冲洗，再用蒸馏水淋洗三次。淋洗的水应从管尖放出。

移取溶液前可用滤纸将管尖端外的水除去，然后用待吸溶液淋洗三次。在吸取溶液时，用右手拇指和中指拿住移液管上端，将移液管插入待吸溶液的液面下约 1～2cm 处，左手拿洗耳球，先将它捏瘪，排去球中空气，将洗耳球对准移液管的上口，按紧，勿使漏气。然后慢慢松开洗耳球，使移液管中液面慢慢上升，如图 1-13 所示，待液面上升到标线以上时，迅速移去洗耳球，随即用右手食指按紧移液管的上口。将移液管提离液面，拭去管外的溶液，使出口尖端靠着另一容器壁（如烧杯），稍稍转动移液管，使溶液缓缓流出，到弧形液面的下缘与液面相切（注意：观察时，应使眼睛与移液管的标线处在同一水平面上），立即以食指按紧移液管上口，使溶液不再流出。

将移液管移入接收溶液的容器中，使出口尖端靠着接收容器的内壁，容器稍倾斜，移液管应保持垂直。松开食指，使溶液自由地沿容器壁流下，如图 1-14 所示。待移液管内液面不再下降时，再等待 15s，然后取出移液管。这时尚可见管尖部位仍留有少量液体，对此，除特别注明“吹”字的移液管外，一般都不要吹出，因为移液管标示的容积不包括这部分体积。

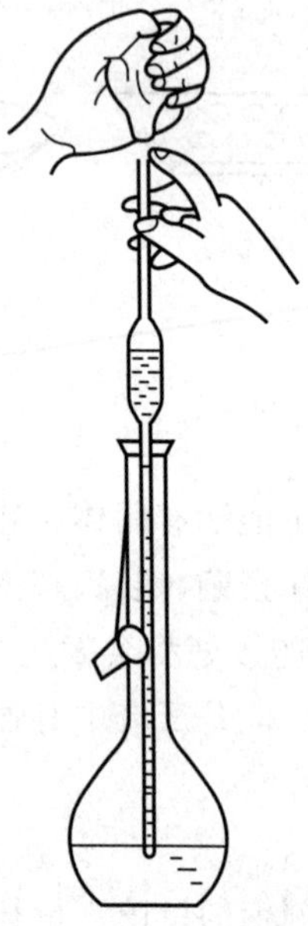

图 1-13　用洗耳球吸取溶液

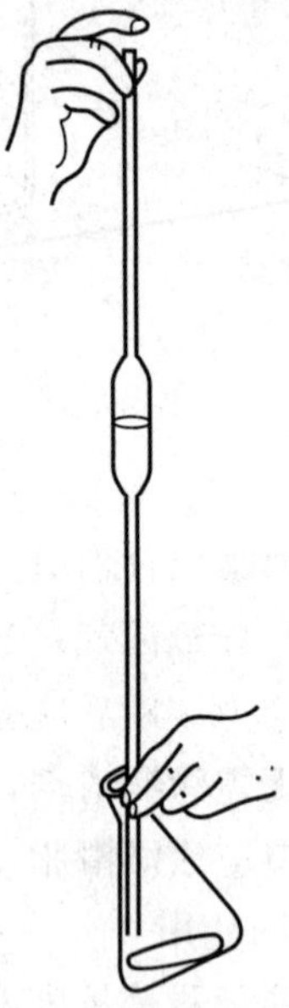

图 1-14　移液管的使用

吸量管是带有刻度的玻璃管，用以吸取不同体积的液体。吸量管的用法与移液管的操作基本上相同。使用吸量管时，通常是使液面从吸量管的最高刻度降到另一刻度，使两刻度之间的体积恰为所需的体积。在同一实验中尽可能使用同一吸量管的同一部位，而且尽可能地使用上面的部分，如果使用注有“吹”字的吸量管，则要把管内流下的最后一滴溶液吹出。移液管和吸量管使用完毕后，应洗涤干净，然后放在指定位置上。

(3) 容量瓶

容量瓶是用来配置一定体积溶液的容量器皿。它是一种细颈梨形的平底玻璃瓶，带有磨口玻璃塞或塑料塞。在其颈上有一标线，在指定温度下，当溶液充满至液面与标线相切时，所容纳的溶液体积等于瓶上所示的体积。

使用容量瓶前必须检查瓶塞是否漏水，标度线位置距离瓶口是否太近。如果漏水或标线离瓶口太近，则不宜使用。检查漏水的方法是在瓶中加自来水到标线附近，盖好瓶塞后，左手用食指按住瓶塞，其余手指拿住瓶颈，右手用指尖托住瓶底边缘，如图 1-15 所示。将瓶倒立 2min，观察瓶塞周围是否有水渗出，如不漏水，将瓶放正；将瓶塞转动 180°后，再倒立 2min，观察有无渗水，如不漏水，即可使用。用细绳将塞子系在瓶颈上，保证二者配套使用。

用容量瓶配制溶液有两种情况：

如果将一定量的固体物质配成一定浓度的溶液，通常是将物质准确称量在烧杯中，加水或其它溶剂将固体溶解后，将溶液定量地全部转移到容量瓶中。定量转移溶液时，左手拿玻璃棒悬空插入容量瓶内，右手拿烧杯，烧杯嘴紧靠玻璃棒，使溶液沿玻璃棒慢慢流入。玻璃棒的下端要靠近颈内壁，但不要太接近瓶口，以免溶液溢出，如图 1-16 所示。待溶液流完后，将烧杯嘴紧靠玻璃棒，把烧杯沿玻璃棒向上提起，并使烧杯直立，使附着在烧杯嘴上的少许溶液流入烧杯，再将玻璃棒放回烧杯中。然后，用洗瓶吹洗玻璃棒和烧杯内壁，再将溶液按上述方法转移到容量瓶中。如此吹洗转移的操作要重复数次，以保证转移完全。然后加蒸馏水稀释，在稀释到近刻度线时，改用滴管加水，直至弧形液面的下缘与标线相切为止。盖上干的瓶盖，一手按住瓶塞，另一手指尖顶住瓶底边缘，如图 1-17 所示，然后将容量瓶倒转并摇荡，混匀溶液，再将瓶直立。如此重复十多次，使溶液全部混匀。

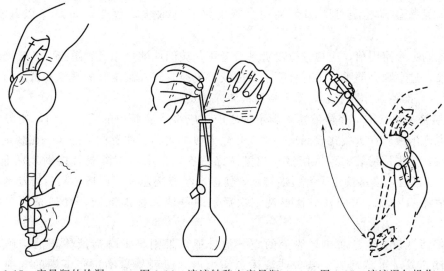

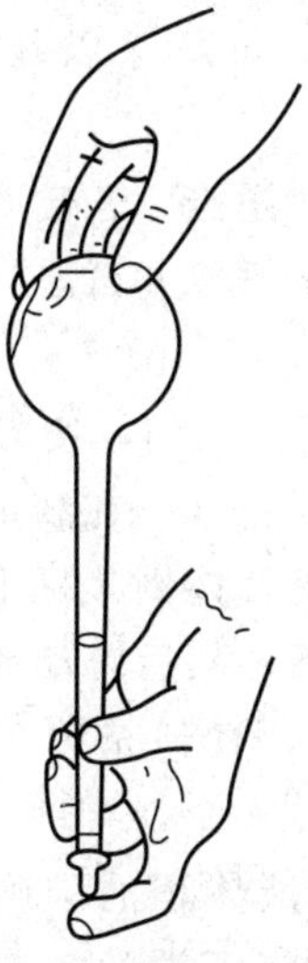

图 1-15　容量瓶的检漏

图 1-16　溶液转移入容量瓶

图 1-17　溶液混匀操作

如果用容量瓶稀释溶液，则用移液管移取一定体积的溶液于容量瓶中，然后按上述方法混匀溶液。

容量瓶使用完毕后，应立即用水冲洗干净。如长期不用，磨口处应洗净擦干，并用纸片将磨口隔开。

（4）滴定管

滴定管是滴定时用来准确测量流出溶液体积的量器。常量分析中最常用的是容积为 $50cm^3$ 的滴定管，其最小刻度是 $0.1cm^3$，但可估计到 $0.01cm^3$，因此读数可读到小数点后第二位，一般读数误差为 $\pm 0.01cm^3$，另外还有容积为 $25cm^3$ 的滴定管及 $10cm^3$、$5cm^3$、$2cm^3$、$1cm^3$ 的半微量和微量滴定管。

滴定管可分为两种：一种是下端带有玻璃活塞的酸式滴定管，用于盛放酸类溶液或氧化性溶液；另一种是碱式滴定管，用于盛放碱类溶液，其下端连接一段橡皮管，内放一颗玻璃珠，以控制溶液的流出，橡皮管下端接一尖嘴玻璃管。酸式滴定管不可盛放碱性溶液，否则碱性溶液会腐蚀玻璃，使活塞不能转动。而碱式滴定管也不能盛放氧化性溶液，如 I_2、$KMnO_4$ 和 $AgNO_3$ 溶液等，因为这些溶液会与橡皮管作用。

① 滴定管使用前的准备

a. 洗涤和试漏　酸式滴定管洗涤前应检查玻璃活塞是否配合紧密，如不紧密将会出现漏水现象，则不宜使用。洗涤可根据滴定管沾污的程度而采用前述的方法洗净。洗净后首先要检查活塞转动是否灵活。为了使玻璃活塞转动灵活并防止漏水，需在活塞上涂以凡士林。方法是取下活塞，将滴定管平放在实验台上，用干净滤纸将活塞和活塞槽的水擦干，再用手指蘸少许凡士林，在活塞的两头，沿 a、b 圆柱周围各均匀地涂一薄层，如图 1-18 所示。凡士林不能涂得太多，也不能涂在活塞中段，以免凡士林将活塞孔堵住。若涂得太少，活塞转动不灵活，甚至会漏水。涂得恰当的活塞应透明，无气泡，转动灵活。为防止在滴定过程中活塞脱出，可用橡皮筋将活塞扎住。最后用水充满滴定管，擦干管外的水，将滴定管置于滴定架上，直立静止 2min，观察有无水滴渗出，然后将活塞旋转 180°，再静止 2min，继续观察有无水滴渗出，若两次均无水滴渗出，活塞转动也灵活，即可使用。否则将活塞取出，擦干，重新涂以凡士林，并试漏。

碱式滴定管使用前，应检查橡皮管是否老化，玻璃珠的大小是否适当，若玻璃珠过大则操作不便，过小则会漏水。不符合要求者应及时更换（碱式滴定管的洗涤和试漏与酸式滴定管相同）。当准备工作完成后，就可将溶液装入滴定管。

b. 装液、逐气泡　将溶液装入滴定管之前，应将溶液瓶中的溶液摇匀，使凝结在瓶上的水珠混入溶液。在天气比较热或温度变化较大时，尤其要注意此项操作。在滴定管装入标准溶液时，要先用待装的标准溶液将内壁洗涤三次，每次由溶液瓶直接倒入标准溶液 5～$10cm^3$。洗涤时，横持滴定管并缓慢转动，使标准溶液洗遍全管内壁，然后转动活塞，冲洗管口，放净残留液。用同样方法淋洗三次后，即可倒入标准溶液，直到充满至刻度以上为止。

装好溶液后要注意将出口管处的空气泡排掉，否则将影响溶液体积的准确测量。对于酸式滴定管，可转动其活塞，使液体急速流出，即可排除滴定管下端的气泡；对于碱式滴定管，可一手持滴定管成倾斜状态，另一手捏住玻璃珠附近的橡皮管，并使尖嘴玻璃管稍向上，当溶液从管口冲出时，气泡也随之溢出，从而使溶液充满全管，如图 1-19 所示。

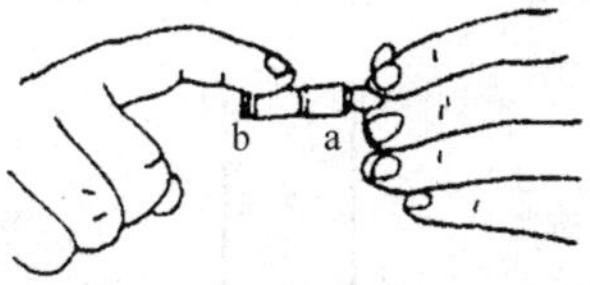

图 1-18　活塞涂抹凡士林操作

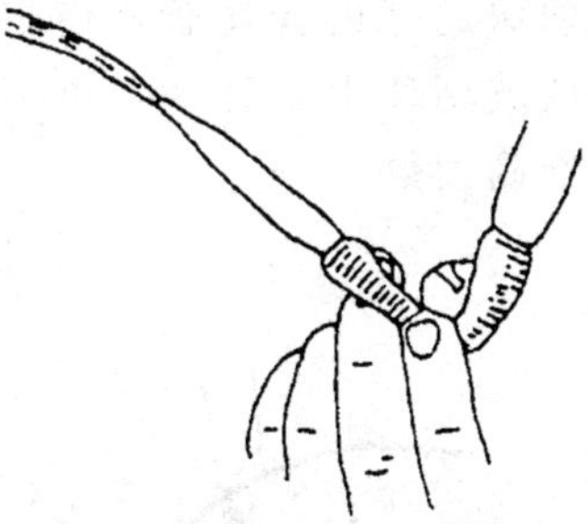

图 1-19　碱式滴定管排气泡的方法

② 滴定管的读数　由于滴定管读数的不准确而引起的误差，常常是滴定分析误差的主要来源之一，因此在开始使用滴定管前，应进行滴定管读数的练习。

读数时应注意下面几点：

a. 读数时可将滴定管从滴定管架取下，用右手的大拇指和食指捏住滴定管上部无刻度处，使滴定管保持自然垂直状态。

b. 由于水的附着力和内聚力的作用，溶液在滴定管内壁的液面呈弧形（或弯月形），对于无色或浅色溶液，读数时应读取与弧形液面最低处相切之点，眼睛必须与弧形液面处于同一水平面，否则将引起误差，如图 1-20 所示。对于有色溶液，如 $KMnO_4$ 溶液，应读取液面的最上缘。

c. 每次滴定前应将液面调节在刻度为“0”或稍下一些的位置上，因为这样可以使每次滴定前后的读数差不多都在滴定管的同一部位，可避免由于滴定管刻度的不准确而引起的误差。

d. 为了使读数准确，在装满溶液或放出溶液后，必须等 1～2min，待附着在内壁的溶液流下来后，再读取读数。

e. 背景不同，所得的读数也有差异，所以应注意保持每次读数的背景一致。为了便于读数，可用黑白纸做成读数卡，将其放在滴定管背后，使黑色部分在弧形液面 $0.1cm^3$ 处，此时即可看到弧形液面的反射层全部成为黑色，这样的弧形液面界面十分清晰，如图 1-21 所示。

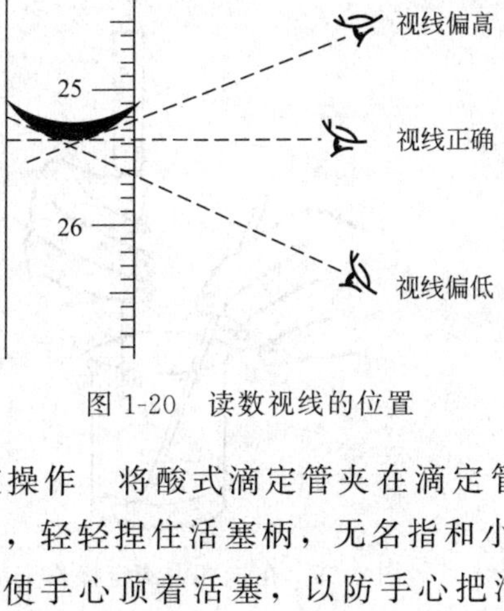

图 1-20　读数视线的位置

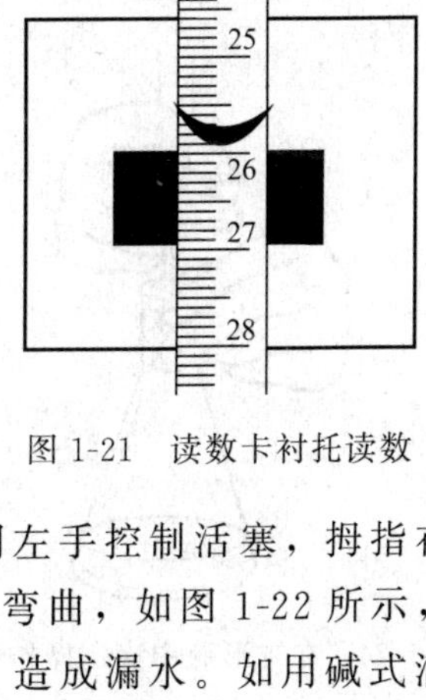

图 1-21　读数卡衬托读数

③ 滴定操作　将酸式滴定管夹在滴定管架上，用左手控制活塞，拇指在前，中指和食指在后，轻轻捏住活塞柄，无名指和小指向手心弯曲，如图 1-22 所示，转动活塞时要注意勿使手心顶着活塞，以防手心把活塞顶出，造成漏水。如用碱式滴定管，则

用左手轻捏玻璃珠近旁的橡皮管，使溶液从玻璃珠旁边的空隙流出，如图 1-23 所示。但须注意不要使玻璃珠上下移动，更不要捏玻璃珠下部的橡皮管，以免空气进入而形成气泡，影响准确读数。

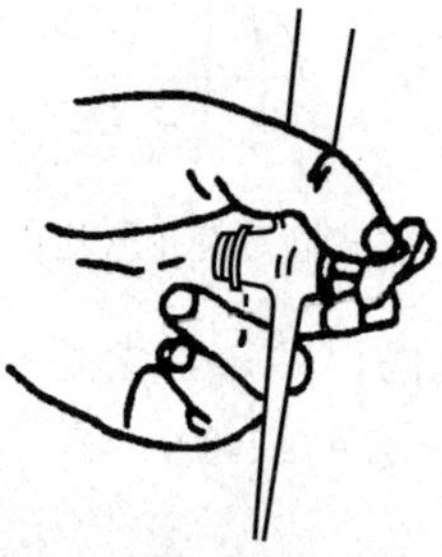

图 1-22 酸式滴定管的操作

图 1-23 碱式滴定管的操作

滴定时，被滴定的试液一般置于锥形瓶中，在滴定过程中，用右手的拇指、食指和中指拿住锥形瓶，其余两指辅助在下侧，使瓶底离桌面约 2～3cm，滴定管下端伸入瓶口约 1cm，如图 1-24 所示。滴定时左手握住滴定管滴加溶液，同时用右手摇动锥形瓶。摇瓶时应微动腕关节，溶液就向同一方向旋转，使瓶内溶液混合均匀。在允许的条件下，滴定刚开始时，速度可稍快些，但溶液不能呈流水状地从滴定管放出。近终点时，滴定速度要减慢，其速度从连续加几滴，渐渐减至每次加一滴或半滴。滴定时要注意观察标准溶液滴落点颜色的变化情况，当接近终点时，颜色的变化可能暂时扩散到全部溶液，但一经摇动仍会完全消失。这时应该加一滴，摇几下，再加一滴，并以蒸馏水淋洗锥形瓶内，以洗下因摇动而溅起的溶液，然后再加半滴，摇匀溶液，直至溶液出现明显的颜色变化为止。

滴加半滴溶液的操作：当用酸式滴定管时，可轻轻转动活塞，使溶液悬挂在出口的尖嘴上，形成半滴，用锥形瓶内壁将其沾落，再用洗瓶吹洗。对于碱式滴定管，应先松开拇指和食指，将悬挂的半滴溶液沾在锥形瓶内壁上，这样可以避免尖嘴玻璃管内出现气泡。

滴定还可以在烧杯中进行，滴定方法与上述基本相同。置烧杯于滴定管口的下方，左手滴加溶液，右手持玻璃棒搅拌溶液，如图 1-25 所示。搅拌应作圆周搅动，不要碰到烧杯和底部。当滴定近终点时，可用玻璃棒下端承接悬挂的半滴溶液加入到烧杯中。

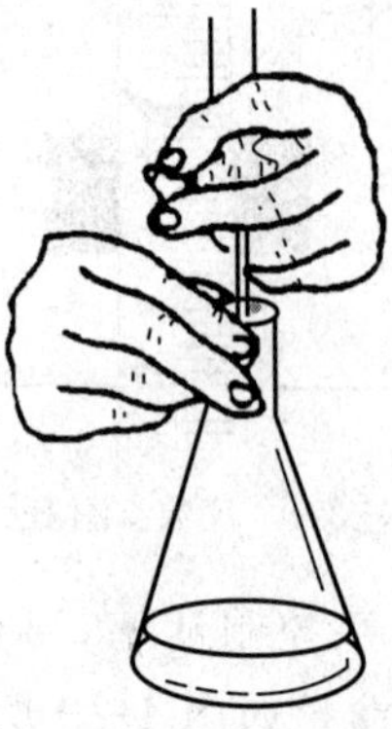

图 1-24 在锥形瓶中滴定操作姿势

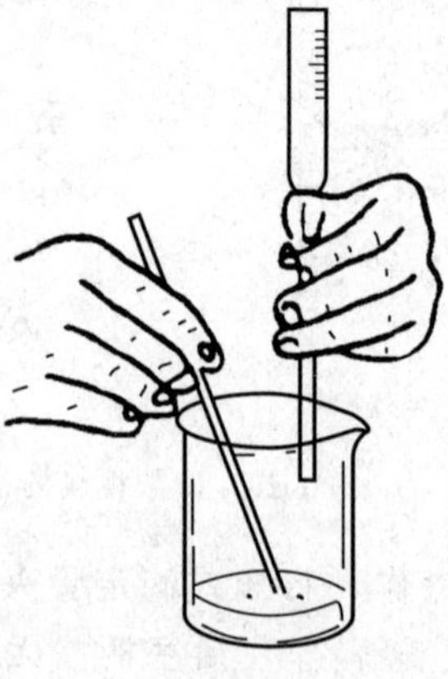

图 1-25 在烧杯中滴定操作姿势

滴定结束后，滴定管内壁的溶液应弃去，不可倒回原瓶中，以免沾污标准溶液，随后洗净滴定管。

六、常用玻璃仪器的清洗与干燥

1. 玻璃仪器的清洗

化学实验中使用的玻璃仪器常粘附有化学药品，既有可溶性物质，也有灰尘和其它不溶性物质以及油污等有机物，为了使实验得到正确的结果，应根据仪器上污物的性质，采用适当的方法，将实验仪器洗涤干净。

(1) 一般污物的洗涤方法

① 用水刷洗　用毛刷刷洗仪器（从外到里），每次刷洗用水不必太多，可洗去可溶性物质、部分不溶性物质和尘土等，但不能除去油污等有机物。

② 用去污粉、肥皂粉或洗涤剂洗　用蘸有肥皂粉或洗涤剂的毛刷擦拭，再用自来水冲洗干净，可除去油污等有机物质。用上述方法不能洗涤的仪器或不便于用毛刷刷洗的仪器如容量瓶、移液管等，若内壁粘有油污等物质，则可视其油污的程度，选择洗涤液进行淌洗，即先把肥皂粉或洗涤剂配成溶液，倒少量洗涤液于容器内振荡几分钟或浸泡一段时间后，再用自来水冲洗干净，若仍不能洗净，则应使用铬酸洗液洗涤。铬酸洗液是用重铬酸钾的饱和溶液和浓硫酸配制而成的，具有极强的氧化性和酸性，能彻底除去油污等物质。但在使用时要注意不能溅在身上，以免灼伤皮肤和烧破衣服。取用该洗液洗移液管时，只能用洗耳球吸取，千万不能用嘴吸取。用过的洗液应仍倒回原来密封的瓶中。另外，由于铬毒性很大，污染环境，所以在实验过程中应尽可能避免使用铬酸洗液。

(2) 特殊污物的洗涤方法

对于某些污物，用通常的方法不能洗涤除去，则可通过化学反应将粘附在器壁上的物质转化为水溶性物质。例如：铁盐引起的黄色污物加入稀盐酸或稀硝酸浸泡片刻即可除去；接触、盛放高锰酸钾后的容器可用草酸溶液淌洗（沾在手上的高锰酸钾也可同样清洗）；沾在器壁上的二氧化锰可用浓盐酸处理，使之溶解；沾有碘时，可用碘化钾溶液浸泡片刻，或加入稀的氢氧化钠溶液温热之，用硫代硫酸钠溶液也可除去；银镜反应后粘附的银或有铜附着时，可加入稀硝酸，必要时可稍微加热，以促进溶解。

用自来水洗净的仪器，还需要用蒸馏水或去离子水淋洗 2～3 次，洗净的玻璃仪器器壁上不能挂有水珠。

2. 玻璃仪器的干燥

实验时所用的仪器，除必须洗净外，有时还要求干燥。干燥的方法有以下几种：

① 倒置晾干　将洗净的仪器倒置在干净的仪器架上或仪器柜内自然晾干。

② 热（或冷）风吹干　仪器如急需干燥，则可用吹风机吹干。对一些不能受热的容量器皿，可用冷吹风干燥。如果吹风前用乙醇、乙醚、丙酮等易挥发的水溶性有机溶剂冲洗一下，则干得更快。

③ 加热烘干　洗净的仪器可放在烘箱内烘干。烘干温度一般控制在 105℃左右，仪器放进烘箱前应尽量把水倒净。能加热的仪器如烧杯、试管也可直接用小火加热烘干。加热前，要把仪器外壁的水擦干，加热时，仪器口要略向下倾斜。

七、试剂及取用方法

1. 试剂的规格

化学试剂的规格是按所含杂质的多少来划分的，一般可划分为四个等级。其规格及适用范围见表 1-3。

表 1-3 试剂规格和适用范围

等级	名称	英文名称	符号	标签标志	适用范围
一级品	优级纯(保证试剂)	Guaranteed Reagent	G. R.	绿色	纯度很高，用于精密分析和科学研究工作
二级品	分析纯(分析试剂)	Analytical Reagent	A. R.	红色	纯度仅次于一级品，用于定性定量分析和一般科学研究工作
三级品	化学纯	Chemical Pure	C. P.	蓝色	纯度较二级品差，适用于一般定性分析和有机无机化学实验
四级品	实验试剂；医用	Laboratorial Reagent	L. R.	棕色或其它颜色	纯度较低，宜用作实验辅助试剂

除上述外，还有基准试剂、光谱纯试剂、色谱纯试剂等。

基准试剂的纯度相当于（或高于）一级品，常用作滴定分析中的基准物，也可直接用于配制标准溶液。

光谱纯试剂（符号 S.P.）的杂质含量用光谱分析法已测不出或者杂质含量低于某一限度。这种试剂主要用作光谱分析中的标准物质，但不应把这类试剂当作化学分析的基准试剂使用。

应按实验要求，本着节约的原则来选用不同规格的试剂，不可盲目追求高纯度而造成浪费。当然也不能随意降低规格而影响测定结果的准确度。

2. 试剂的取用

(1) 液体试剂的使用

液体试剂通常盛放在细口试剂瓶中。见光易分解的试剂如硝酸银等，应盛放在棕色瓶中。每个试剂瓶上都必须贴上标签，并标明试剂的名称、浓度和纯度。

① 从细口试剂瓶取用试剂的方法　取下瓶塞把它仰放在台上，用左手的大拇指和中指拿住容器（如试管、量筒等），用右手拿起试剂瓶，并注意使试剂瓶上的标签对着手心，倒出所需量试剂，如图 1-26 所示。倒完后，应该将试剂瓶口在容器上靠一下，再使试剂瓶竖直，以免液滴沿外壁流下。

② 从滴瓶中取用少量试剂的方法　提起滴管使管口处于液面上方。用手指紧捏滴管上部的橡皮滴头，以赶出滴管中的空气，然后把滴管伸入试剂瓶中，放开手指，吸入试剂。再垂直提起滴管，将试剂按图 1-27 所示滴入试管或烧杯中，并随即将滴管插回原滴瓶（勿插错），绝对禁止将滴管伸进试管，更不许用自己的滴管到滴瓶中取液，以免污染试剂。

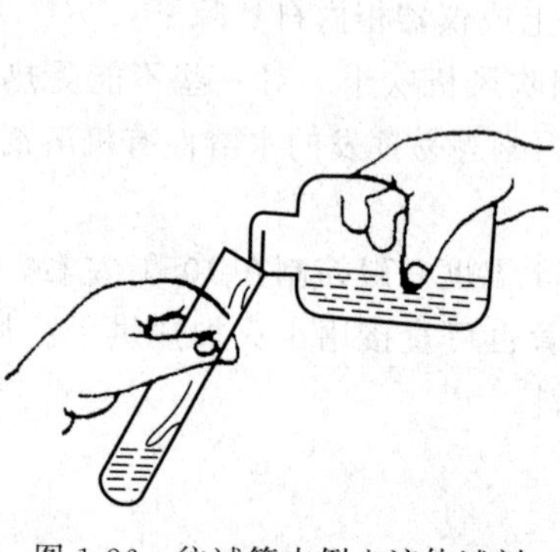

图 1-26　往试管中倒入液体试剂

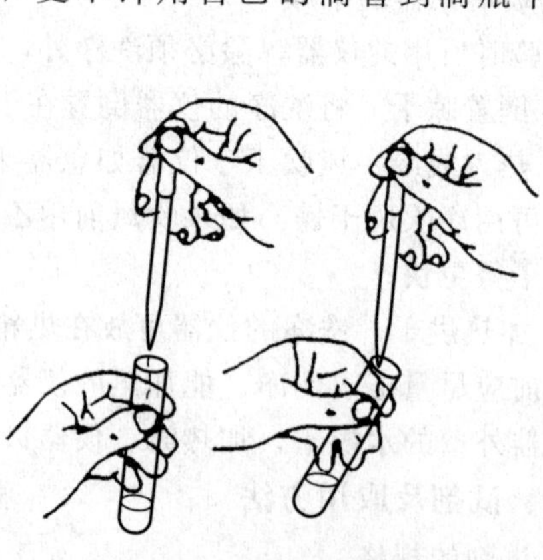

图 1-27　用滴管将试剂加入试管中

(2) 固体试剂的取用

固体试剂通常存放在易于取用的广口瓶中，以药匙取用。药匙的两端为大小两个匙，取大量固体时用大匙，取少量固体时用小匙（取用的固体要加入小试管时，也必须用小匙）。使用的药匙必须保持干燥和清洁。试剂取用后应立即盖紧瓶塞。

称量固体试剂时，必须把固体试剂放在干净的纸上或表面皿上。对腐蚀性或易潮解的固体，则应放在表面皿或小烧杯内称量。取出的试剂量尽可能不要超过规定量。多取的药品不可倒回原试剂瓶。

(3) 试剂的保管

试剂的保管在实验室中是一项很重要的工作。保管不当，会失效变质，影响实验效果，而且造成浪费，有时甚至还会引起事故。一般的化学试剂应保存在通风良好、干净并干燥的房间里，以防止水分、灰尘和其它物质的沾污。同时应根据试剂的性质不同而采用不同的保管方法。

见光分解的试剂，如硝酸银、高锰酸钾、过氧化氢等；与空气接触易氧化的试剂，如氯化亚锡、硫酸亚铁等；易挥发的试剂，如氨水、乙醇等都应储于棕色瓶中，并放在阴暗处。

容易腐蚀玻璃的试剂，如氢氟酸、含氟盐、氢氧化钠等应保存在塑料瓶内。

吸水性强的试剂，如无水碳酸钠、氢氧化钠等试剂瓶口应严格密封。

易相互作用的试剂，如挥发性的酸和氨、氧化剂和还原剂应分开存放；易燃和易爆的试剂，如苯、乙醚、丙酮等应储存于阴凉通风、不受阳光直射的地方。

剧毒试剂，如氰化钾、三氧化二砷（砒霜）、升汞等，应特别注意由专人妥善保管，取用时应严格做好记录，以免发生事故。

(4) 试剂的配制

试剂配制一般是指把固态试剂溶于水（或其它溶剂）配制成溶液，或把液态试剂或浓溶液加水稀释为所需的稀溶液。

一般溶液的配制方法：

配制溶液时先算出所需固体试剂的用量，称取后置于容器中，加少量水，搅拌溶解。必要时可加热促使溶解，再加水至所需的体积，混合均匀，即得所配制的溶液。

用液态试剂（或浓溶液）稀释时，先根据试剂或浓溶液密度或浓度算出所需液体的体积，量取后加入所需的水混合均匀即成。

配制饱和溶液时，所用溶质量应比计算量稍多，加热使之溶解后，冷却，待结晶析出后，取用上层清液以保证溶液饱和。

配制易水解的盐溶液时［如 $SnCl_2$、$SbCl_3$、$Bi(NO)_3$］，应先加入相应的浓酸（HCl 或 HNO_3），以抑制水解或溶于相应的酸中使溶液澄清。

配制易氧化的盐溶液时，不仅需要酸化溶液，还需加入相应的纯金属，使溶液稳定。如配制 $FeSO_4$、$SnCl_2$溶液时加入金属铁或金属锡。

八、固、液分离及沉淀的洗涤

固、液分离的方法有倾析法、过滤法和离心法三种。

1. 倾析法

当沉淀的结晶颗粒较大，静止后容易沉降至容器底部时，常用倾析法进行分离或洗涤。倾析法操作见图 1-28，操作时将静置后沉淀上层的清液沿玻璃棒倾入另一容器内，即可使

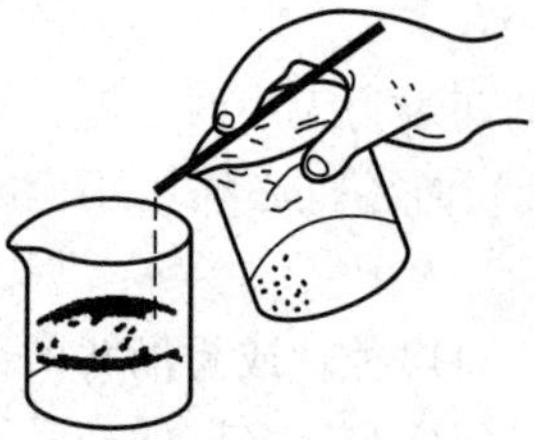

图 1-28　倾析法操作

沉淀和溶液分离。

若沉淀物需要洗涤，可采用“倾析法”洗涤，即向倾去清液的沉淀中加入少量洗涤液（一般为蒸馏水），充分搅动，然后将沉淀沉降。用上述方法将清液倾出，再向沉淀中加洗涤液洗涤，如此重复数次。

2. 过滤法

过滤法是固、液分离最常用的方法。过滤时，沉淀留在过滤器上，而溶液通过过滤器进入接收器中，过滤出来的溶液称为滤液。溶液的温度、黏度、过滤时的压力和沉淀的状态都会影响过滤速度。热的溶液比冷的溶液容易过滤；溶液的黏度越大，过滤越慢；减压过滤比常压过滤快。沉淀呈胶体时，应先加热一段时间将其破坏，否则会穿透滤纸。总之，要考虑各种因素，选择不同的过滤方法。常用的过滤方法有：常压过滤、减压过滤和热过滤。

（1）常压过滤

此法最为简便，过滤前先将滤纸对折两次，并展开成圆锥形（一边三层，另一边一层）放入玻璃漏斗中，同时适当改变折叠滤纸的角度，使之紧贴漏斗壁，用手按着滤纸，用少量蒸馏水把滤纸润湿，轻压滤纸四周，赶去气泡，使其紧紧贴在漏斗上（滤纸的边缘应略低于漏斗的边缘）。若漏斗颈细长，且滤纸与漏斗壁紧贴时，还可以在漏斗颈中保持住液体，可加快过滤速度。

过滤时，将贴有滤纸的漏斗放在漏斗架上，并调节漏斗架高度，使漏斗颈末端紧贴接收器内壁，将料液沿着玻璃棒靠近三层滤纸一边缓缓转移到漏斗中（其液面应低于滤纸边缘1cm）。转移完毕后用少量蒸馏水洗涤烧杯和玻璃棒，洗液也移入漏斗中，最后用少量蒸馏水冲洗滤纸和沉淀。

为了加快过滤速度，一般都采用“倾析过滤法”。即先转移清液，再转移沉淀物，最后洗涤沉淀 1～2 次。

（2）减压过滤（吸滤或抽滤）

为了加速大量溶液与沉淀的分离，常采用减压过滤。此法速度快，并使沉淀抽得较干，但不宜过滤颗粒太小的沉淀。吸滤的装置如图 1-29 所示，它由吸滤瓶 1、布氏漏斗 2、安全瓶 3 和水压真空抽气管（亦称水泵）4 组成，水泵一般是装在实验室中的自来水龙头上（亦可使用气泵）。

布氏漏斗是瓷质的，中间为具有许多小孔的瓷板，以便使溶液通过滤纸从小孔流出。布氏漏斗必须安装在橡皮塞上，橡皮塞塞进吸滤瓶的部分一般不超过整个橡皮塞高度的 1/2。吸滤瓶用来承接滤液。

安全瓶的作用是防止水泵中的水发生外溢而倒灌入吸滤瓶中（即倒吸现象）。这是因为当水泵中的水压有变化时，常会有水溢流出来，如发生这种情况，可将吸滤瓶和安全瓶拆开，将安全瓶中的水倒出，再重新把它们连接起来。如不要滤液，也可不用安全瓶。

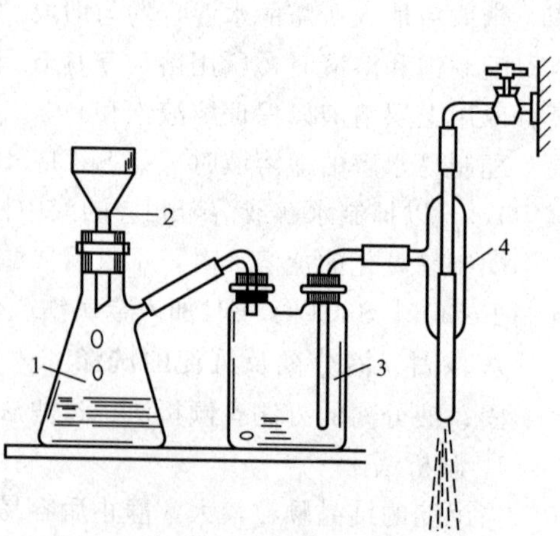

图 1-29　吸滤的装置

吸滤操作必须按照以下步骤进行。

① 做好吸滤前的准备工作，检查装置：安全瓶的长管接水泵，短管接吸滤瓶；布氏漏斗的颈口斜面应与吸滤瓶的支管相对，便于吸滤。

② 滤纸：滤纸应比布氏漏斗的内径略小，以能恰好盖住瓷板上的所有小孔为宜。先用少量蒸馏水润湿滤纸，再微微开启阀门，使滤纸紧紧贴在瓷板上，然后才能进行过滤。

③ 过滤时，吸滤瓶内的滤液面不能达到支管的水平位置，否则滤液将被水泵抽出。因此，当滤液快上升至吸滤瓶的支管处时，应拔去吸滤瓶上的橡皮管，取下漏斗，从吸滤瓶的上口倒出液体后，再继续吸滤，但须注意，从吸滤瓶的上口倒出滤液时，吸滤瓶的支管必须向上。

④ 在吸滤过程中，不得突然关闭水泵，如欲停止抽滤，应先将吸滤瓶支管上的橡皮管拆下，再关上水泵，否则水将倒灌入吸滤瓶。

⑤ 在布氏漏斗内洗涤沉淀时，应停止吸滤，让少量洗涤剂缓慢通过沉淀，然后进行吸滤。

⑥ 为了尽量抽干漏斗上的沉淀，最后可用一个平顶的试剂瓶塞挤压沉淀。过滤完后，应先将吸滤瓶支管的橡皮管拆下，关闭水泵，再取下漏斗，将漏斗颈朝上，轻轻敲打漏斗边缘，或在颈口用力一吹，即可使滤饼脱离漏斗，倾入事先准备好的滤纸上或容器中。

对特殊性质的溶液与固体的分离，需用特殊的方法。可用其它滤器（如玻璃砂芯漏斗、玻璃砂芯坩埚）或材料（如石棉纤维）代替滤纸。

用石棉网纤维取代滤纸过滤时，应先将石棉纤维在水中浸泡一段时间，再将它搅拌均匀，倾入布氏漏斗内，铺匀，然后使之贴紧（无小孔）。过滤操作同减压操作。过滤后，沉淀往往与石棉纤维粘在一起，故此法适用于弃去沉淀只要滤液的情况。

用玻璃砂芯漏斗过滤，可避免沉淀被石棉纤维沾污，过滤是通过熔结在漏斗中部的具有微孔的玻璃砂芯底板进行的。玻璃砂芯漏斗（图 1-30）的规格按微孔大小的不同分成 1～6 号（1 号孔隙最大），可根据需要选用。用玻璃砂芯漏斗可过滤具有强氧化性或强酸性的物质。由于碱会与玻璃作用而堵塞微孔，故不适用于过滤碱性溶液。

（3）热过滤

如果某些溶质在温度降低时很容易析出晶体，为防止溶质在过滤时析出，应采用趁热抽滤。过滤时，可把玻璃漏斗放在铜质的热漏斗内，后者装有热水，以维持溶液温度，见图 1-31。

图 1-30　玻璃砂芯漏斗

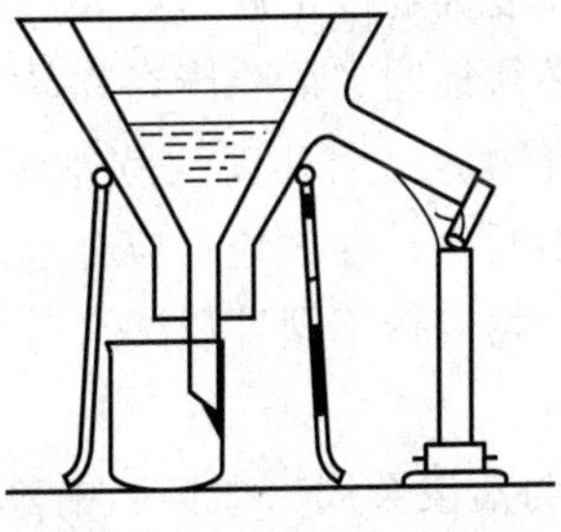

图 1-31　热过滤装置

3. 离心分离

试管中少量溶液与沉淀的分离常用离心分离法，操作简单而迅速。

将盛有沉淀的小试管或离心试管放入离心机（图 1-32）的试管套内，在与之相对称的另一试管套内也要装入一支盛有相同体积水的试管，这样可使离心机的重心保持平衡。然后缓慢启动离心机，再逐渐加速。1～2min后旋转按钮至停止位置，让离心机自然停下，在任何情况下都不能猛力启动离心机，或用手按住离心机的轴，强制其停止转动，否则离心机很容易损坏，甚至发生危险。

通过离心作用，沉淀紧密聚集在试管的底部或离心试管底部的尖端，溶液则变清，离心完毕后，取出试管，用手指捏紧滴管的橡皮头，将滴管的尖端插入至液面以下，但不接触沉淀，然后缓缓放松橡皮头，尽量吸出上面清液，完成分离操作（图1-33）。如沉淀需要洗涤，则加少量水或指定的电解质溶液，搅拌，再离心分离。吸去上层清液，再重复洗涤2～3次。

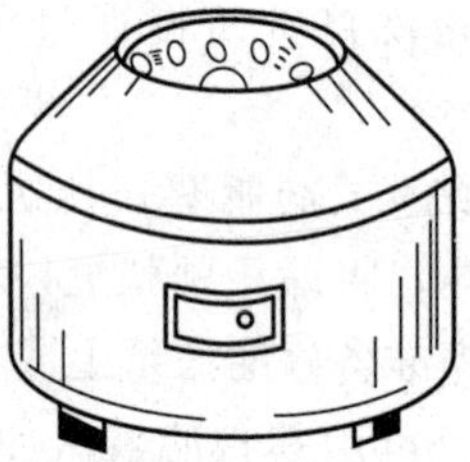

图1-32　离心机

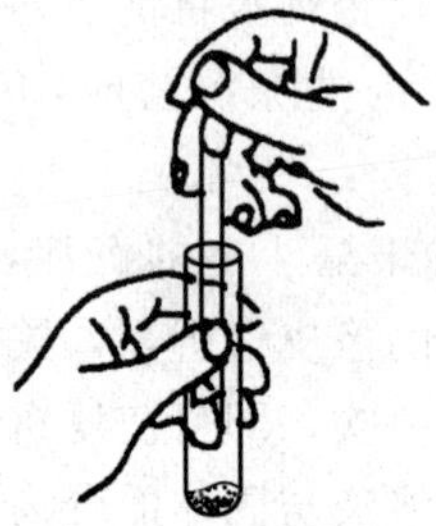

图1-33　吸取上层清液

九、化学实验室危险废弃物分类及处理

实验室危险废弃物有毒有害，有些甚至是剧毒物或强致癌物，如任意排放必将污染环境、破坏生态平衡、威胁人类健康。因此所有实验人员必须牢记可持续发展的“绿色化学十二项原则”，明确废弃物的危害及分类，采取合理规范的操作，从源头上减少废弃物的产生，依据减量化、再循环利用的原则处理分类收集的废弃物。

1. 危险废弃物的分类及收集

危险废弃物是指列入国家危险废弃物名录或者根据国家规定的危险废弃物鉴别标准和鉴别方法认定具有危险特性的废弃物。在一般的化学实验室中，根据其状态分为固体废弃物、液体废弃物及气体废弃物，即通常所指的实验室“三废”。为了方便废弃物的处理，通常将废弃物分为：无机类废弃物，有机类废弃物，生物类废弃物及放射性废弃物等（具体参照《国家危险废弃物名录》）。

实验室危险废弃物产生后一般要经过收集、贮存后才进行统一处理。收集并存放废弃物的容器及区域必须标明“危险废弃物品”等字样，并尽可能标明日期、名称或主要成分等信息，收集的废弃物应定期处理；另外废弃物要用密闭式容器收集贮存，容器不易变形及损坏，防止废弃物漏出；存放地点应合理规范，避免高温、日晒雨淋、远离火源及生活垃圾。

实验室废弃物应依不同性质进行分类收集，不具相容性的废弃物应分别收集。特别要注意以下几点：

① 酸不能与活泼金属（如钾、钠等）、易燃有机物、氧化性物质、接触后即产生有毒气体的物质（如氰化物、硫化物等）收集在一起；

② 碱不能与酸、铵盐、挥发性胺等收集在一起；

③ 易燃物不能与有氧化作用的酸或易产生火花、火焰的物质收集在一起；

④ 过氧化物、氧化铜、氧化银、氧化汞、含氧酸及其盐类、高氧化价的金属离子等氧

化剂不能与还原剂（如锌、碱金属、碱土金属、金属氢化物、低氧化价的金属离子、醛、甲酸等）收集在一起；

⑤ 含有过氧化物、硝酸甘油之类爆炸性物质的废液，要谨慎操作，并应尽快处理；能与水作用的废弃物应放在干冷处并远离水；

⑥ 不要把金属和流体废溶液放在一起；

⑦ 能与空气发生反应的废弃物（如黄磷）应放在水中并盖紧瓶盖；

⑧ 对硫醇、胺等会发出臭味的废液和会产生氢氰酸、磷化氢等有毒气体的废液，以及易燃性大的二硫化碳、乙醚等废液，要加以适当的处理，防止泄漏，并应尽快进行处理。

2. 实验室危险废弃物的处理

由于废弃物的组成不同，在处理过程中，往往伴随着有毒气体的产生及发热、爆炸等危险，因此，处理前必须充分了解废液的性质，然后分别加入少量所需添加的药品，同时必须边注意观察边进行操作。对废弃物的处理应以不造成更大的浪费为出发点，尽量回收溶剂，在对实验没有影响的情况下，把它反复使用。

3. 无机及分析实验室“三废”处理的一般方法

一般无害的无机中性盐类，或阴阳离子废液（如：NaCl、K^+等），可以经由大量清水稀释后，由下水道排放。无机酸碱或有机酸碱，需中和至中性或以大量水稀释后，再排入下水道中。

一般的有毒气体可通过通风橱或通风管道，经空气稀释排出。大量的有毒气体必须通过与氧气充分燃烧或吸收处理后才能排放。如：CO_2、NO_2、SO_2、Cl_2、H_2S、HF 等废气应先用碱溶液吸收；NH_3用酸吸收；CO 可先点燃转变为CO_2等。对个别毒性很大或者数量多的废气，可用吸附、吸收、氧化、分解等方法进行处理。

由于甲醇、乙醇、丙酮等能被细菌作用而易于分解，故浓度不大时对这类溶剂用大量水稀释后可直接排放。

对有毒的废渣应深埋在指定的地点，如有毒的废油能溶解于地下水，会混入饮水中，所以不能未经过处理就深埋。有回收价值的废渣应该回收利用。

对于含有重金属离子的废液，由于重金属离子具有毒性，应根据其离子的性质进行处理，使其废液达到排放标准。含重金属离子的废液处理有沉淀法、吸附法、膜分离技术、离子交换树脂法、电解法、光催化法等。其中沉淀法处理含重金属离子的废液主要有以下几种形式。

① 氢氧化物沉淀法　在废液中加入 NaOH 使溶液呈碱性（一般 pH 至 9～11），并加以充分搅拌，很多重金属离子可形成氢氧化物沉淀，溶液放置一段时间后，将沉淀滤出并妥善保存，并对滤液进行检测，确证达标后才可排放。这种方法处理含重金属的废液，可使Ag^+、As^{3+}、Bi^{3+}、Ca^{2+}、Cd^{2+}、Cr^{3+}、Cu^{2+}等离子除去。对于两性的金属离子，由于其在一定碱性条件下会发生溶解，应注意调节最适宜的 pH 值。废液中含有两种以上重金属离子时，应根据不同的离子调节 pH，如果废液中还有六价铬，应用硫酸亚铁等还原剂还原成三价铬离子后再处理。沉淀剂除了 NaOH 外，也可选用 $Ca(OH)_2$ 和 Na_2CO_3，其中$Ca(OH)_2$可以防止两性金属的沉淀再溶解，且其沉降性能也较好。在沉淀过程中可加入絮凝剂［如：$Al_2(SO_4)_3$、$FeCl_3$等］产生共沉淀，使沉淀更完全。

② 硫化物沉淀法　在废液中加入 Na_2S、NaHS 和 H_2S 溶液，充分搅拌，使金属离子形成硫化物沉淀，由于大多数金属硫化物的溶解度一般比氢氧化物的溶解度小得多，采用硫化

物可使重金属得到较完全地去除，但硫化物沉淀比较细致，沉淀较困难，常需投加絮凝剂和助凝剂，而且其处理费用相对较高，存在硫化物的二次污染问题，因此使用不广泛。

③ 铁氧体沉淀法 （详见本书实验五十七 含铬废水的处理）。

常见的几种废液处理方法如下。

① 含Cr(Ⅵ）废液　应先将Cr(Ⅵ）还原成Cr(Ⅲ)，然后将其与其它重金属废液一起处理。

② 含镉废液　可用$Ca(OH)_2$将废液pH调至11，此时$Cd(OH)_2$溶解度最小，形成沉淀去除。

③ 含铅废液　用$Ca(OH)_2$将废液pH调至大于11，生成$Pb(OH)_2$，然后加入絮凝剂，调节pH至7～8，产生共沉淀去除。

④ 含砷废液　当含砷量大时，先加入$Ca(OH)_2$调节pH至9.5附近，充分搅拌，先沉淀分离一部分砷，然后加入$FeCl_3$，使铁砷比达到50，然后调pH至7～10，搅拌并放置过夜，过滤得沉淀，保管好沉淀物，检查滤液不含砷后即可排放。

⑤ 含汞废液　无机汞废液中加入适量$FeSO_4$，加入化学计量比的$Na_2S \cdot 9H_2O$，充分搅拌，并使pH值保持6～8放置，过滤沉淀并妥善保管滤渣，再用活性炭吸附或离子交换树脂进一步处理滤液，直至检不出汞离子后才可排放。对于有机汞废液，经氧化分解为无机汞废液后再处理。

⑥ 含氰化物废液的处理　对含氰量高的废液，应回收利用，回收方法有酸化回收法、蒸汽解吸法等。含氰量低的废水应净化处理后方可排放，常用碱氯法、电解氧化法、过氧化氢氧化法等化学方法使氰化物氧化分解，也可使用离子交换法和生物处理法。其中碱氯法应用较广，其具体操作如下。

在含氰化物的废液中加入NaOH溶液，调节pH至10以上，加入约10%的NaOCl溶液，搅拌约20min，然后加入NaOCl溶液，搅拌后放置数小时；再加入5%～10%的H_2SO_4（或HCl)，调节pH至7.5～8.5，放置一昼夜，最后加入Na_2SO_3溶液去除剩余的氯。

反应式如下：

$$NaCN + NaOCl = NaOCN + NaCl$$

$$2NaOCN + 3NaOCl + H_2O = N_2 + 3NaCl + 2NaHCO_3$$

⑦ 对黄磷、磷化氢、卤氧化磷、卤化磷、硫化磷等废液，在碱性情况下，用H_2O_2将其氧化后，作为磷酸盐废液处理。

⑧ 含氟废液　于废液中加入石灰乳搅拌，使其形成CaF_2沉淀，滤液再用离子交换树脂处理。

第二节　实验中数据表达与处理

一、误差产生的原因与消除减免的方法

1. 误差

在测量任何一个物理量时，人们发现，即使采用最可靠的方法，使用最精密的仪器，由技术很熟练的人员操作，也不可能得到绝对准确的结果。同一个人在相同条件下，对同一试样进行多次测定，所得结果也不会完全相同。这表明，误差是客观存在的。因此有必要了解误差产生的原因、出现的规律、减免误差的措施，并且学会对所得数据进行归纳、取舍等一系列处理方法，使测定结果尽量接近客观真实值。

2. 误差产生的原因

根据误差的来源和特点，误差可分为系统误差（或称可测误差）和偶然误差（或称随机误差、未定误差）。

（1）系统误差

系统误差是由于测定过程中某些经常性的原因所造成的误差，它对测量结果的影响比较恒定，会在同一条件下的多次测定中重复地显示出来，使测量结果系统地偏高或偏低。但是系统误差中也有的对测量结果的影响并不恒定，甚至实验条件变化时，误差的正负值也将改变，例如标准溶液因温度变化而影响溶液的体积，从而使其浓度变化，这种影响属于不恒定的影响，但如果掌握了溶液体积随温度变化的规律，对测量结果作适当校正，仍可使误差接近消除。

产生系统误差的具体原因有：

测定方法不当——测定方法本身不够完善，如反应不完全，指示剂选择不当，或者由于计算公式不够严格、公式中系数的近似性而引入的误差。

仪器本身缺陷——测定中用到的砝码、容量瓶、滴定管、温度计等未经校正，仪表零位未调好，指示值不正确等仪器系统的因素造成的误差。

环境因素变化——测定过程中温度、湿度、气压等环境因素变化，对仪器产生影响而引入误差。

试剂纯度不够——如试剂中含有微量杂质或干扰测定的物质，所使用的去离子水（或蒸馏水）不合规格，也将引入误差。

操作者的主观因素——如有的人对某种颜色的辨别敏锐或迟钝；记录某一信号的时间总是滞后；读数时眼睛的位置习惯性偏高或偏低；又如在滴定第二份试样时，总希望与第一份试液的滴定结果相吻合，因此在判别终点或读取滴定管读数时，可能就受到“先入为主”的影响。

（2）偶然误差

偶然误差是由于测定过程中各种因素的不可控制的随机变动所引起的误差。如观测时温度、气压的偶然微小波动，个人一时辨别的差异，在估计最后一位数值时，几次读数不一致，偶然误差的大小、方向都不固定，在操作中不能完全避免。

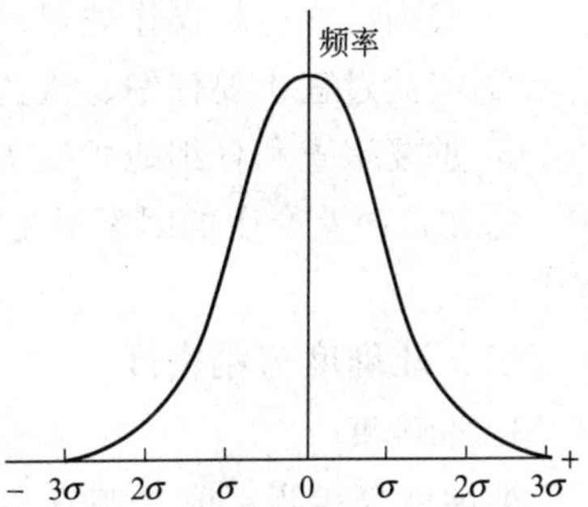

图 1-34　偶然误差的正态分布曲线

除了上述两类误差之外，往往可能由于工作上粗枝大叶、不遵守操作规程以致丢损试液、加错试剂、看错读数、记录出错、计算错误等，而引入过失误差。这类“误差”实属操作错误，无规律可循，对测定结果有严重影响，必须注意避免。对含有此类因素的测定值，应予剔除，不能参加平均值计算。

偶然误差虽然由偶然因素引起，但其出现规律可用正态分布曲线（图 1-34）表示。由图可知，偶然误差的规律是：

① 绝对值相等的正误差、负误差出现的概率几乎相等；

② 小误差出现概率大，大误差出现概率小；

③ 很大误差出现的概率近于零。

表征正态分布曲线的函数形式亦称为高斯方程：

$$y=\frac{1}{\sigma\sqrt{2\pi}}\exp\left[-\frac{(x-\mu)^2}{2\sigma^2}\right]$$

式中　y——偶然误差的概率；

x——各个测定值；

σ——测定的标准偏差（关于 σ 的讨论见下节）；

μ——正态分布的总体平均值，在消除了系统误差后，即为真值。

正态分布函数中有两个参数，真值 μ 表征数据的集中趋势，是曲线最高点所对应的横坐标。另一参数为标准偏差 σ，表征测定数据的离散性，它取决于测定的精密度，σ 小，曲线峰形窄，数据较集中；σ 大，曲线峰形宽，数据分散。

3. 消除或减免误差的方法

（1）系统误差的减免

对照试验——选用公认的标准方法与所采用的测定方法对同一试样进行测定，找出校正数据，消除方法误差。或用已知含量的标准试样，用所选测定方法进行分析测定，求出校正数据。对照试验是检查测定过程中有无系统误差的最有效方法。

空白试验——在不加试样的情况下，按照试样的测定步骤和条件进行测定，所得结果称为空白值。从试样的测定结果中扣除空白值，就可消除由试剂、蒸馏水及所用器皿引入杂质所造成的系统误差。

仪器校正——实验前对所使用砝码、容量器皿或其它仪器进行校正，求出校正值，提高测量准确度。

（2）偶然误差的减免

依照偶然误差出现的统计规律，人们可通过增加测定次数，使偶然误差尽可能减小。从数学角度考虑，平行测定的次数越多，测得值的平均值越接近真值，因此可适当增加测定次数，减少偶然误差。但是，当测定次数达到 10 次左右时，即使再增加测定次数，其精密度也没有显著地提高。因而在实际应用中，按照经验只要仔细测定 3～4 次以上，即可使随机误差减小到很小。为了使分析中的随机误差尽可能减小，还必须注意以下几个方面：

① 必须按照分析操作规程，严格正确地进行操作；

② 实验过程中要仔细、认真，避免一切偶然发生的事故；

③ 重复审查和仔细地校核实验数据，尽可能减少记录和计算中的错误。

总之，误差产生的因素很复杂，必须根据具体情况，仔细地分析、找出原因，然后加以克服。

二、准确度与精密度

1. 准确度

准确度是指测定值 x 与真实值 μ 的接近程度，两者差值越小，测定结果的准确度越高。准确度的高低可用绝对误差和相对误差表示：

$$\text{绝对误差}=x-\mu$$

$$\text{相对误差}=\frac{x-\mu}{\mu}\times 100\%$$

相对误差表示误差在真实值中所占的百分率。相对误差与真实值和绝对误差两者的大小有关，用相对误差表示各种情况下的测定结果的准确度更为确切、合理。

绝对误差和相对误差都有正值和负值。正值表示测定结果偏高，负值表示测定结果偏低。

在实际工作中，真实值往往不知道，无法说明准确度的高低，因此有时用精密度说明测定结果的好坏。

2. 精密度

精密度是指在确定条件下，反复多次测量，所得结果之间的一致程度。用偏差表示个别测定与几次测定平均值之间的差，亦有绝对偏差和相对偏差之分。精密度表示测定结果的重现性。

$$绝对偏差\ d=x_i-\bar{x}$$

$$相对偏差=\frac{d}{\bar{x}}\times100\%=\frac{x_i-\bar{x}}{\bar{x}}\times100\%$$

三、数据记录、有效数字及其运算规则

1. 数据记录

为了得到准确的实验结果，不仅要准确地测量物理量，而且还应正确地记录测得的数据并计算。所记录的测量值的数字不仅表示数量的大小，而且要正确地反映测量的精确程度。例如分析天平称得某份试样的质量为 0.5120g，该数值中 0.512 是准确的，最后一位数字“0”是可疑的，可能有正负一个单位的误差，即该试样实际质量是在 0.5120g±0.0001g 范围内的某一数值。此时称量的绝对误差为±0.0001g，相对误差为：

$$\frac{\pm0.0001}{0.5120}\times100\%=\pm0.02\%$$

若将上述称量结果写成 0.512g，则意味着该份试样的实际质量为 0.512g±0.001g 范围内的某一数值，即称量的绝对误差为±0.001g，相对误差为±0.2%。可见在记录测量结果时，于小数点后末尾多写或少写一位“0”，从数学角度看，关系不大，但是所反映的测量精确程度无形中被夸大或缩小了 10 倍。除了末位数字是估计值外，其余数字都是准确的，这样的数字称为“有效数字”。

数字“0”在数据中具有双重意义。它可作为有效数字使用，如上例的情况；在另一种场合，则仅起定位的作用，如称得另一试样质量为 0.0769g，此数据仅有三位有效数字，数字前面的“0”只起定位作用。在改换单位时，并不能改变有效数字的位数，如滴定管读数 $20.30cm^3$，两个“0”都属有效数字，若换算成以立方分米为单位，则为 $0.02030dm^3$，这时前面的两个“0”则是定位用的，不属有效数字。当需要在数的末尾加“0”作定位用时，宜采用指数形式表示，如质量为 14.0g，若以毫克为单位，应写成 1.40×10^4mg，不会引起有效数字位数的误解，若写成 14000mg，就易误解为五位有效数字。

2. 有效数字

有效数字是指实际上能得到的数字，通常包括全部准确数字和一位不确定的可疑数字。记录数据的有效数字应体现出实验所用仪器和实验方法所能达到的精确程度。

实验中所测得的各个数据，由于测量的准确程度不完全相同，因而其有效数字的位数可能也不相同，在计算时应弃去多余的数字进行修约。过去人们采用“四舍五入”的数字修约规则。现在根据我国国家标准（GB），应采用下列规则。

① 在拟舍弃的数字中，若左边的第一个数字小于 5（不包括 5），则舍去。例：14.2432→14.2。

② 在拟舍弃的数字中，若左边的第一个数字大于 5（不包括 5），则进一。例：26.4843→26.5。

③ 在拟舍弃的数字中，若左边的第一个数字等于 5，其右边的数字并非全部为零时，则

进一。例 1.0501→1.1。

④ 在拟舍弃的数字中，若左边的第一个数字等于 5，其右边的数字皆为零时，所拟保留的末位数字若为奇数则进一，若为偶数（包括“0”）则不进。例：

0.3500→0.4	12.25→12.2
0.4500→0.4	12.35→12.4
1.0500→1.0	1225.0→1220
	1235.0→1240

⑤ 所拟舍去的数字，若为两位以上数字时，不得连续进行多次修约，例：需将 215.4546 修约成三位，应一次修约为 215。

若 215.4546→215.455→215.46→215.5→216，则是不正确的。

3. 有效数字运算规则

在实验过程中，往往需经过几个不同的测量环节，然后再依计算式求算结果，在运算过程中，要注意按照下列规则合理取舍各数据的有效数字位数。

① 加减运算中，结果的有效数字的位数应与绝对误差最大的一个数据相同，如：

$$7.85+26.1364-18.64738=15.34$$

② 乘除运算中，结果的有效数字的位数应以相对误差最大（即位数最少）的数据为准，如：

$$\frac{0.07825\times 12.0}{6.781}=0.138$$

③ 若一数据的第一位有效数字为 8 或 9 时，则有效数字的位数可多算一位，如 8.42 可看作四位有效数字。

④ 计算式中用的常数，如 π、e 以及乘除因子 $\sqrt{3}$、1/2 等，可以认为其有效数字的位数是无限的，不影响其它数字的修约。

⑤ 对数计算中，对数小数点后的位数应与真数的有效数字位数相同，如 $[H^+]=7.9\times 10^{-5}mol\cdot L^{-1}$，则 pH=4.10。

⑥ 大多数情况下，表示误差时，取一位有效数字即已足够，最多取两位。

⑦ 实验中按操作规程使用经校正过的容量瓶、移液管时，其体积如 $250cm^3$、$10cm^3$，达刻度线时，其中所盛（或放出）溶液体积的精度一般认为有四位有效数字。

四、数据处理与实验结果的表达

1. 数据处理

在对所需的物理量进行测量之后，一般应校正系统误差和剔除错误的测定结果，然后计算出结果可能达到的准确范围。首先要把数据加以整理，剔除由于明显的原因而与其它测定结果相差甚远的那些数据，对于一些精密度似乎不甚高的可疑数据，则按照本节所述的 Q 检验（或根据实验要求，按照其它规则）决定取舍，然后计算数据的平均值、各数据对平均值的偏差、平均偏差与标准偏差，最后按照要求的置信度求出平均值的置信区间。

平均偏差（亦称算术平均偏差）通常用来表示一组数据的分散程度，即结果的精密度，计算式为：

$$\bar{d}=\frac{\sum|x_i-\bar{x}|}{n}$$

式中，$\bar{d}$ 为平均偏差；x_i 为各个测定值；$\bar{x}$ 为几次测定的平均值。

$$相对平均偏差=\frac{\bar{d}}{\bar{x}}\times 100\%$$

用平均偏差表示精密度比较简单，但有时数据中的大偏差得不到应有的反映。如下面两组 $x_i-\bar{x}$ 的数据：

项　　目	A组	B组
$x_i-\bar{x}$	+0.26	−0.73
	−0.25	+0.22
	−0.37	+0.51
	+0.32	−0.14
	+0.40	0.00
$\bar{d}$	+0.32	0.32

两组测定结果的平均偏差虽然相同，但B组中明显出现一个大的偏差，其精密度不如A组好。

2. 标准偏差

当测定次数趋于无穷大时，总体标准偏差 σ 的计算式为：

$$\sigma=\sqrt{\frac{\sum(x_i-\mu)^2}{n}}$$

式中，μ 为无限多次测定的平均值，称为总体平均值。

$$\lim_{n\to\infty}\bar{x}=\mu$$

显然，经过校正系统误差后，μ 即为真值。

在实际测定工作中，只做有限次数的测定，根据概率可以推导出在有限测定次数时的样本标准偏差 s：

$$s=\sqrt{\frac{\sum(x_i-\bar{x})^2}{n-1}}$$

上例中两组数据的样本标准偏差分别为：$s_A=0.36$，$s_B=0.46$。可见，标准偏差比平均偏差能更灵敏地反映出大偏差的存在，因而能较好地反映测定结果的精密度。

相对标准偏差亦称变异系数（CV），其计算式为：

$$CV=\frac{s}{\bar{x}}\times 100\%$$

3. 置信度与平均值的置信区间

以上讨论的 $\bar{d}$、s 都是平行测定值与平均值之间的偏差问题，为了表示出测定结果与真实值间的误差情况，还应进一步了解平均值与真值之间的误差。图1-34中曲线上各点的横坐标是 $x_i-\mu$，其中 x_i 为每次测定的数值，μ 为总体平均值（真值）；曲线上各点的纵坐标表示某个误差出现的频率；曲线与横坐标从 $-\infty$ 到 $+\infty$ 之间所包围的面积代表具有各种大小误差的测定值出现概率的总和（100%）。由计算可知，对于无限次数测定而言，在 $\mu-\sigma$ 到 $\mu+\sigma$ 区间内，曲线所包围的面积为68.3%，即真值落在 $\mu\pm\sigma$ 区间内的概率（亦称为置信度）为68.3%，还可算出落在 $\mu\pm 2\sigma$ 和 $\mu\pm 3\sigma$ 区间的概率分别为95.5%和99.7%。

对于有限次数的测定，真值 μ 与平均值 $\bar{x}$ 之间的关系为：

$$\mu=\bar{x}\pm\frac{ts}{\sqrt{n}}$$

式中，s 为标准偏差；n 为测定次数；t 为在选定的某一置信度下的概率系数，可根据测定次数从表 1-4 中查得。从表 1-4 可知，t 值随 n 的增加而减少，也随置信度的提高而增大。

利用上式可以估算出，在选定的置信度下，总体平均值在以测定平均值 $\bar{x}$ 为中心的多大范围内出现，这个范围称为平均值的置信区间。

表 1-4　对于不同测定次数及不同置信度的 t 值

测定次数 n	置信度				
	50%	90%	95%	99%	99.5%
2	1	6.314	12.706	63.657	127.32
3	0.816	2.292	4.303	9.925	14.089
4	0.765	2.353	3.182	5.841	7.453
5	0.741	2.132	2.276	4.604	5.598
6	0.727	2.015	2.571	4.032	4.773
7	0.718	1.943	2.447	3.707	4.317
8	0.711	1.895	2.365	3.5	4.029
9	0.706	1.86	2.306	3.355	3.832
10	0.703	1.833	2.262	3.25	3.69
11	0.7	1.812	2.228	3.169	3.581
12	0.687	1.725	2.086	2.845	3.153
∞	0.674	1.645	1.96	2.576	2.807

例：测定试样中 SiO_2 的质量分数，经校正系统误差后，得到下列数据：0.2862，0.2859，0.2851，0.2848，0.2852，0.2863。求平均值、标准偏差、置信度分别为 90% 和 95% 时的平均值的置信区间。

解：

$$\bar{x}=\frac{0.2862+0.2859+0.2851+0.2848+0.2852+0.2863}{6}=0.2856$$

$$s=\sqrt{\frac{0.0006^2+0.0003^2+0.0005^2+0.0008^2+0.0004^2+0.0007^2}{6-1}}=0.0006$$

查表 1-4，置信度为 90%，$n=6$ 时，$t=2.015$，

$$\mu=0.2856\pm\frac{2.015\times0.0006}{\sqrt{6}}=0.2856\pm0.0005$$

同理，对于置信度为 95%，可得计算结果。

$$\mu=0.2856\pm\frac{2.571\times0.0006}{\sqrt{6}}=0.2856\pm0.0007$$

置信度 90% 时，$\mu=0.2856\pm0.0005$，即说明 SiO_2 含量的平均值为 28.56%，而且有 90% 的把握认为 SiO_2 的真值 μ 在 28.51%～28.61% 之间。把两种置信度下的平均值置信区间相比较可知，如果真值出现的概率为 95%，则平均值的置信区间将扩大为 28.49%～28.63%。

从表 1-4 还可看出，在一定测定次数范围内，适当增加测定次数，可使 t 值减小，因而求得的置信区间的范围越窄，测定平均值与总体平均值 μ 越接近。

4. 可疑数据的取舍

在实际工作中，常常会遇到一组平行测定中有个别数据远离其它数据的情况，在计算前必须对这种可疑值进行合理的取舍，若可疑值不是由明显的过失造成的，就要根据偶然误差分布规律决定取舍。现介绍一种确定可疑数据取舍的方法——Q 检验法。

当测定次数在 3～10 次时，根据所要求的置信度，按照下列步骤对可疑值进行检验，再

决定取舍。

将各数据按递增的顺序排列：x_1，x_2，…，x_n，其中 x_1或（和）x_n为可疑值。

求出

$$Q=\frac{x_n-x_{n-1}}{x_n-x_1}\text{或}Q=\frac{x_2-x_1}{x_n-x_1}$$

根据测定次数 n 和要求的置信度（如 90%），查表 1-5 得出 $Q_{0.90}$。将 Q 与 $Q_{0.90}$ 相比，若 $Q>Q_{0.90}$，则弃去可疑值，否则应保留。

在三个以上数据中，需要对一个以上的可疑数据用 Q 检验决定取舍时，首先检验相差较大的值。

表 1-5　在不同置信度下，舍弃可疑数据的 Q 值表

测定次数 n	$Q_{0.90}$	$Q_{0.95}$	$Q_{0.99}$
3	0.94	0.98	0.99
4	0.76	0.85	0.93
5	0.64	0.73	0.82
6	0.56	0.64	0.74
7	0.51	0.59	0.68
8	0.47	0.54	0.63
9	0.44	0.51	0.60
10	0.41	0.48	0.57

5. 实验结果的表达

取得实验数据后，应进行整理、归纳，并以简明的方法表达实验结果，通常有列表法、图解法和数学方程表示法三种，可根据具体情况选择使用。现介绍其中两种表示法。

（1）列表法

将一组实验数据中的自变量和因变量的数值按一定形式和顺序一一对应列成表格。制表时需注意以下事项：

每一表格应用序号及完整而又简明的表名。在表名不足以说明表中数据含义时，则在表名或表格下方再附加说明，如有关实验条件、数据来源等。

表格中每一横行或纵行应标明名称和单位。在不加说明即可了解的情况下，应尽可能用符号表示，如 V/cm^3、p/MPa、T/K 等，斜线后表示单位。

自变量的数值常取整数或其它方便的值，其间距最好均匀，并按递增或递减的顺序排列。

表中所列数值的有效数字位数应取舍适当；同一纵行中的小数点应对齐，以便相互比较；数值为零时应记作“0”，数值空缺时应记一横划“—”。

直接测量的数值可与处理的结果并列在一张表上，必要时在表的下方注明数据的处理方法或计算公式。

列表法简单易行，不需要特殊图纸（如方格纸）和仪器，形式紧凑，又便于参考比较，在同一表格内可以同时表示几个变量间的变化情况。实验的原始数据一般采用列表法记录。

（2）图解法

将实验数据按自变量与因变量的对应关系标绘成图形，能够把变量间的变化趋向，如极大、极小、转折点、变化速率以及周期性等重要特征直观地显示出来，便于进行分析研究，是整理实验数据的重要方法。

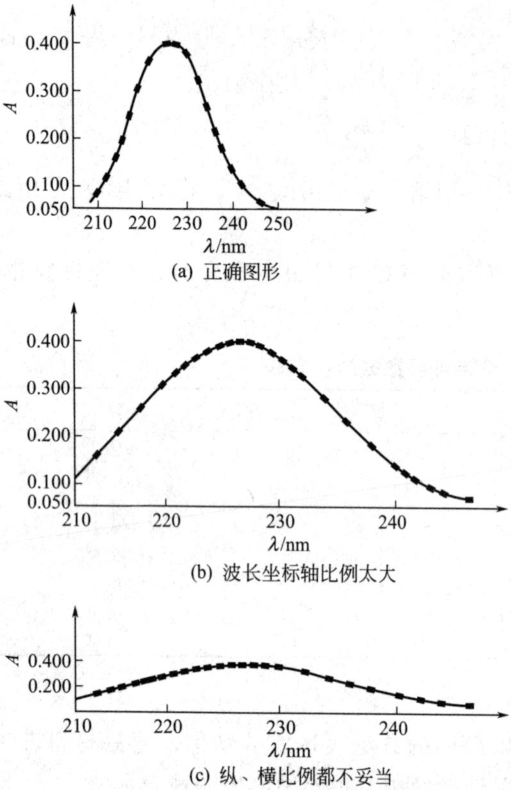

图 1-35　苯甲酸的紫外吸收光谱图

为了能把实验数据正确地用图形表示出来，需注意以下一些作图要点：

① 图纸的选择　通常用直角坐标纸，有时也用半对数坐标纸或对数坐标纸，在表达三组分体系相图时，则选用三角坐标纸。

② 坐标轴及分度　习惯上以 x 轴代表自变量，y 轴代表因变量，每个坐标轴应注明名称和单位，如 $c/\mathrm{mol \cdot dm^{-3}}$、$\lambda/\mathrm{nm}$、$T/\mathrm{K}$ 等，斜线后表示单位。坐标分度应便于从图上读出任一点的坐标值，而且其精度应与测量的精度一致。对于主线间分为 10 等份的直角坐标，每格所代表的变量值以 1、2、4、5 等数量最为方便，不宜采用 3、6、7、9 等数量；通常可不必拘泥于以坐标原点作为分度的零点。曲线若系直线或近乎直线，则应使图形位于坐标纸的中央位置或对角线附近。

比例尺的选择对于正确表达实验数据及其变化规律也很重要。图 1-35 为根据同一组苯甲酸的紫外吸收光谱的实验数据所绘制的图形，其中图(a) 为正确图形，各点数值的精度与实验测量的精度相当，曲线显出吸收峰的情况；图(b) 的波长坐标轴比例太大，其精度超过实际情况；图(c) 的波长坐标轴比例太大，而吸光度轴比例又太小，精度与实际情况都不相符，未能充分表现出吸收峰的规律。

③ 做图点的标绘　把数据标点在坐标纸上时，可用点圆符号⊙，圆心小点表示测得数据的正确值，圆的大小粗略表示该点的误差范围。若需在一张纸上表示几组不同的测量值时，则各组数据应分别选用不同形式的符号，以示区别，如用□、◇、△、×、+、¤等符号，并在图上注明不同的符号各代表何种情况。

④ 绘制曲线　如各实验点成直线关系，用铅笔和直尺依各点的趋向，在点群之间划一直线，注意应使直线两侧点数近乎相等，或者更确切地说，应使各点与曲线距离的平方和为最小。

对于曲线，一般在其平缓和变化部分，测量点可取得少些，但在关键点，如滴定终点、极大、极小以及转折等变化较大的区间，应适当增加测量点的密度，以保证曲线所表示的规律是可靠的。

描绘曲线时，一般不必通过图上所有的点及两端的点，但力求使各点均匀地分布在曲线两侧邻近。对于个别远离曲线的点，应检查测量和计算中是否有误，最好重新复测，如原测量确属于无误，就应引起重视，并在该区间内重复进行更仔细的测量以及适当增加该点两侧测量点的密度。

做图时先用硬铅笔（2H）等沿各点的变化趋势轻轻描绘，再以曲线板逐段拟合手描线的曲率，绘出光滑曲线。为使各段连接处光滑连续，不要将曲线板上的曲线与手描线所有重合部分一次描完，每次只描 1/2～2/3 段为宜。

五、实验预习、实验记录和实验报告

1. 实验预习

实验预习是无机及分析化学实验的重要组成部分，对实验成功与否，收获大小起着关键作用。教师有义务拒绝那些未进行预习的学生进行实验。具体要求如下：

① 将实验的目的、要求、反应式、试剂和产物、用量及规格摘录于记录本中；

② 写出实验步骤；

③ 列出过程及原理，明确各操作步骤的目的和要求。

2. 实验记录

实验是培养学生科学素质的主要途径，要认真操作，仔细观察，积极思考，并将各种数据及时、如实地记录于记录本中。记录要简单明了，字迹清楚。

3. 实验报告

实验报告的内容大致包括以下各项：①目的和要求；②实验原理和方法；③主要物料及产物的物理常数；④主要物料用量及规格；⑤实验步骤及现象记录；⑥过程及原理；⑦讨论；⑧回答思考题。

第三节　基础化学实验常用仪器的使用

一、电子天平

分析天平是定量分析中常用的主要精密称量仪器，正确称量是得到准确测定结果的基本保证。随着科学技术的发展，常用的等臂双盘天平（包括半自动电光天平和全自动电光天平）由于操作较为复杂，逐渐被电子天平所替代。电子天平是一种利用电子装置完成电磁力补偿调节（或电磁力矩调节），使物体在重力场中实现力（力矩）平衡而实现准确称量的现代化先进称量仪器，电子天平最基本的功能是：自动调零、自动校准、自动扣除空白和自动显示称量结果，因此使用电子天平称量方便、迅速，读数稳定、准确度高。

1. 电子天平的一般操作程序（以赛多利斯 BSA 系列电子天平的使用为例进行说明）

① 调水平　使用电子天平前首先观察水平仪，看天平是否水平，若不水平，可调整地脚螺栓高度，使水平仪内空气气泡位于水平仪圆环中央。

② 开机　接通电源，按开关键直至显示全屏自检。

③ 预热　为了达到理想的校准效果，电子天平在初次接通电源或长时间断电之后，至少需要预热 30min，只有这样天平才能达到所需要的工作温度。

④ 校准（外部校准）　校准天平时，按校准“CAL”键，电子天平将显示“CAL. EXT”及校准所需砝码质量，然后放置校准砝码，天平将自动进行校准并显示校准砝码质量，校准完毕后去除砝码即可。注意：电子分析天平的灵敏度与其工作环境密切相关，因此在改变天平的工作场所时（或使用一段时间未经校准时）必须进行重新调校才能保证测量结果的准确度，在不改变天平工作场所时，不必每次称量都进行校准。

⑤ 称量　使用去皮键“TARE”键清零，放置样品进行称量，待读数稳定后读取被称量物质量，完成称量；称量完毕后，取下被称物（具体方法参照本教材实验三）。

⑥ 关机　按“OFF”键关闭电源，盖上防尘罩。

2. 电子天平的其它功能及使用

① 去皮重　置容器于秤盘上，天平显示容器质量，按“TARE”键，显示零，即去皮重。再置被称物于容器中，这时显示的是被称物的净重。

② 累计称量　用去皮重称量法将被称物逐个置于秤盘上，并相应逐一去皮清零，最后移去所有被称物，则显示数的绝对值为被称物的总质量。

③ 下称　拧松底部盖板的螺丝，露出挂钩。将天平置于开孔的工作台上，调正水平，并对天平进行校准工作，就可用挂钩称量物重。

3. 天平的维护与保养

天平必须小心使用。秤盘与外壳须经常用软布和牙膏轻轻擦洗，切不可用强溶解剂清洗。

二、酸度计

1. 基本原理

酸度计是测定溶液 pH 值的常用仪器，由电极和精密电位计两部分组成。将测量电极（玻璃电极）与参比电极一起浸在被测溶液中，组成一个原电池。通过测定电动势求被测溶液的 pH 值。在原电池中，参比电极的电极电势与溶液 pH 值无关，在一定温度下是一定值。而玻璃电极的电极电势随溶液 pH 值的变化而改变。所以它们组成的电池电动势也随溶液的 pH 值变化而变化。测 pH 时用 pH 挡，测电动势时用毫伏挡。

当与仪器连接好的测量电极（玻璃电极）与参比电极（饱和甘汞电极）一起浸入被测溶液中时，两极间产生电势差（电动势），电势差与 pH 有关，因为测量电极（玻璃电极）的电势随着溶液 $c(H^+)$ 的变化而变化。

$$E_{玻}=E_{玻}^{\ominus}-2.303\frac{RT}{F}\text{pH}$$

式中　R——摩尔气体常数，$R=8.314\text{J}\cdot\text{mol}^{-1}\cdot\text{K}^{-1}$；

T——热力学温度，K；

F——热力学常数，$F=96485\text{C}\cdot\text{mol}^{-1}$；

$E_{玻}^{\ominus}$——玻璃电极的标准电极电势，298.15K 时，

$$E_{玻}=E_{玻}^{\ominus}-0.0592\text{pH}$$

由于饱和甘汞电极的电极电势恒定（$E_{甘}=0.2415\text{V}$），所以由玻璃电极与饱和甘汞电极组成的电池的电动势（E_{MF}）只随溶液的 pH 改变而改变。298.15K 时，该电池的电动势（E_{MF}）为：

$$E_{MF}=E_{甘}-E_{玻}=0.2145-(E_{玻}^{\ominus}-0.0592\text{pH})$$

$$=0.2415-E_{玻}^{\ominus}+0.0592\text{pH}$$

$$\text{pH}=\frac{E_{MF}+E_{玻}^{\ominus}-0.2415}{0.0592}$$

若 $E_{玻}^{\ominus}$ 已知，只要测其电动势 E_{MF}，就可求出未知溶液的 pH。$E_{玻}^{\ominus}$ 可利用一个已知 pH 的标准缓冲溶液（如邻苯二甲酸氢钾溶液）代替待测溶液而确定。酸度计一般把测得的电动势直接用 pH 表示出来，为了方便起见，仪器上有定位调节器，测量标准缓冲溶液时，可利用定位调节器，把读数直接调到标准缓冲溶液的 pH，以后测量未知液时，就可直接指示出

未知液的 pH。

(1) 饱和甘汞电极

饱和甘汞电极是由汞、氯化亚汞（Hg_2Cl_2，即甘汞）和饱和氯化钾溶液组成的电极，内玻璃管封接一根铂丝，铂丝插入纯汞中，纯汞下面有一层甘汞和汞的糊状物。外玻璃管中装入饱和 KCl 溶液，下端用素烧陶瓷塞塞住，通过素瓷塞的毛细孔，可使内外溶液相通（见图 1-36）。饱和甘汞电极可表示为：

$$\mathrm{Pt} \mid \mathrm{Hg(l)} \mid \mathrm{Hg_2Cl_2(s)} \mid \mathrm{KCl(饱和)}$$

电极反应为 $$\mathrm{Hg_2Cl_2(s) + 2e^- \longrightarrow 2Hg + 2Cl^-}$$

$$E_{甘} = E^{\ominus}_{甘} + \frac{0.0592}{2}\lg\frac{1}{c^2(\mathrm{Cl^-})}$$

温度一定，甘汞电极电势只与 $c(\mathrm{Cl^-})$ 有关，当管内盛饱和 KCl 溶液时，$c(\mathrm{Cl^-})$ 一定，298.15K 时，$E_{甘}=0.241\mathrm{V}$。

(2) 玻璃电极

玻璃电极的主要部分是头部的球泡，它是由特制的玻璃（SiO_2、Na_2O、CaO 的质量分数分别为 0.72、0.22 及 0.06）吹制成的极薄（薄膜厚度约为 0.2mm）空心小球，球内装有 $0.1\mathrm{mol\cdot dm^{-3}}$ HCl 溶液和 Ag-AgCl 电极（见图 1-37）。把它插入待测溶液，便组成一个电极，可表示为：

$$\mathrm{Ag, AgCl(s)} \mid \mathrm{HCl(0.1mol\cdot dm^{-3})} \mid 玻璃 \mid 待测溶液$$

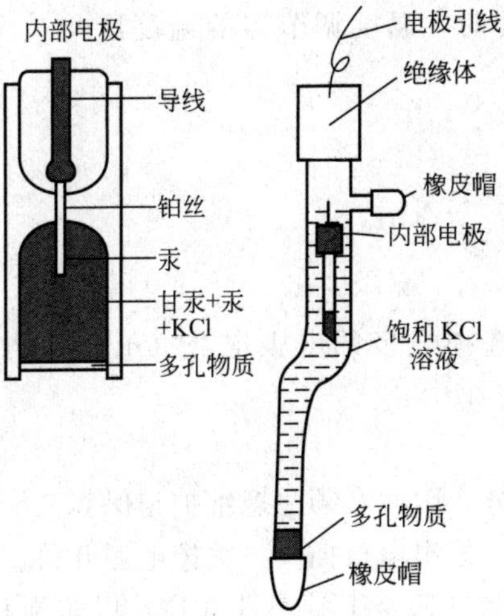

图 1-36 饱和甘汞电极

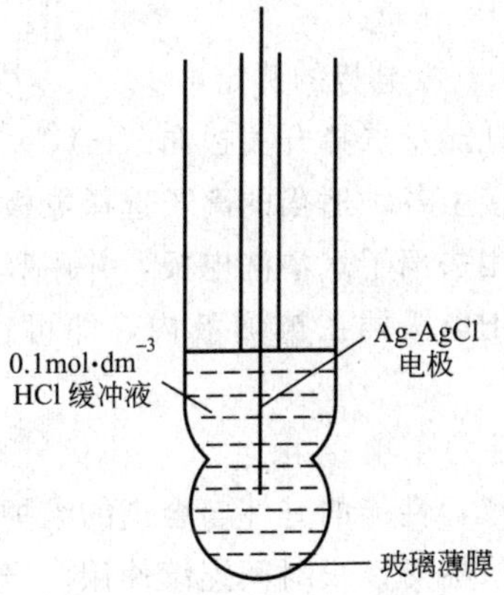

图 1-37 玻璃电极

电极反应为： $$\mathrm{AgCl(s) + e^- \longrightarrow Ag(s) + Cl^-(aq)}$$

玻璃膜把两个不同 HCl 浓度的溶液隔开，在玻璃-溶液接触界面之间产生一定的电势差。由于玻璃电极中 HCl 浓度是固定的，所以在玻璃-溶液接触面之间形成的电势差就只与待测溶液的 pH 有关。298.15K 时，

$$E_{玻} = E^{\ominus}_{玻} - 0.0592\mathrm{pH}$$

2. pHS-3C 型酸度计的使用方法

pHS-3C 型酸度计（图 1-38）采用了数字显示，读数方便准确。测量溶液 pH 时，以玻璃电极为指示电极，甘汞电极为参比电极，也可与 pH 复合电极配套使用。pH 复合电极是将玻璃电极和甘汞电极制作在一起，使用方便。

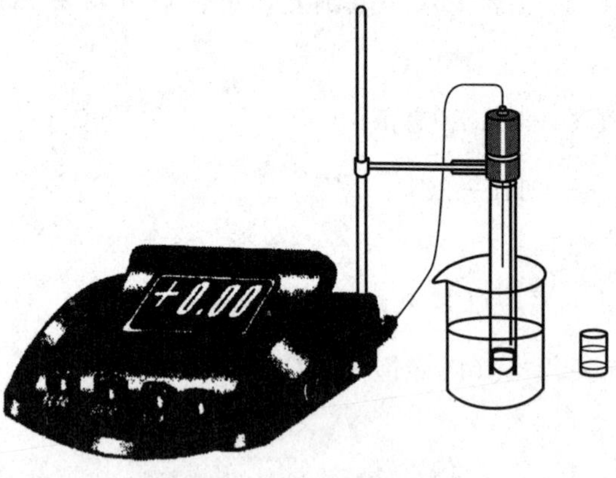

图 1-38 pHS-3C 型酸度计

(1) pH 测定步骤

玻璃电极使用前必须浸泡 24h。仪器在使用前，即测量溶液 pH 前，可按如下程序进行定位：

① 打开仪器电源开关。

② 把测量选择开关按到 pH 挡。

③ 先把电极用去离子水清洗，把洗过的电极用吸水纸吸干水分，然后把电极插在 pH＝6.86 的缓冲溶液中，调节“温度”补偿器所指示的温度与被测溶液的温度相同，然后再调节“定位”调节器，使仪器所指示的 pH 与该缓冲溶液在此温度下的 pH 相同。

④ 取出电极，用去离子水清洗，把洗过的电极用吸水纸吸干水分，然后把电极插在 pH＝4.00 的缓冲溶液中，调节“温度”补偿器所指示的温度与被测溶液的温度相同，然后再调节“斜率”调节器，使仪器所指示的 pH 与该缓冲溶液在此温度下的 pH 相同。

经过标定的仪器，“定位”、“斜率”不应有任何改动。经过标定的仪器就可以进行 pH 测量了。当被测溶液的温度不属于缓冲溶液温度时，温度调节器的温度应与被测液温度一致。

(2) 电极电势的测定

① 把测量选择开关扳向“mV”。

② 接上各种适当的离子选择电极。

③ 用去离子水清洗电极，并用吸水纸吸干。

④ 把电极插在被测液内，即可读出该离子选择电极的电极电势（mV）值，并显示极性。

3. 注意事项

① 仪器性能的好坏与合理的维护保养密不可分，因此必须注意维护与保养。

② 仪器可以长时间连续使用，当仪器不用时，拔出电极插头，关掉电源开关。

③ 甘汞电极不用时用橡皮套将下端套住，用橡皮塞将上端小孔塞住，以防饱和 KCl 溶液流失。当 KCl 溶液流失较多时，则通过电极上端小孔进行补加。玻璃电极长期不使用时，应浸泡在去离子水中。

④ 玻璃电极球泡切勿接触污染物，如有污染物，用医用棉球轻轻擦球部或用 $0.1mol \cdot dm^{-3}$ HCl 溶液清洗。

⑤ 玻璃电极球泡如破裂或老化，应更换电极。新电极在使用之前，应在去离子水中浸泡 24～48h。

⑥ 电极插口应保持清洁干燥。在环境湿度比较大的时候，用干净的布擦干。

三、分光光度计

下面以 722 型分光光度计为例进行介绍。

1. 仪器准备（仪器的外形及光学系统如图 1-39 所示）

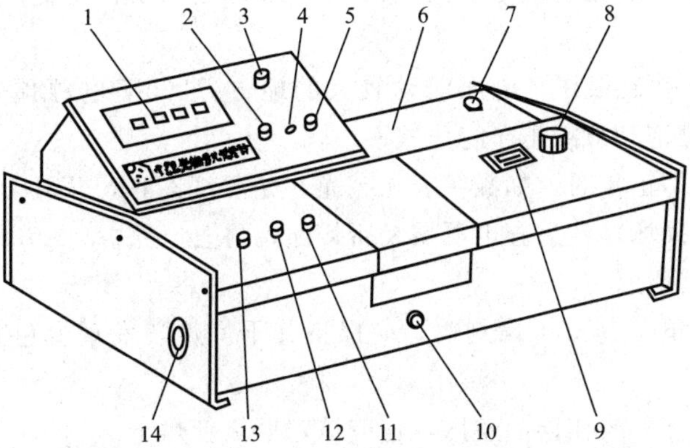

图 1-39　722 型分光光度计

1—数字显示器；2—吸光度调零旋钮；3—选择开关；4—吸光度调斜率电位器；5—溶液旋钮；6—光源室；7—电源开关；8—波长手轮；9—波长刻度窗；10—试样架拉手；11—100％T 旋钮；12—0T 旋钮；13—灵敏度调节旋钮；14—干燥器

（1）使用仪器前，使用者应该首先了解本仪器的结构和工作原理，以及各个操作旋钮的功能。在未接通电源前，应该对仪器的安全性进行检查，电源线接线应牢固，通地要良好，各个调节旋钮的起始位置应该正确，然后再接通电源开关。仪器在使用前，先检查一下放大器暗盒的硅胶干燥筒（在仪器的左侧），如受潮变色，应更换干燥的蓝色硅胶或者倒出原硅胶，烘干后再用。仪器经过运输和搬动等原因，会影响波长精度、吸光度精度，请根据仪器调校步骤进行调整，然后投入使用。

（2）将灵敏度旋钮调至“1”挡（放大倍率最小）。

（3）开启电源，指示灯亮，选择开关置于“T”，波长调至测试用波长。仪器预热 20min。

（4）打开试样室盖（光门自动关闭），调节“0”旋钮，使数字显示为“0.0”，盖上试样室盖，将比色皿架处于蒸馏水校正位置，使光电管受光，调节透过率“100％”旋钮，使数字显示为“100.0”。

（5）如果显示不到“100.0”，则可适当增加微电流放大器的倍率挡数，但尽可能将倍率置低挡使用，这样仪器将有更高的稳定性。但改变倍率后必须按步骤（4）重新校正“0”和“100％”。

（6）预热后，按步骤（4）连续几次调整“0”和“100％”，仪器即可进行测定工作。

（7）吸光度 A 的测量按（4）调整仪器的“0.0”和“100”，将选择开关置于“A”，调节吸光度调零旋钮，使得数字显示为“0.0”，然后将被测样品移入光路，显示值即为被测样品的吸光度。

（8）浓度 c 的测量：选择开关由“A”旋至“c”，将已知浓度的样品放入光路，调节旋钮，使数字显示为已知值，再将被测样品放入光路，即可读出被测样品的浓度值。

（9）如果大幅度改变测试波长时，在调整“0”和“100％”后稍等片刻（因光能量变化急剧，光电管受光后响应缓慢，需一段光响应平衡时间)，当稳定后，重新调整“0”和“100%”即可工作。

(10) 每台仪器所配套的比色皿，不能与其他仪器上的比色皿单个调换。

(11) 本仪器数字表后盖有信号输出 0～1000MV，插座 1 脚为正，2 脚为负，接地线。

2. 仪器的维护

(1) 为确保仪器稳定工作，电压波动较大的地方，220V 电源预先稳压，建议用户备 220V 稳压器一只（磁饱和式或电子稳压式）。

(2) 当仪器工作不正常时，如数字表无亮光，光源灯不亮，开关指示灯无信号，应检查仪器后盖保险丝是否损坏，然后查电源线是否接通，再查电路。

(3) 仪器要接地良好。

(4) 仪器左侧下角有一只干燥剂筒，应保持其干燥性，发现变色立即更新或加以烘干再用。

(5) 另外有两包硅胶放在样品室内，也应该定期更新烘干。

(6) 当仪器停止工作时，切断电源，电源开关同时切断。

(7) 为了避免仪器积灰和沾污，在停止工作时间内，用塑料套子罩住整个仪器，在套子内应放数袋防潮硅胶，以免灯室受潮，反射镜镜面发霉点或沾污，影响仪器精度。

(8) 仪器工作数月或搬动后，要检查波长精度和吸光度精度等方面，以确保仪器的使用和测定精度。

四、气相色谱仪

气相色谱仪是用于混合物分离分析的实验室常见仪器，主要用于混合气体、液体（沸点低于 400℃）分析，具有分析速度快、选择性好、效能高、样品量少、灵敏度高等特性。它在分离分析方面独特的优点，使其得到广泛应用。

1. 基本原理

色谱法分离的基本原理是基于被研究物质组分在固定相及流动相中的分配系数有微小差异，当两相作对流运动时，被研究物质在两相间进行反复多次分配，使其运动速度有了较大差异，从而使各组分分离，继而达到分别测定的目的。

气相色谱仪种类繁多、型号各异。新型仪器多配置有计算机和色谱工作站，自动化程度较高。但各类气相色谱均是由以下主要部分构成：

载气 → 色谱柱 → 检测器 → 放大器 → 记录仪

色谱柱和检测器是决定色谱仪分离性能和检测灵敏度高低的关键部件。控制系统用于仪器温度、载气流量的测量和调节，一般仪器由手动实现，高档仪器通过计算机工作站设定后自动调节控制。

目前在教学实验中常用的 GC7890Ⅱ型气相色谱仪如图 1-40 所示，其中微机控制部分面板见图 1-41。实验前，可通过多媒体仿真模拟软件在虚拟环境和仪器上进行操作练习，以收到较好的预习效果。

微机控制板键盘功能：

[OVEN] 设定和显示柱箱温度功能键　　[INJ] 设定和显示进样器温度功能键

[DETA] 设定和显示检测器 A 温度功能键（通常是 FID 检测器）

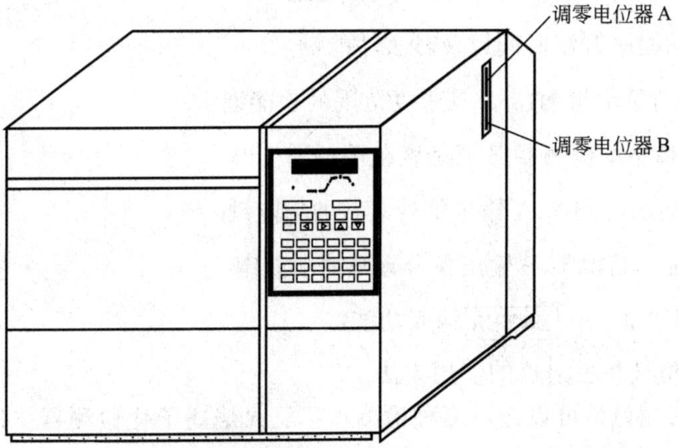

图 1-40　GC7890Ⅱ型气相色谱仪

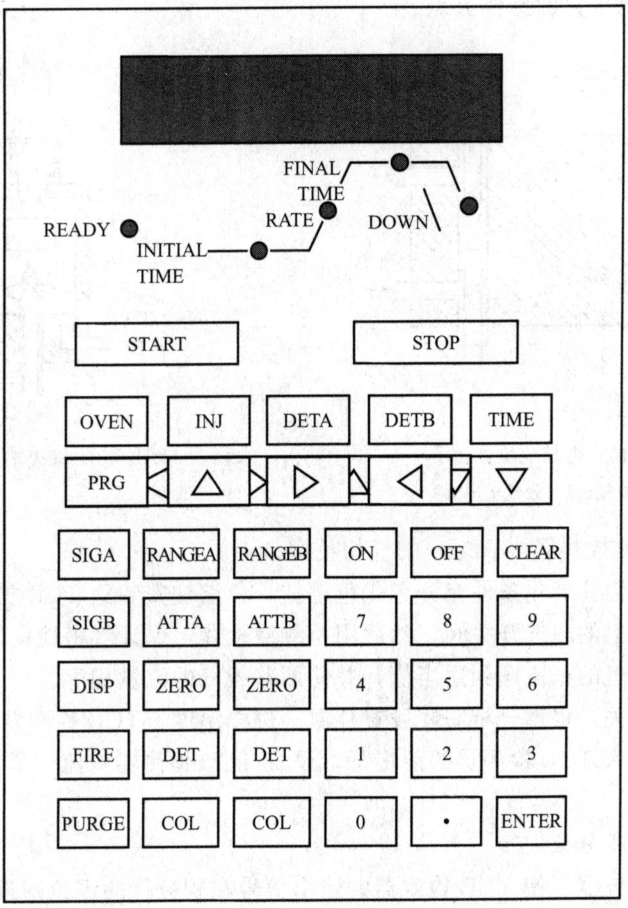

图 1-41　微机控制部分面板

DETB 设定和显示检测器 B 温度功能键（通常是其它选配的检测器）

START 启动柱温程序升温功能键　　STOP 停止柱温程序升温功能键

PRG 设置柱温程序升温功能键　　DISP 显示温度控制精度功能键

FIRE FID 检测器或 FPD 检测器的点火功能键

TIME 用于显示程序升温时间以及秒表功能键

RANGEA 设定和显示检测器 A 灵敏度范围的功能键

RANGEB 设定和显示检测器 B 灵敏度范围的功能键

ATTA 设定和显示检测器 A 输出信号衰减的功能键

ATTB 设定和显示检测器 B 输出信号衰减的功能键

CLEAR 秒表清零键　　ENTER 输入功能键

2. GC7890Ⅱ型气相色谱仪的使用方法

GC7890Ⅱ型气相色谱可以选配五种检测器：氢火焰离子化检测器（FID）、热导池检测器（TCD）、电子捕获检测器（ECD）、火焰光度检测器（FPD）、氮磷检测器（NPD）。最常用的是热导池检测器（图 1-42）和氢火焰离子化检测器（图 1-43）。下面简要介绍采用这两种检测器时气相色谱仪的操作要点。

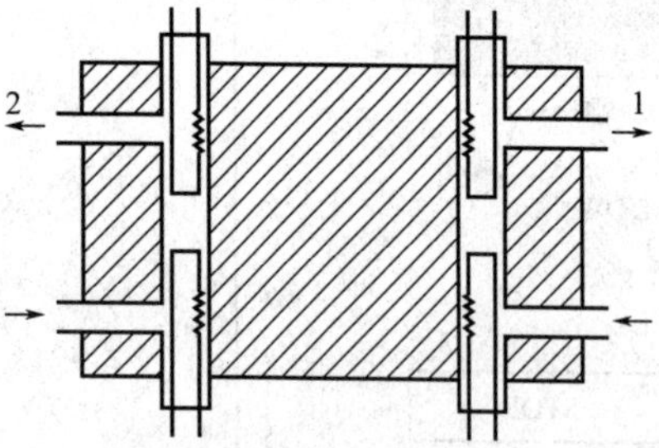

图 1-42　热导池检测器

1—纯载气；2—载气+试样

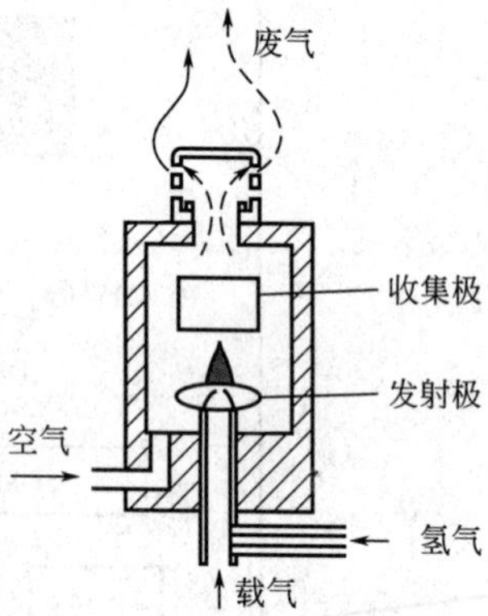

图 1-43　氢火焰离子化检测器

（1）具有热导池检测器（TCD）的气相色谱仪

① 按照所用色谱柱老化条件充分老化色谱柱，色谱柱安装到 TCD 检测器上。

② 打开净化器上的载气开关阀，然后用检测液检漏，保证气密性良好。

③ 调节两路载气的稳流阀到适当值，并使两路载气的流量相等。

④ 打开电源开关，根据分析需要设置柱温、进样温度、TCD 检测器温度。

⑤ 确认载气流入 TCD 检测器的前提下，设置 TCD 检测器电流。通常 TCD 电流设置范围为 50～250mA。

⑥ 将信号线与积分仪连接。

⑦ 调节调零电位器，使 TCD 检测器的输出信号在积分仪的零位附近。

⑧ 进样后如出反峰，将输出信号极性切换。

⑨ 停机。实验结束后，先将桥电流调至最小，然后依次关停如下各开关及阀门：a. 关闭记录纸及记录仪电源开关；b. 关闭热导池电源；c. 关闭温度控制器和放大器分机电源；d. 关主机电源；e. 待热导池及柱温下降后，关闭载气钢瓶阀及瓶上减压阀；f. 关闭仪器上的载气稳压阀。

（2）具有氢火焰离子化检测器（FID）的气相色谱仪

① 按照所用色谱柱老化条件充分老化色谱柱。

② 色谱柱安装到 FID 检测器上。

③ 打开净化器上的载气开关阀，然后用检测液检漏，保证气密性良好。

④ 打开电源开关，根据分析需要设置柱温、进样温度、FID 检测器温度（FID 检测器温度应＞100℃）。

⑤ 打开净化器的空气、氢气开关阀，分别调节空气和氢气流量为适当值（根据刻度-流量表或皂膜流量计测得）。

⑥ 待 FID 检测器的温度升高到 100℃以上，按［FIRE］键，点燃 FID 检测器的火焰。

⑦ 设置 FID 检测器微电流放大器的量程。

⑧ 设置输出信号的衰减值。

⑨ 将信号线与积分仪连接。

⑩ 调节调零电位器，使 FID 检测器的输出信号在积分仪的零位附近。

注意：进样后如出反峰，将输出信号极性切换。

3. 微量注射器的使用方法

（1）取样

用微量注射器（图 1-44）抽取液样时，通过反复地把液体抽入注射器内再迅速把其排回瓶中的操作方法，可排除注射器内的空气。但必须注意，对于黏稠液体，推得过快会使注射器胀裂。

抽取样品时，可先抽出需用量的两倍，然后使注射器针尖垂直朝上，穿过一层纱布，以吸收排出的液体。推注射器柱塞至所需读数。此时空气已排尽。用纱布擦干针尖，拉回部分柱塞，使之抽进少量空气。此少量空气有两个作用：①能在色谱图上流出一个空气峰，便于计算调整保留值；②能有一段空气缓冲段，使液样不致流失。

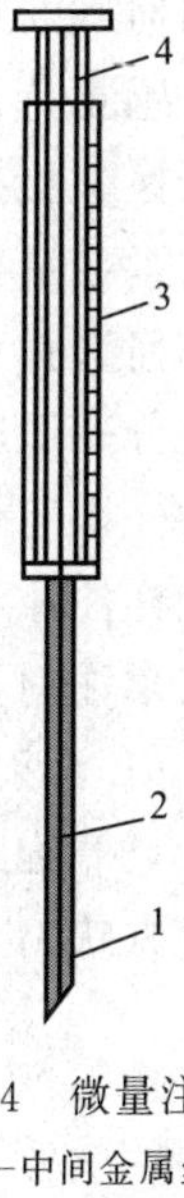

图 1-44　微量注射器

1—针头；2—中间金属丝；3—刻度玻璃套管；4—金属空心轴

（2）注射

双手拿注射器，用一只手（通常是左手）把针插入进样口垫片，另一只手用力使针刺透垫片，同时用右手拇指顶住柱塞，以防止色谱仪内压力将柱塞反弹出来。注射大体积气样或柱前压较高时，后一操作更加重要。注射器针头要完全插入进样口，压下柱塞停留 1～2s，然后尽可能快而稳地抽出针头（手始终压住柱塞）。

（3）清洗

色谱进样为高沸点液体时，注射器用后必须用挥发性溶剂，如二氯甲烷或丙酮等清洗。清洗办法是将洗液反复吸入注射器，高沸点溶液被洗净后，将注射器取出，在空间不断反复抽吸空气，使溶剂挥发。最后用纱布擦干柱塞，再装好待用。

如针头长期使用变钝，可用磨石磨锐。

4. 气相色谱使用注意事项

（1）安装色谱柱

① 安装拆卸色谱柱必须在常温下。

② 填充柱有卡套密封和垫片密封。卡套分三种：金属卡套、塑料卡套、石墨卡套，安装时不宜拧得太紧。垫片式密封每次安装色谱柱都要换新的垫片（岛津色谱是垫片密封）。

③ 色谱柱两头用玻璃棉塞好，防止玻璃棉和填料被载气吹到检测器中。

④ 毛细管色谱柱安装插入的长度要根据仪器的说明书而定，不同的色谱气化室结构不同，所以插进的长度也不同。需要说明的是，如果毛细管色谱柱采用不分流，气化室采用填充柱接口，这时与气化室连接的毛细管柱不能探进太多，略超出卡套即可。

(2) 氢气和空气的比例对FID检测器的影响

氢气和空气的比例应为1∶10，当氢气比例过大时，FID检测器的灵敏度急剧下降。在使用色谱时，别的条件不变的情况下灵敏度下降，要检查一下氢气和空气流速。氢气和空气有一种气体不足，点火时发出“砰”的一声，随后就灭火；一般点火点着就灭，再点还着，随后又灭，是氢气量不足。

(3) 使用TCD检测器

① 氢气做载气时尾气一定要排到室外。

② 氮气做载气，桥流不能过大，比用氢气时要小得多。

③ 没通载气不能给桥流，桥流要在仪器温度稳定后开始做样前再给。

(4) 如何判断FID检测器是否点着火

不同的仪器判断方法不同，有基流显示的看基流大小，没有基流显示的用带抛光面的扳手凑近检测器出口，观察其表面有无水汽凝结。

(5) 如何判断进样口密封垫是否该换

进样时感觉特别容易，用TCD检测器不进样时记录仪上有规则小峰出现，说明密封垫漏气，该更换。更换密封垫不要拧得太紧，一般更换时都是在常温，温度升高后会更紧，密封垫拧得太紧会造成进样困难，常常会把注射器针头弄弯。

(6) 如何选择合适的密封垫

密封垫分一般密封垫和耐高温密封垫，气化室温度超过300℃时用耐高温密封垫，耐高温密封垫的一面有一层膜，使用时带膜的面朝下。

(7) 进样注意事项

手不要拿注射器的针头和有样品部位；不要有气泡（吸样时要慢，快速排出再慢吸，反复几次。10μL注射器，金属针头部分体积0.6μL，有气泡也看不到，多吸1～2μL，把注射器针尖朝上，气泡走到顶部再推动针杆排除气泡；带芯注射器凭感觉排气泡）；进样速度要快（但不宜太快），每次进样保持相同速度，针尖到气化室中部开始注射样品。

第二章　基本操作实验

实验一　化学实验仪器准备

一、目的要求

1. 熟悉仪器名称、规格，掌握玻璃仪器洗涤方法。

2. 认识仪器洗涤在分析化学实验中的重要作用，洗净一套符合分析要求的仪器。

3. 了解常用洗涤剂的配制方法。

二、概述

分析仪器的洁净与否，是影响分析结果准确度的重要原因之一。其影响主要有两个方面：①不清洁仪器在测定过程中可能带入干扰成分。②不清洁仪器内壁挂水珠难以准确计量溶液体积。所以分析工作者要有误差观念，按分析要求，充分重视并认真洗涤仪器。

玻璃仪器大体可分两类：①用来准确计量溶液体积的，如移液管、滴定管、容量瓶等。这类仪器的内壁不仅要求清洁，而且要求光滑，所以不能用普通毛刷蘸去污粉擦洗内壁，而只能用适当的洗涤剂或用质软的羊毛刷蘸肥皂洗涤。②除上述以外的一般玻璃仪器，其内、外壁均可用毛刷蘸去污粉擦洗。

仪器的洁净标准是：清洁透明，水沿器壁自然流下后不挂水珠。

分析仪器每次使用后必须洗净放置，以备下次再用。

三、几种常用洗涤剂的配制

1. 铬酸洗液　过去曾广泛使用，但由于六价铬有毒，污染环境，近几年来逐渐减少使用。其配制方法如下：称取 20g $K_2Cr_2O_7$（工业纯）于 $1000cm^3$ 烧杯中，加水 $40cm^3$，加热溶解、冷却，边搅拌边缓缓加入 $360cm^3$ 浓 H_2SO_4（工业纯），冷却后贮于玻璃瓶中，待用。(注意：①加浓硫酸时放出大量的热，甚至引起局部沸腾，故浓 H_2SO_4 应在搅拌下缓慢加入。②铬酸洗液具有强氧化性，易灼伤皮肤，烧烂衣服，使用时必须十分小心。)

2. 合成洗涤剂　用于一般洗涤，将合成洗涤粉用热水配成浓溶液。

3. $NaOH$-$KMnO_4$ 溶液　用于洗涤油污及有机物。4g $KMnO_4$（工业纯）溶于少量水中，缓缓加入 $100cm^3$ 10% NaOH 溶液（洗涤后若仪器壁上附着 MnO_2，可用 Na_2SO_3 溶液或 HCl-$NaNO_2$ 溶液洗去)。

4. KOH-乙醇溶液　用于洗涤油污。

5. HNO_3-乙醇溶液　用于洗涤油污及有机物。常用来洗涤酸式滴定管内油污。使用时先在滴定管中加 $3cm^3$ 乙醇，再沿壁加入 $4cm^3$ 浓 HNO_3，用橡皮滴头盖住滴定管口，保留一段时间，产生大量 NO_2，即可除去油污及其它有机物。

四、仪器清单及洗涤步骤

1. 熟悉仪器名称、规格，清点数量，检查质量，若数量不足或有破损，应先补足而后洗涤。

2. 洗涤

滴定管、移液管、容量瓶、小滴管等小口径仪器，先用自来水冲洗，沥干水分，并适当用洗涤剂润洗内壁（必要时浸泡一会儿），洗液从下嘴放出，回收入洗液贮瓶中，然后用自来水充分冲洗，并检查有无挂水珠，若挂水珠表明尚未洗净，需重新洗涤至不挂水珠。最后用蒸馏水吹洗内壁 2～3 次即可使用。

除上述仪器外，均系大口径仪器，洗涤时先用自来水冲洗，沥干水分，再用毛刷蘸去污粉擦洗内外壁，以自来水充分冲洗，检查有无水珠，若已不挂水珠，再用蒸馏水冲洗 2～3 次即可使用。

3. 检查漏水

(1) 滴定管的活塞（或玻璃珠部分）应不漏水，且要求转动灵活。检查漏水的方法如下。

① 酸式滴定管的检查。滴定管内装水至零刻度以上，赶走下端气泡，竖直夹于滴定管架上，观察 2min 有无渗水，将活塞旋转 180°，继续观察 2min，若两次均无渗水，且转动灵活即可使用。若漏水或转动不灵活，则需重涂凡士林。涂凡士林的方法是：拔出活塞，用滤纸吸干活塞及塞槽，见图 1-18。在活塞孔两端涂上薄薄一层凡士林，孔旁两侧可不涂或尽量少涂，以防堵住。活塞插入塞槽，向同一方向旋转至凡士林成均匀透明薄膜。再次检查漏水，若不漏水，且转动灵活即可使用。

② 碱式滴定管的检查。装水至零刻度以上，赶走下端气泡（见图 1-19），直夹于滴定管架上，观察 2min。若漏水，则选择与橡皮管大小适配且圆滑的玻璃珠，塞入橡皮管内，可避免漏水。

(2) 容量瓶漏水检查：用水充满至标线，塞上塞子，左手食指按住瓶塞，右手手指托住瓶底，倒立 2min，见图 1-15。再将瓶塞转 180°，同样倒立 2min，若两次均不漏水，即可使用。若漏水则需调换容量瓶。

擦净仪器柜，将仪器整齐排列于柜中（打开容量瓶塞子，倒立放置，沥干水分，以待校正容积）。清洁台面，实验完毕。

五、思考题

仪器洁净的标志是什么？滴定管、容量瓶内壁为什么不能用一般毛刷蘸去污粉擦洗？

实验二　氯化钠的提纯

一、目的要求

1. 熟练溶解、沉淀、过滤、蒸发、浓缩、结晶和干燥等基本操作。

2. 掌握提纯 NaCl 的原理和方法。

3. 了解 SO_4^{2-}、Ca^{2+}、Mg^{2+} 等离子的定性鉴定。

二、基本原理

粗食盐中含有 Ca^{2+}、Mg^{2+}、K^+、SO_4^{2-} 等可溶性杂质和泥沙等不溶性杂质。不溶性杂质可通过溶解和过滤的方法除去。

对上述可溶性杂质，可选择适当试剂，使它们以沉淀的形式分离除去。先在粗食盐溶液中加入 $BaCl_2$ 溶液，即可将 SO_4^{2-} 转化为难溶的 $BaSO_4$ 沉淀而除去：

$$Ba^{2+} + SO_4^{2-} = BaSO_4 \downarrow$$

然后往溶液中加入 NaOH 和 Na_2CO_3（或饱和 Na_2CO_3）溶液，则可除去 Ca^{2+}、Mg^{2+} 和过量的 Ba^{2+}：

$$Ca^{2+} + CO_3^{2-} = CaCO_3 \downarrow$$

$$Ba^{2+} + CO_3^{2-} = BaCO_3 \downarrow$$

$$2Mg^{2+} + CO_3^{2-} + 2OH^{-} = Mg(OH)_2 \cdot MgCO_3 \downarrow$$

$$4Mg^{2+} + 5CO_3^{2-} + 2H_2O = Mg(OH)_2 \cdot 3MgCO_3 \downarrow + 2HCO_3^{-}$$

过量的 NaOH 和 Na_2CO_3 可用盐酸中和除去。

少量可溶性杂质 KCl，由于其溶解度比 NaCl 大，而且含量少，在蒸发浓缩和结晶过程中仍留在溶液中，不会和 NaCl 同时结晶出来。

三、仪器与药品

1. 仪器　台秤，漏斗架，布氏漏斗，吸滤瓶，真空泵，铁架，石棉网。

2. 药品　酸：HCl（$2mol \cdot dm^{-3}$），HAc（$2mol \cdot dm^{-3}$）；碱：NaOH（$2mol \cdot dm^{-3}$）；盐：$BaCl_2$（$1mol \cdot dm^{-3}$），Na_2CO_3（饱和），粗食盐（固），$(NH_4)_2C_2O_4$（饱和）；其它：镁试剂，pH 试纸。

四、实验内容

1. 粗食盐提纯

(1) 粗食盐溶解　在台秤上称取 10.0g 粗食盐，放入 $250cm^3$ 烧杯中，加 $35cm^3$ 去离子水，加热、搅拌使其溶解。

(2) SO_4^{2-} 的除去　在煮沸的粗食盐溶液中，边搅拌边滴加 $BaCl_2$ 溶液（$1mol \cdot dm^{-3}$）约 $3cm^3$。为了检验沉淀是否完全，可将酒精灯移开，待沉淀下降后，在上层清液中滴加 1～2滴 $BaCl_2$ 溶液，若有浑浊，则还需滴加 $BaCl_2$ 溶液，直至沉淀完全为止。然后小火加热 5min，以使沉淀颗粒长大而便于过滤，用普通漏斗过滤，保留滤液，弃去沉淀。

(3) Ca^{2+}、Mg^{2+}、Ba^{2+} 等离子的除去　在滤液中加 $1cm^3$ NaOH（$2mol \cdot dm^{-3}$）和 $3cm^3$ Na_2CO_3（饱和），加热至沸。同上法，用 Na_2CO_3 溶液检验沉淀是否完全。继续煮沸 5min。同上法，用普通漏斗过滤。

(4) 溶液 pH 值的调节（除去过量的 CO_3^{2-}）　在滤液中滴加 HCl 溶液（$2mol \cdot dm^{-3}$），加热搅拌，直到溶液的 pH 值约 3 为止。

(5) 蒸发浓缩　将溶液转移到蒸发皿中，用小火加热，蒸发浓缩至溶液呈稀粥状为止，注意切不可将溶液蒸干。

(6) 结晶、减压过滤、干燥　让浓缩液冷却至室温。采用布氏漏斗和吸滤瓶进行减压抽滤。再将晶体转移到蒸发皿中，在石棉网上用小火加热，以使之干燥。冷却后，称其质量，计算产率。

2. 产品纯度的检验

取产品和原料各 0.5g，分别溶于 $5cm^3$ 去离子水中，然后各分成三份，盛于试管中。按下面方法对照检验它们的纯度。

(1) SO_4^{2-}　加入 HCl 溶液（$2mol \cdot dm^{-3}$）2 滴和 $BaCl_2$ 溶液（$1mol \cdot dm^{-3}$）2 滴，比较两溶液中白色 $BaSO_4$ 沉淀产生的情况。

(2) Ca^{2+}　加 HAc 溶液❶（$2mol \cdot dm^{-3}$）3～4 滴，使溶液呈酸性，再加入饱和

❶ Mg^{2+} 对此反应有干扰，也会产生 MgC_2O_4 沉淀，但它溶于 HAc，故加 HAc 可排除 Mg^{2+} 干扰。

$(NH_4)_2C_2O_4$溶液 3～4 滴，比较白色 CaC_2O_4沉淀产生的情况。

(3) Mg^{2+}　加 NaOH 溶液（2mol·dm^{-3}）3～4 滴，使呈碱性，再加几滴镁试剂❶，比较两溶液的颜色，若有蓝色沉淀产生，表示有 Mg^{2+}存在。

五、思考题

1. 在除去 Ca^{2+}、Mg^{2+}、SO_4^{2-}时，为什么要先加 $BaCl_2$溶液，后加 Na_2CO_3溶液？可不可以调个顺序？

2. 加 HCl 除 CO_3^{2-}时，为何要把溶液的 pH 值调到 2～3？调至中性好不好？

3. 如何正确使用 pH 试纸？

实验三　分析天平的使用及称量练习

一、目的要求

1. 了解电子天平的使用规则。

2. 准确掌握减量法的称量方法。

二、电子天平操作方法

1. 取下天平罩，折叠后置于台面靠墙处。

2. 称量前检查天平是否水平。

3. 观察水平仪中的水泡是否位于中心，天平内部是否清洁。

4. 接通电源，调节天平零点。

5. 按“ON”键开启显示器。

6. 若显示屏显示不为 0.0000（g），按“TAR”键使之显示为 0.0000（g）。

7. 轻轻将被称物置于秤盘上，待数字稳定，显示屏右边“0”标志熄灭，所显数字即为被称物的质量。若被称物需置于容器中称量，则应先置容器于秤盘上，天平显示容器质量，按“TAR”键显示为零，即去皮重，再置被称物于容器中，这时显示的是被称物的净重。

8. 称量完毕，按“OFF”键，取下被称物，关闭天平门，盖好天平罩。

三、减量法操作方法

此法常用于称取易吸水、易氧化或易与 CO_2反应的物质。称取固体试样时，将适量试样装入洁净的干燥称量瓶内，置于天平盘上准确称量，设质量为 m_1。然后用左手以纸条套住称量瓶，见图 2-1。将它从天平上取下，置于准备盛放试样的容器上方，并使称量瓶侧倾，右手用小纸片捏住称量瓶盖的尖端，打开瓶盖，并用它轻轻敲击瓶口，使试样慢慢落入容器内，注意不要撒在容器外，见图 2-2。当倾出的试样接近所要称取的质量时，把称量瓶慢慢竖起，同时用称量瓶盖轻轻敲击瓶口上部，使沾附在瓶口的试样落下，然后盖好瓶盖，再将称量瓶放回天平盘上称量，设称得质量为 m_2，两次质量之差即为试

❶ 镁试剂（对硝基苯偶氮间苯二酚）：

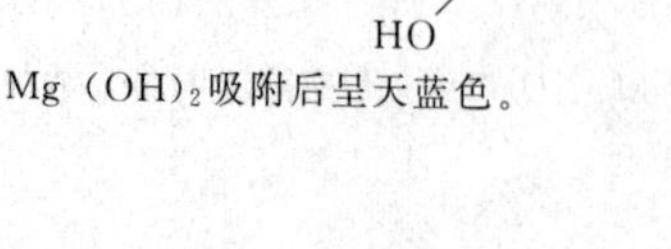

在碱性环境下呈红色或红紫色，当被 Mg（OH)$_2$吸附后呈天蓝色。

样的质量。

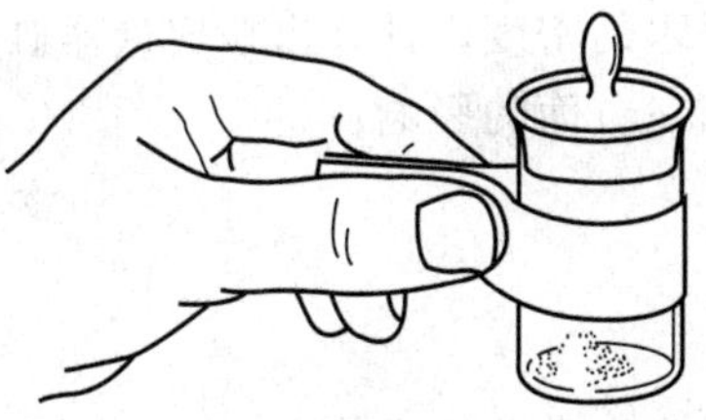

图 2-1　称量瓶拿法

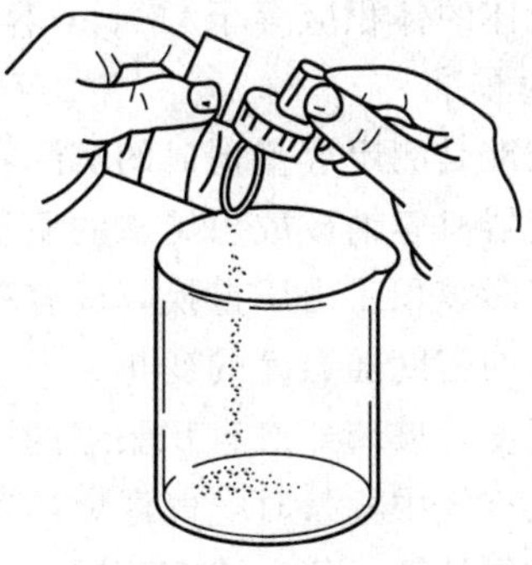

图 2-2　试样敲击的方法

四、电子天平的称量练习

1. 准确称出一洁净、干燥的瓷坩埚的质量。用坩埚钳取一洁净、干燥的瓷坩埚，放入天平，准确称量其质量 m_0。

2. 准确称出一内装试样的称量瓶的质量。取一内装试样的称量瓶，放入天平托盘中，关上天平门，准确称量其质量 m_1。

3. 用一小条洁净的纸条套在称量瓶上，用手拿取，再用小纸片包住瓶盖，将盖打开，用手轻轻敲击称量瓶。转移试样 0.3～0.4g 于瓷坩埚中，然后准确称出称量瓶加剩余试样的质量（m_2）。称得试样的质量为 $\Delta m = m_1 - m_2$，此方法为“减量法”。

4. 准确称出瓷坩埚加试样的质量 m_3。

5. 计算出称得试样的质量。$\Delta m' = m_3 - m_0$。Δm 与 $\Delta m'$差值不大于 0.5mg。

6. 按上述步骤重复称量两次。

五、称量中的注意事项

1. 每次称量前，按键盘“TAR”键将天平调为“0.0000”。

2. 检查天平是否复原，数据是否按要求记录好，试样是否放回原处，天平各部分是否清洁，天平门是否关好。检查并确认完毕，罩上布罩。

实验四　容量仪器的校正

一、目的要求

1. 掌握滴定管、容量瓶、移液管的使用方法。

2. 练习滴定管、容量瓶、移液管的校准方法，并了解容量器皿校准的意义。

二、实验原理

滴定管、移液管和容量瓶是滴定分析法所用的主要量器。容量器皿的容积与其所标出的体积并非完全相符合。因此，在准确度要求较高的分析工作中，必须对容量器皿进行校准。

由于玻璃具有热胀冷缩的特性，在不同温度下容量器皿的容积也有所不同。因此，校准玻璃容量器皿时，必须规定一个共同的温度值。这一规定温度值称为标准温度，国际上规定玻璃容量器皿的标准温度为 20℃。即在校准时，都将玻璃容量器皿的容积校准到 20℃时的实际容积。容量器皿常采用两种校准方法。

1. 相对校准

要求两种容器体积之间有一定的比例关系时，常采用相对校准的方法。例如，$25cm^3$移液管量取液体的体积应等于$250cm^3$容量瓶量取体积的1/10。

2. 绝对校准

绝对校准是测定容量器皿的实际容积，常用的标准方法为衡量法，又叫称量法。即用天平称得容量器皿容纳或放出纯水的质量，然后根据水的密度，计算出该容量器皿在标准温度20℃时的实际容积。由质量换算成容积时，需考虑三方面的影响：

(1) 水的密度随温度的变化；

(2) 温度对玻璃器皿容积胀缩的影响；

(3) 在空气中称量时空气浮力的影响。

为了方便计算，将上述三种因素综合考虑，得到一个总校准值。经总校准后的纯水密度列于表2-1。实际应用时，只要称出被校准的容量器皿容纳和放出纯水的质量，再除以该温度时纯水的密度，便是该容量器皿在20℃时的实际容积。

［例1］ 在18℃，某一$50cm^3$容量瓶容纳的纯水质量为49.87g，计算该容量瓶在20℃时的实际容积。

解：查表2-1得18℃时水的密度为$0.9975g\cdot cm^{-3}$，所以20℃时容量瓶的实际容积V_{20}为：

$$V_{20}=\frac{49.87}{0.9975}=49.99(cm^3)$$

表2-1 不同温度下纯水的密度

（空气密度为$0.0012g\cdot cm^{-3}$，钠钙玻璃体膨胀系数为$2.6\times10^{-5}℃^{-1}$）

温度/℃	密度/$g\cdot cm^{-3}$	温度/℃	密度/$g\cdot cm^{-3}$
10	0.9984	21	0.9970
11	0.9983	22	0.9968
12	0.9982	23	0.9966
13	0.9981	24	0.9964
14	0.9980	25	0.9961
15	0.9979	26	0.9959
16	0.9978	27	0.9956
17	0.9976	28	0.9954
18	0.9975	29	0.9951
19	0.9973	30	0.9948
20	0.9972		

3. 溶液体积对温度的校正

容量器皿是以20℃为标准来校准的，使用时则不一定在20℃，因此，容量器皿的容积以及溶液的体积都会发生改变。由于玻璃的膨胀系数很小，在温度相差不太大时，容量器皿的容积改变可以忽略。溶液的体积与密度有关，因此，可以通过溶液密度来校准温度对溶液体积的影响。稀溶液的密度一般可用相应水的密度来代替。

［例2］ 在10℃时滴定用去$25.00cm^3$ $0.1mol\cdot dm^{-3}$标准溶液，问20℃时其体积应为多少？

解：$0.1mol\cdot dm^{-3}$稀溶液的密度可用纯水密度代替，查表2-1得，水在10℃时密度为$0.9984g\cdot cm^{-3}$，20℃时密度为$0.9972g\cdot cm^{-3}$。故20℃时溶液的体积为

$$V_{20}=25.00\times\frac{0.9984}{0.9972}=25.03(cm^3)$$

三、仪器

电子天平，50cm³酸式滴定管，25cm³移液管，250cm³容量瓶，50cm³容量瓶，温度计（0～50℃或0～100℃，公用），洗耳球。

四、实验方法

1. 酸式滴定管的校正

（1）清洗 50cm³酸式滴定管 1 支。

（2）练习并掌握用凡士林涂酸式滴定管活塞的方法和除去滴定管气泡的方法。

（3）练习正确使用滴定管和控制液滴大小的方法。

（4）酸式滴定管的校准。先将干净并且外部干燥的 50cm³容量瓶，在台秤上粗称其质量，然后在分析天平上称量，准确称至小数点后第二位（0.01g）（为什么?）。将去离子水装满欲校准的酸式滴定管，调节液面至 0.00 刻度处，记录水温，然后按每分钟约 10cm³的流速，放出 10cm³（要求在 10cm³±0.1cm³范围内）水于已称过质量的容量瓶中，盖上瓶塞，再称出它的质量，两次质量之差即为放出水的质量。用同样方法称量滴定管中从 10cm³到 20cm³，20cm³到 30cm³等刻度间水的质量。用实验温度时的密度除每次得到的水的质量，即可得到滴定管各部分的实际容积。将 25℃时校准滴定管的实验数据列入表 2-2 中。

表 2-2 滴定管校准表

（水的温度 25℃，水的密度为 0.9961g·cm⁻³）

滴定管读数	容积/cm³	瓶与水的质量/g	水的质量/g	实际容积/cm³	校准值/cm³	累积校准值/cm³
0.03		29.20				
10.13	10.10	39.28	10.08	10.12	+0.02	+0.02
20.10	9.97	49.19	9.91	9.95	−0.02	0.00
30.08	9.97	59.18	9.99	10.03	+0.06	+0.06
40.03	9.95	69.13	9.93	9.97	+0.02	+0.08
49.97	9.94	79.01	9.88	9.92	−0.02	+0.06

例如，25℃时由滴定管放出 10.10cm³水，其质量为 10.08g，算出这一段滴定管的实际容积为：

$$V_{20}=\frac{10.08}{0.9961}=10.12(\text{cm}^3)$$

故滴定管这段容积的校准值为 10.12−10.10=+0.02(cm³)。

2. 移液管的校准

将 25cm³移液管洗净，吸取去离子水至刻度，放入已称量的容量瓶中，再称量，根据水的质量计算在此温度时的实际容积。两支移液管各校准 2 次。对同一支移液管，两次称量差不得超过 20mg，否则重做校准。测量数据按表 2-3 记录和计算。

表 2-3 移液管校准表

水的温度=　　℃，密度=　　g·cm⁻³

移液管编号	移液管容积/cm³	容量瓶质量/g	瓶与水的质量/g	水的质量/g	实际容积/cm³	校准值/cm³
Ⅰ						
Ⅱ						

3. 容量瓶与移液管的相对校准

用 25cm^3 移液管吸取去离子水，注入洁净、干燥的 250cm^3 容量瓶中（操作时切勿让水碰到容量瓶的磨口）。重复 10 次，然后观察溶液弯月面下缘是否与刻度线相切，若不相切，另作新标记。经相互校准后的容量瓶与移液管均做上相同记号，可配套使用。

五、思考题

1. 称量水的质量时，为什么只要精确至 0.01g？

2. 为什么要进行容量器皿的校准？影响容量器皿体积刻度不准确的主要因素有哪些？

3. 利用称量水法进行容量器皿校准时，为何要求水温和室温一致？若两者有稍微差异时，以哪一温度为准？

4. 从滴定管放去离子水到称量的容量瓶内时，应注意些什么？

5. 滴定管有气泡存在时对滴定有何影响？应如何除去滴定管中的气泡？

6. 使用移液管的操作要领是什么？为何要垂直流下液体？为何放完液体后要停一定时间？最后留于管尖的液体如何处理，为什么？

实验五　酸碱标准溶液的配制和比较

一、目的要求

1. 掌握 NaOH 和 HCl 标准溶液的配制方法。

2. 练习、掌握滴定操作及终点的判断。

二、试剂

0.1mol·dm^{-3} NaOH 溶液（用量筒量取 5.5cm^3 NaOH 饱和溶液，立即倾入盛有 1000cm^3不含 CO_2的蒸馏水[1]的试剂瓶中，用橡皮塞塞好瓶口，摇匀），0.1mol·dm^{-3} HCl 溶液（用量筒量取浓 HCl 约 8.4cm^3，倒入试剂瓶中，用蒸馏水稀释至 1dm^3，盖上玻璃塞，摇匀），酚酞（1%乙醇溶液），甲基橙（0.2%水溶液）。

三、酸碱溶液的相互滴定

1. 用 0.1mol·dm^{-3} NaOH 溶液润洗碱式滴定管 2～3 次，每次 5～10cm^3 溶液，然后将溶液直接倒入碱式滴定管中，赶走气泡，调好零点。

2. 用 0.1mol·dm^{-3} HCl 溶液润洗酸式滴定管 2～3 次，每次 5～10cm^3溶液，然后将溶液直接倒入酸式滴定管中，赶走气泡，并调好零点。

3. 由碱式滴定管放出 NaOH 溶液 20～25cm^3（以每分钟约 10cm^3 的速度放出溶液，即每秒滴出 3～4 滴溶液），放入 250cm^3锥形瓶中，加入 1 滴甲基橙指示剂，用 0.1mol·dm^{-3} HCl 溶液滴定至溶液由黄色转变成橙色，再滴入少量 NaOH 溶液，溶液由橙色又变为黄色，再由酸式滴定管滴入少量 HCl 溶液，使溶液由黄色再变为橙色，为终点。如此反复练习滴定操作和观察终点。读准最后所用 HCl、NaOH 溶液的体积（±0.01cm^3），并求出滴定时两溶液的体积比 V_{NaOH}/V_{HCl}。平行测定三份，计算平均结果和相对平均偏差，要求相对平均偏差不大于 0.2%。

4. 用酸式滴定管放出 20～25cm^3 0.1mol·dm^{-3} HCl 溶液于 250cm^3 锥形瓶中，加 2 滴

[1] 把普通蒸馏水煮沸蒸发掉原始体积的 1/4～1/5，就可以获得无 CO_2 的蒸馏水。

酚酞指示剂，用 NaOH 溶液滴定至微红色 30s 不褪即为终点。读取所用 HCl 和 NaOH 溶液的体积，准确至 $0.01cm^3$。如此平行滴定三份，精密度要求同上。

四、数据记录与结果计算

指示剂 / 测定序号 / 记录项目	甲基橙			酚酞		
	Ⅰ	Ⅱ	Ⅲ	Ⅰ	Ⅱ	Ⅲ
HCl 终读数						
HCl 初读数						
V_{HCl}/cm^3						
NaOH 终读数						
NaOH 初读数						
V_{NaOH}/cm^3						
V_{NaOH}/V_{HCl}						
平均值						
相对偏差/%						
相对平均偏差/%						

五、思考题

1. 能否在分析天平上准确称取固体 NaOH 直接配制标准溶液？为什么？

2. 在滴定分析实验中，滴定管、移液管为什么需要用操作溶液润洗几次？滴定中使用的锥形瓶或烧杯是否也要用操作溶液润洗？

3. 调零点之前，为什么要赶走滴定管下端的气泡？酸式滴定管若被凡士林堵塞，通常可采取什么措施？

4. 每次滴定为什么都从滴定管“0”开始？

5. “指示剂加入量越多，终点的变化越明显”。这种看法是否正确？

6. 写出市售试剂 H_2SO_4、HCl、HNO_3、HAc、$NH_3 \cdot H_2O$ 的摩尔浓度。

7. 实验步骤 3、4 中的指示剂是否可以互换，为什么？

实验六　酸碱标准溶液的标定

一、目的要求

1. 进一步练习滴定操作。

2. 学习酸碱标准溶液的标定方法。

二、基本原理

标定酸溶液和碱溶液所用的基准物质有多种，本实验各介绍一种常用的。

最常用的用于标定 NaOH 溶液的基准物质是邻苯二甲酸氢钾（KHP），其结构式为：

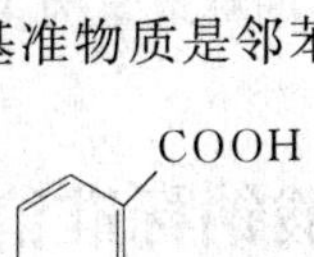

其中只有一个电离的 H^+，标定时的反应式为：

$$KHC_8H_4O_4 + NaOH = KNaC_8H_4O_4 + H_2O$$

KHP 用作基准物的优点是：①易于获得纯品；②易于干燥，不吸潮；③摩尔质量大，可相对降低称量误差。

用于标定 HCl 溶液的基准物质常用的是 Na_2CO_3，它在标定时的反应式为：

$$Na_2CO_3 + 2HCl = 2NaCl + H_2O + CO_2$$

三、试剂

0.1mol·dm^{-3} HCl 标准溶液，0.1mol·dm^{-3} NaOH 标准溶液，邻苯二甲酸氢钾（KHP）基准试剂（在 105～110℃干燥后备用。干燥温度不宜过高，否则脱水而成邻苯二甲酸酐），Na_2CO_3基准试剂（将无水 Na_2CO_3 置于瓷坩埚中，在 270～300℃的高温炉内灼烧 1h，然后放入干燥器中，冷却后备用），甲基橙指示剂（0.2%水溶液），酚酞指示剂（1%乙醇溶液）。

四、实验步骤

1. 0.1mol·dm^{-3}NaOH 溶液的标定。平行准确称取 0.4～0.6g$KHC_8H_4O_4$三份，分别放入 250cm^3 锥形瓶中，加 20～30cm^3 水溶解，加入 2 滴 1%酚酞指示剂。用 NaOH 溶液滴定至溶液呈现微红色 30s 内不褪色为终点，计算 NaOH 标准溶液的物质的量浓度。

2. 0.1mol·dm^{-3}HCl 溶液的标定。用减量法准确称取 0.12～0.15g 无水 Na_2CO_3三份，倒入 250cm^{3}锥形瓶中，加 20～30cm^{3}水溶解后，加 1 滴甲基橙指示剂，用 HCl 溶液滴定至溶液由黄色变为橙色为终点。记录滴定时消耗 HCl 溶液的体积。根据 Na_2CO_3基准物的质量，计算 HCl 溶液的物质的量浓度。

五、数据的记录与结果处理（示例）

1. NaOH 溶液的标定，计算式：

$$c_{NaOH}(mol \cdot dm^{-3}) = \frac{m_{KHP} \times 1000}{V_{NaOH} \times 204.2}$$

2. HCl 溶液的标定（格式同上）

六、思考题

1. 如 NaOH 标准溶液在保存过程中吸收了空气中的 CO_2，用该标准溶液滴定盐酸，以甲基橙为指示剂，NaOH 溶液的物质的量浓度会不会改变？若用酚酞为指示剂进行滴定时，该标准溶液浓度会不会改变？为什么？

2. 溶解基准物 KHP，所加的水用量筒量取还是用滴定管加入？为什么？

3. 用 KHP 标定 NaOH 溶液时，为什么选用酚酞作指示剂？能否用甲基橙，为什么？用 Na_2CO_3标定 HCl 时，能否用酚酞作指示剂，为什么？

4. 标定时，基准物 KHP、Na_2CO_3的称取量为多少？如何计算？

实验七　硫代硫酸钠标准溶液的配制与标定

一、目的要求

掌握 $Na_2S_2O_3$标准溶液的配制、标定及保存方法。

二、基本原理

$Na_2S_2O_3$一般含有少量杂质（如 S、Na_2SO_3、Na_2SO_4、Na_2CO_3及 NaCl 等），而且 $Na_2S_2O_3$溶液易被微生物及空气中的 CO_2、O_2作用而分解：

$$Na_2S_2O_3 + CO_2 + H_2O = NaHSO_3 + NaHCO_3 + S\downarrow$$

$$2Na_2S_2O_3 + O_2 = 2Na_2SO_4 + 2S\downarrow$$

分解作用一般在配制后 10 天内进行，因此 $Na_2S_2O_3$溶液只能采用间接配制法。

用新煮沸、冷却的水配制以杀死微生物，赶走 CO_2，并加入少量 Na_2CO_3（使其浓度为 0.02%），防止分解。配制后的溶液应放置两周左右，待溶液稳定后再标定。由于日光会促进分解，所以必须装在棕色瓶内，暗处保存。标定反应为：

$$Cr_2O_7^{2-} + 6I^- + 14H^+ = 2Cr^{3+} + 3I_2 + 7H_2O$$

$$2S_2O_3^{2-} + I_2 = S_4O_6^{2-} + 2I^-$$

采用淀粉指示剂指示终点。为减少淀粉对 I_2的吸附，指示剂必须在近终点时加入。

三、试剂

0.02mol·dm^{-3} $K_2Cr_2O_7$标准溶液，0.2%淀粉溶液［1g 淀粉，加少量水搅匀后，倒入 500cm^{3}沸水中，微沸至清亮，冷却，贮于试剂瓶中（新鲜配制）］，20%KI 溶液（水溶液，选用纯白色的 KI 结晶，新鲜配制），6mol·dm^{-3} HCl（即 1∶1 HCl）。

四、实验步骤

1. 0.1mol·dm^{-3} $Na_2S_2O_3$溶液的配制

称取 12.5g $Na_2S_2O_3 \cdot 5H_2O$，加水 100cm^{3}溶解，加入 0.2g Na_2CO_3，用水稀释到 500cm^3，在暗处放置 7～14 天后标定（提前一周配制）。

2. 标定

吸取 0.02mol·dm^{-3}的 $K_2Cr_2O_7$ 标准溶液 25cm^3 于 250cm^3 锥形瓶中，加入 20% KI 10cm^3 及 6mol·dm^{-3} HCl 5cm^3，摇匀后将瓶盖好，于暗处放置 5min，加水稀释至约 100cm^3，用待标定的 $Na_2S_2O_3$ 溶液滴定至黄绿色。加入 0.2%淀粉溶液 5cm^3，继续滴定至蓝色转变为绿色（Cr^{3+}的颜色）即为终点。记录消耗的 $Na_2S_2O_3$ 溶液体积。

五、数据记录与结果计算

$$c_{Na_2S_2O_3}(mol \cdot dm^{-3}) = \_\_\_\_\_\_\_\_,\ V_{K_2Cr_2O_7} = 25.00cm^3$$

六、思考题

1. $Na_2S_2O_3$溶液为什么要在暗处放置 7～14 天后再标定？
2. 用 $K_2Cr_2O_7$基准物质标定 $Na_2S_2O_3$为什么要加入过量的 KI 及 HCl？
3. $Na_2S_2O_3$滴定 I_2时淀粉指示剂为什么要在近终点时加入？

实验八　溶液 pH 值的电位测定

一、目的要求

了解并初步掌握检验玻璃电极性能的方法及 pH 电位的测定方法。

二、方法原理

玻璃电极对氢离子具有良好的氢电极性能，其电极电位为：

$$\varphi_{玻}=K''+\frac{2.303RT}{nF}\lg\alpha_{H^+}=K''-\frac{2.303RT}{nF}pH$$

可见，测定以玻璃电极为指示电极的电池电动势，即可测得溶液 pH 值。

三、仪器与试剂

pHS-3C 型酸度计	1 台	$0.05mol\cdot dm^{-3}$邻苯二钾酸氢钾	pH＝4.00（25℃）
231 型玻璃电极	1 支	$0.025mol\cdot dm^{-3}$磷酸二氢钾	pH＝6.86（25℃）
232 型甘汞电极	1 支	$0.025mol\cdot dm^{-3}$磷酸氢二钠	
$50cm^3$小烧杯	4 只	$0.01mol\cdot dm^{-3}$硼砂	pH＝9.81（25℃）
洗瓶	1 只	饱和 KCl 溶液	$500cm^3$
小块滤纸	若干		

四、测定步骤

1. 电极预处理（参照复合电极说明书）

（1）在测定前，复合电极必须在 $3mol\cdot dm^{-3}$ KCl 溶液中渗泡 24h 以上，使之充分水化方能显示 pH 功能（注意：玻璃电极球部极薄，易破，浸泡时必须将电极杆夹在电极夹上，使球部悬浸于水中）。

（2）测定 pH 值常采用饱和甘汞电极作参比电极，必须随时注意补充内参比液（饱和 KCl 溶液），使其充满电极支管口下沿。电极内不能有气泡。

2. 根据 pHS-3C 型酸度计操作规程调整仪器

（1）开启电源预热 30min（此时读数开关必须断开）。

（2）调零：将分挡开关指“6”，旋动“零点调节器”使指针指刻度正中（1.0 处）。

（3）校正刻度值：将分挡开关指“校正”，旋动校正调节器使指示满刻度（2.0 处）。校正完毕，即可使用。

3. 检验玻璃电极性能

将玻璃电极、甘汞电极（摘去橡皮套）夹入电极夹，甘汞电极接“＋”，玻璃电极接“－”，并将电极浸入 pH＝4.00（25℃）的标准缓冲溶液中，将温度补偿器置于溶液温度，分挡开关指于“4”。按下“读数”开关，旋动“定位”调节器使指针指于 pH“0.0 处”（溶液的 pH 值即分挡开关上的指示值加上表面上的指示值）。放开“读数”开关，换 pH＝6.86（25℃）的标准缓冲溶液（此时实际上是当作未知溶液来测定），稍摇动后将分挡开关指于“6”，按下“读数”开关，酸度计显示出该溶液的 pH 值。若测定结果的误差小于 0.05pH，说明玻璃电极性能良好，仪器处于正常状态。

4. 未知液 pH 值测定

① 用 pH 试纸初步测试未知液 pH 值大小，视 pH 值大小选择 pH 与它接近的标准缓冲液进行定位。

② 放开“读数”开关，换上未知溶液，稍稍摇动后按下“读数”开关，读出 pH_x 的值。

五、数据记录及结果计算

未知液 pH 值：pH_x =

标准缓冲溶液 pH 值	pH 计上读取的 pH 值			误差	检验结论(能否使用)
	第一次	第二次	第三次		
6.86(25℃)					

关闭电源、各开关及旋钮（顺序：后开启的先关闭），洗净仪器，复位，清洁台面，实验完毕。

第三章 常数测定实验

实验九 置换法测定摩尔气体常数 R

一、目的要求

1. 掌握理想气体状态方程式和气体分压定律的应用。

2. 练习测量气体体积的操作和气压计的使用。

二、基本原理

活泼金属镁与稀硫酸反应，置换出氢气：

$$Mg + H_2SO_4 = MgSO_4 + H_2\uparrow$$

准确称取一定质量（m_{Mg}）的金属镁，使其与过量的稀硫酸作用，在一定温度和压力下测定被置换出来的氢气的体积（V_{H_2}），由理想气体状态方程式即可算出摩尔气体常数 R：

$$R = \frac{p_{总} V_{H_2}}{n_{H_2} T}$$

式中，V_{H_2} 为氢气的分体积；n_{H_2} 为一定质量（m_{Mg}）的金属镁置换出的氢气的物质的量。

三、仪器与药品

1. 仪器　分析天平，量气管（$50cm^3$）（或 $50cm^3$ 碱式滴定管），滴定管夹，液面调节管（或 25mm×180mm 规格的直型接管），长颈普通漏斗，橡皮管，试管（$25cm^3$），烧瓶夹。

2. 药品　金属镁条，H_2SO_4（$3mol\cdot dm^{-3}$）。

四、实验步骤

1. 准确称取两份已擦去表面氧化膜的镁条，每份质量为 0.030～0.035g（准至 0.0001g）。

2. 按图 3-1 所示装配好仪器，打开试管 3 的胶塞，由液面调节管 2 往量气管 1 内装水到略低于刻度“0”的位置。上下移动调节管 2 以赶尽胶管和量气管内的气泡，然后将试管 3 的塞子塞紧。

3. 检查装置的气密性，把调节管 2 下移一段距离，固定在烧瓶夹 4 上。如果量气管内液面只在初始时稍有下降，以后维持不变（观察 3～5min），即表明装置不漏气。如液面不断下降，应重复检查各接口处是否严密，直至确定不漏气为止。

4. 把液面调节管 2 上移回原来位置，取下试管 3，用一长颈漏斗往试管 3 中注入 3～$4cm^3$ $3mol\cdot dm^{-3}$ 硫酸，取出漏斗时注意切勿使酸沾污管壁。将试管 3 按一定倾斜度固定好，把镁条用水稍微润湿后贴于管壁内，确保镁条不与酸接触。检查量气管内液面是否处于“0”刻度以下，再次检查装置气密性。

5. 将调节管 2 靠近量气管右侧，使两管内液面保持同一水平，记下量气管液面位置。

将试管 3 底部略为提高，让酸与镁条接触，这时，反应产生的氢气进入量气管中，管中的水被压入调节管内。为避免量气管内压力过大，可适当下移调节管 2，使两管液面大体保持同一水平。

6. 反应完毕后，待试管 3 冷至室温，然后使调节管 2 与量气管 1 内液面处于同一水平，记录液面位置。1～2min 后，再记录液面位置，直至两次读数一致，即表明管内气体温度已与室温相同。

7. 记录室温和大气压。

五、数据记录和处理

列出所有测量及运算数据，算出摩尔气体常数 R 和百分误差。

六、思考题

1. 如何检测本实验体系是否漏气？其根据是什么？

2. 读取量气管内气体体积时，为何要使量气管和液面调节管中的液面保持在同一水平面？

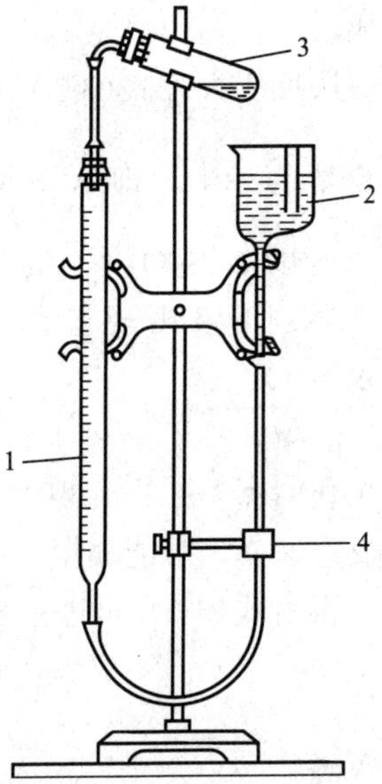

图 3-1　气体常数测定实验装置

1—量气管；2—液面调节管；3—试管；4—烧瓶夹

实验十　化学反应速率、反应级数和活化能的测定

一、目的要求

1. 了解浓度、温度和催化剂对反应速率的影响。

2. 测定过二硫酸铵与碘化钾反应的平均反应速率、反应级数、速率常数和活化能。

二、基本原理

在水溶液中，过二硫酸铵与碘化钾发生如下反应：

$$(NH_4)_2S_2O_8 + 3KI \longrightarrow (NH_4)_2SO_4 + K_2SO_4 + KI_3$$

反应的离子方程式为：

$$S_2O_8^{2-} + 3I^- \longrightarrow 2SO_4^{2-} + I_3^- \qquad (3\text{-}1)$$

该反应的平均反应速率与反应物浓度的关系可用下式表示：

$$v = \frac{-\Delta[S_2O_8^{2-}]}{\Delta t} \approx k[S_2O_8^{2-}]^m[I^-]^n \qquad (3\text{-}2)$$

式中，$\Delta[S_2O_8^{2-}]$ 为 $S_2O_8^{2-}$ 在 Δt 时间内物质的量浓度的改变值；$[S_2O_8^{2-}]$、$[I^-]$ 分别为两种离子的初始浓度，$mol \cdot dm^{-3}$；k 为反应速率常数；m 和 n 为反应级数。

为了能够测定 $\Delta[S_2O_8^{2-}]$，在混合 $(NH_4)_2S_2O_8$ 和 KI 溶液时，同时加入一定体积的已知浓度的 $Na_2S_2O_3$ 溶液和作为指示剂的淀粉溶液，这样在反应（3-1）进行的同时，也进行着如下的反应：

$$2S_2O_3^{2-} + I_3^- \longrightarrow S_4O_6^{2-} + 3I^- \qquad (3\text{-}3)$$

反应（3-3）进行得非常快，几乎瞬间完成，而反应(3-1）却慢得多，所以由反应（3-1）生成的 I_3^- 立刻与 $S_2O_3^{2-}$ 作用生成无色的 $S_4O_6^{2-}$ 和 I^-，因此，在反应开始阶段，看不到碘与淀粉作用而显示出来的特有蓝色。但是一旦 $Na_2S_2O_3$ 耗尽，反应(3-1）继续生成的微量 I_3^- 立即使淀粉溶液显示蓝色。所以蓝色的出现就标志着反应(3-3）的完成。

从反应方程式(3-1)和(3-3)的计量关系可以看出，$S_2O_8^{2-}$ 浓度减少量等于 $S_2O_3^{2-}$ 减少量的一半，即 $\Delta[S_2O_8^{2-}]=\frac{\Delta[S_2O_3^{2-}]}{2}$。由于 $S_2O_3^{2-}$ 在溶液显示蓝色时已全部耗尽，所以 $\Delta[S_2O_3^{2-}]$ 实际上是反应开始时 $Na_2S_2O_3$ 的初始浓度。因此，只要记下从反应开始到溶液出现蓝色所需要的时间 Δt，就可以求算反应(3-1)的平均反应速率：$-\frac{\Delta[S_2O_8^{2-}]}{\Delta t}$。

在固定 $S_2O_3^{2-}$，改变 $[S_2O_8^{2-}]$ 和 $[I^-]$ 的条件下进行一系列实验，测得不同条件下的反应速率，就能根据 $v=k[S_2O_8^{2-}]^m[I^-]^n$ 的关系推出反应级数。

再由式(3-2)可进一步求出反应速率常数 k：

$$k=\frac{v}{[S_2O_8^{2-}]^m[I^-]^n}$$

根据阿伦尼乌斯公式，反应速率常数 k 与反应温度有如下关系：

$$\lg k=\frac{-E_a}{2.303RT}+\lg A$$

式中，E_a 为反应的活化能；R 为摩尔气体常数；T 为热力学温度。因此，只要测得不同温度时的 k 值，以 $\lg k$ 对 $1/T$ 作图可得一直线，由直线的斜率可求得反应活化能 E_a：

$$斜率=\frac{-E_a}{2.303R}$$

三、仪器与药品

1. 仪器　恒温水浴，温度计（273～373K），$100cm^3$ 烧杯，量筒。

2. 药品　KI（$0.20mol\cdot dm^{-3}$），$(NH_4)_2S_2O_8$（$0.20mol\cdot dm^{-3}$），$Na_2S_2O_3$（$0.010mol\cdot dm^{-3}$），KNO_3（$0.20mol\cdot dm^{-3}$），$(NH_4)_2SO_4$（$0.20mol\cdot dm^{-3}$），$Cu(NO_3)_2$（$0.020mol\cdot dm^{-3}$），0.2%淀粉溶液（质量分数）。

四、实验步骤

1. 浓度对反应速率的影响

室温下按表 3-1 编号 1 的用量分别量取 KI、淀粉、$Na_2S_2O_3$ 溶液于小烧杯中，摇匀。再量取 $(NH_4)_2S_2O_8$ 溶液，迅速加到烧杯中，同时看表，记时间，立刻将溶液搅拌均匀。观察溶液，刚一出现蓝色，立即停止计时，记录反应时间。用同样方法进行编号 2～5 的实验。为了使溶液的离子强度和总体积保持不变，在实验编号 2～5 中所减少的 KI 或 $(NH_4)_2S_2O_8$ 的量分别用 KNO_3 和 $(NH_4)_2SO_4$ 溶液补充。

表 3-1　实验试剂用量表

实验编号		1	2	3	4	5
试剂用量 $/cm^3$	$0.20mol\cdot dm^{-3}$ KI	8.0	8.0	8.0	4.0	2.0
	0.2%(质量分数)淀粉溶液	2.0	2.0	2.0	2.0	2.0
	$0.010mol\cdot dm^{-3}$ $Na_2S_2O_3$	2.0	2.0	2.0	2.0	2.0
	$0.20mol\cdot dm^{-3}$ KNO_3	—	—	—	4.0	6.0
	$0.20mol\cdot dm^{-3}$ $(NH_4)_2SO_4$	—	4.0	6.0	—	—
	$0.20mol\cdot dm^{-3}$ $(NH_4)_2S_2O_8$	8.0	4.0	2.0	8.0	8.0

2. 温度对反应速率的影响

按表 3-1 实验编号 3 的用量分别加入 KI、淀粉、$Na_2S_2O_3$、$(NH_4)_2SO_4$ 溶液于烧杯中，搅拌均匀。在一个小试管中加入 $(NH_4)_2S_2O_8$溶液，将试管和烧杯放入恒温水浴中约 10min，控制温度比室温高 10℃左右，把小试管中的 $(NH_4)_2S_2O_8$迅速倒入烧杯中，搅拌，记录反应时间和温度。在高于室温 20℃左右的条件下重复上述实验，记录反应时间和温度。

3. 催化剂对反应速率的影响

按表 3-1 编号 3 的用量分别加入 KI、淀粉、$Na_2S_2O_3$、$(NH_4)_2SO_4$ 溶液于烧杯中，再加入 2 滴 0.020mol·dm^{-3} $Cu(NO_3)_2$溶液，搅拌均匀，迅速加入 $(NH_4)_2S_2O_8$溶液，搅拌，记录反应时间和温度。

五、数据记录和处理

1. 列表记录实验数据。

2. 分别计算编号 1～5 各个实验的平均反应速率，然后求反应级数和速率常数 k。

3. 分别计算不同温度实验的平均反应速率以及速率常数 k，然后以 $\lg k$ 为纵坐标，$1/T$ 为横坐标作图，求活化能。

4. 根据实验结果讨论浓度、温度、催化剂对反应速率及速率常数的影响。

六、思考题

1. 在向 KI、淀粉和 $Na_2S_2O_3$混合溶液中加入 $(NH_4)_2S_2O_8$时，为什么必须越快越好？

2. 在加入 $(NH_4)_2S_2O_8$时，先计时后搅拌或者先搅拌后计时，对实验结果各有何影响？

实验十一　弱电解质电离常数的测定

一、目的要求

1. 测定醋酸的电离常数，加深对电离度和电离常数的理解。

2. 学习正确使用 pH 计。

二、基本原理

一般只要设法测定平衡时各物质的浓度（或分压）便可求得平衡常数。通常测定平衡常数的方法有目测法、pH 值法、电导率法、电化学法和分光光度法等，本实验通过 pH 值法测定醋酸的电离常数。

醋酸（CH_3COOH）简写成 HAc，在溶液中存在如下电离平衡：

$$HAc \rightleftharpoons H^+ + Ac^- \qquad K_a^\ominus = \frac{[H^+][Ac^-]}{[HAc]} \tag{3-4}$$

式中，$[H^+]$、$[Ac^-]$ 和 $[HAc]$ 分别是 H^+、Ac^- 和 HAc 的平衡浓度；$K_a^\ominus$ 为电离常数。HAc 溶液的总浓度可以用标准 NaOH 溶液滴定测得。其电离出来的 H^+ 浓度，可以在一定温度下，用 pH 计测定 HAc 溶液的 pH 值，再根据关系式 $pH=-\lg[H^+]$ 计算出来。另外，根据各物质之间的浓度关系，求出 $[Ac^-]$、$[HAc]$ 后，代入式(3-4) 便可计算出该温度下的 $K_a^\ominus$ 值，并可计算出电离度 α。

三、仪器与药品

1. 仪器　容量瓶（50cm^3），移液管（25cm^3，10cm^3），碱式滴定管（50cm^3），锥形瓶（250cm^3），pHS-3C 型酸度计。

2. 药品　NaOH（$0.1000mol \cdot dm^{-3}$），HAc（$0.1mol \cdot dm^{-3}$），酚酞指示剂。

四、实验内容

1. 用标准 NaOH 溶液测定 HAc 溶液的浓度，用酚酞作指示剂。

2. 分别吸取 $2.50cm^3$、$5.00cm^3$ 和 $25.00cm^3$ HAc 溶液于三个 $50cm^3$ 容量瓶中，用蒸馏水稀释至刻度，摇匀，并分别计算出各溶液的准确浓度。

3. 用四个干燥的 $50cm^3$ 烧杯，倒入上述三种浓度的 HAc 溶液及未经稀释的 HAc 溶液，由稀到浓分别用 pH 计测定它们的 pH 值。

五、数据记录和处理

1. 以表格形式列出实验数据，并计算电离常数 $K_a^\ominus$ 及电离度 α。

2. 根据实验结果讨论 HAc 电离度与其浓度的关系。

六、思考题

1. 在醋酸溶液的平衡体系中，未电离的醋酸、醋酸根离子和氢离子的浓度是如何获得的？

2. 在测定同一种电解质溶液的不同 pH 值时，测定的顺序为什么要由稀到浓？

3. 用 pH 计测定溶液的 pH 值时，怎样正确使用复合电极？

实验十二　$I_3^- \rightleftharpoons I_2 + I^-$ 体系平衡常数的测定[1]

一、目的要求

1. 测定 $I_3^- \rightleftharpoons I_2 + I^-$ 体系的平衡常数，加深对化学平衡和平衡常数的理解。

2. 巩固滴定操作。

二、基本原理

碘溶解于碘化钾溶液，主要生成 I_3^-。在一定温度下，建立如下平衡：

$$I_3^- \rightleftharpoons I_2 + I^-$$

其平衡常数是：

$$K_a = \frac{a_{I_2} a_{I^-}}{a_{I_3^-}} = \frac{[I_2][I^-]}{[I_3^-]} \times \frac{\gamma_{I_2}\gamma_{I^-}}{\gamma_{I_3^-}} \qquad (3\text{-}5)$$

式中，a、[ ]、γ 分别表示各物质的活度、物质的量浓度以及活度系数。K_a 越大，表示 I_3^- 越不稳定，故 K_a 又称为 I_3^- 的不稳定常数。

在离子强度不大的溶液中，由于

$$\frac{\gamma_{I_2}\gamma_{I^-}}{\gamma_{I_3^-}} \approx 1$$

故

$$K_a \approx \frac{[I_2][I^-]}{I_3^-} \qquad (3\text{-}6)$$

为了测定上述平衡体系中各组分的浓度，可将已知浓度 c 的 KI 溶液与过量的固体碘一起摇荡，达到平衡后用标准 $Na_2S_2O_3$ 溶液滴定，便可求得溶液中碘的总浓度 c_1（即 $[I_3^-]_平 + [I_2]_平$）。其中的 $[I_2]$ 可用 I_2 在纯水中的饱和浓度代替。因此，将过量的碘与蒸馏水一起振荡，平衡后用标准 $Na_2S_2O_3$ 溶液滴定，就可以确定 I_2 的平衡浓度 $[I_2]_平$，同时也确定了 $[I_3^-]_平$：

---

[1] 本实验所有含碘废液都要回收。

$$[I_3^-]_{平}=c_1-[I_2]_{平} \tag{3-7}$$

由于形成一个 I_3^- 要消耗一个 I^-，所以平衡时 I^- 的浓度为：

$$[I^-]_{平}=c-[I_3^-]_{平} \tag{3-8}$$

将 $[I_2]_{平}$、$[I_3^-]_{平}$、$[I^-]_{平}$ 代入式(3-6)，便可求出该温度下的平衡常数 K_a。

三、仪器与药品

1. 仪器　电子天平，移液管（$10cm^3$），锥形瓶（$250cm^3$），碘量瓶（$100cm^3$、$500cm^3$），酸式滴定管（$50cm^3$），洗耳球。

2. 药品　$I_2(s)$，KI（$0.100mol \cdot dm^{-3}$、$0.200mol \cdot dm^{-3}$、$0.300mol \cdot dm^{-3}$），标准 $Na_2S_2O_3$ 溶液（$0.0500mol \cdot dm^{-3}$）（KI 和 $Na_2S_2O_3$ 溶液必须预先标定），0.5%淀粉溶液（质量分数）。

四、实验内容

1. 取 3 个 $100cm^3$ 干燥的碘量瓶和一个 $500cm^3$ 碘量瓶，按表 3-2 所列的量配好溶液。

表 3-2　实验试剂用量表

编　号	1	2	3	4
$c_{KI}/mol \cdot dm^{-3}$	0.100	0.200	0.300	—
V_{KI}/cm^3	50.00	50.00	50.00	—
m_{I_2}/g	2.0	2.0	2.0	2.0
V_{H_2O}/cm^3	—	—	—	250

2. 将上述配好的溶液在室温下强烈振荡 25min，静置，待过量的固体 I_2 沉于瓶底后，取清液分析。

3. 在 1～3 号瓶中分别吸取上层清液 $10.00cm^3$ 于锥形瓶中，加入约 $30cm^3$ 蒸馏水，用标准 $Na_2S_2O_3$ 溶液滴定至淡黄色，然后加入 $2cm^3$ 淀粉溶液，继续滴定至蓝色刚好消失，记下 $Na_2S_2O_3$ 消耗的体积。

于第 4 号瓶中取出 $100cm^3$ 清液，以标准 $Na_2S_2O_3$ 溶液滴定，记录消耗的体积。

五、数据记录和处理

1. 列表记录有关数据，分别求出碘的总浓度 c_1 和 $[I_2]_{平}$。

2. 分别求出三种编号溶液中的 $[I_3^-]_{平}$、$[I^-]_{平}$ 以及平衡常数 K_a。

六、思考题

1. 在固体碘和 KI 溶液反应时，如果碘的量不够，将有何影响？碘的用量是否一定要准确称量？

2. 在实验过程中，如果①吸取清液进行滴定时，不小心吸进一些碘微粒；②饱和的碘水放置很久才进行滴定；③振荡时间不够，对实验结果将产生什么影响？

实验十三　分光光度法测定 $[Ti(H_2O)_6]^{3+}$ 的分裂能

一、目的要求

1. 了解配合物的吸收光谱。

2. 了解用分光光度法测定配合物分裂能的原理和方法。

3. 学习 722 型分光光度计的使用方法。

二、基本原理

配离子 $[Ti(H_2O)_6]^{3+}$ 的中心离子 $Ti^{3+}(3d^1)$ 仅有一个 3d 电子，在基态时，这个电子

处于能量较低的 t_{2g} 轨道，当它吸收一定波长的可见光的能量时，就会在分裂的 d 轨道之间跃迁（称之为 d-d 跃迁），即由 t_{2g} 轨道跃迁到 e_g 轨道。

3d 电子所吸收光子的能量应等于 e_g 轨道和 t_{2g} 轨道之间的能量差 $[E(e_g)-E(t_{2g})]$，即和 $[Ti(H_2O)_6]^{3+}$ 的分裂能 Δ_o 相等：

$$E_{光}=h\nu=E(e_g)-E(t_{2g})=\Delta_o$$

$$h\nu=\frac{hc}{\lambda}=hc\sigma \quad (\sigma\ 称为波数)$$

所以

$$\sigma=\frac{\Delta_o}{hc}$$

而

$$\begin{aligned} hc &=6.626\times10^{-34}(J\cdot s)\times3\times10^{10}(cm\cdot s^{-1})\\ &=6.626\times10^{-34}\times3\times10^{10}(J\cdot cm)\\ &=6.626\times10^{-34}\times3\times10^{10}\times5.034\times10^{22}\\ &=1 \end{aligned}$$

所以

$$\sigma=\Delta_o \quad \Delta_o=\sigma=\frac{1}{\lambda}(nm^{-1})=\frac{1}{\lambda}\times10^7(cm^{-1})$$

λ 值可以通过吸收光谱求得：选取一定浓度的 $[Ti(H_2O)_6]^{3+}$ 溶液，用分光光度计测出在不同波长 λ 下的光密度 D，以 D 为纵坐标，λ 为横坐标做图可得吸收曲线，曲线最高峰所对应的 λ_{max} 为 $[Ti(H_2O)_6]^{3+}$ 的最大吸收波长，即

$$\Delta_o=\frac{1}{\lambda_{max}}\times10^7(cm^{-1}) \quad (\lambda_{max}单位为\ nm)$$

三、仪器与药品

1. 仪器　722 型分光光度计 1 台，烧杯（50cm^3）1 个，移液管（5cm^3）1 支，洗耳球 1 个，容量瓶（50cm^3）1 个❶。

2. 药品　15%～20% $TiCl_3$（A. R.）溶液。

四、实验内容

1. 用吸量管取 5cm^3 $TiCl_3$❷溶液（15%～20%）于 50cm^3 容量瓶中，加去离子水稀释至刻度。

2. 光密度 D 的测定：以去离子水为参比液，用分光光度计在波长 460～550nm 范围内，每隔 10nm 测一次 $[Ti(H_2O)_6]^{3+}$ 的光密度 D，在接近峰值附近，每间隔 5nm 测一次数据。

五、数据记录和处理

1. 测定记录：

λ/nm	550	540	530	520			
D							
λ/nm							
D							

2. 做图：以 D 为纵坐标，λ 为横坐标做 $[Ti(H_2O)_6]^{3+}$ 的吸收曲线。

3. 计算 Δ_o：在吸收曲线上找出最高峰所对应的波长 λ_{max}，计算 $[Ti(H_2O)_6]^{3+}$ 的分裂能 Δ_o=________ cm^{-1}。

---

❶ 所有盛过钛盐溶液的容器，实验后应洗净。

❷ 由于 Cl^- 有一定的配位作用，会影响 $[Ti(H_2O)_6]^{3+}$ 的实验结果，如以 $Ti(NO_3)_3$ 代替 $TiCl_3$，由于 NO_3^- 的配位作用极弱，会得到较好的实验结果。

六、思考题

1. 使用分光光度计有哪些注意事项？

2. Δ_o的单位通常是什么？

实验十四　硫酸钙溶度积的测定（离子交换法）

一、目的要求

1. 了解使用离子交换树脂的一般方法。

2. 了解离子交换法测定硫酸钙的溶解度和溶度积的原理。

3. 进一步掌握 pH 计的使用方法。

二、基本原理

离子交换树脂是分子中含有活性基团而能与其他物质进行离子交换的高分子化合物。含有酸性基团而能与其它物质交换阳离子的称为阳离子交换树脂。含有碱性基团而能与其它物质交换阴离子的称为阴离子交换树脂。本实验用强酸型阳离子交换树脂（型号 732）交换硫酸钙饱和溶液中的 Ca^{2+}。其交换反应为：

$$2R—SO_3H + Ca^{2+} = (R—SO_3)_2Ca + 2H^+$$

由于 $CaSO_4$是微溶盐，其溶解部分除 Ca^{2+} 和 SO_4^{2-} 外，还有离子对形式的 $CaSO_4$存在于水溶液中，饱和溶液中存在着离子对和简单离子间的平衡：

$$CaSO_4(aq) \rightleftharpoons Ca^{2+} + SO_4^{2-} \tag{3-9}$$

当溶液流经交换树脂时，由于 Ca^{2+}被交换，平衡向右移动，$CaSO_4(aq)$ 离解，结果全部钙离子被交换为 H^+，从流出液的 $[H^+]$ 可计算 $CaSO_4$的摩尔溶解度 y：

$$y = [Ca^{2+}] + [CaSO_4(aq)] = \frac{[H^+]}{2} \tag{3-10}$$

$[H^+]$ 可用 pH 计测定，也可用标准 NaOH 溶液滴定。

计算方法举例：

取 25cm^3 $CaSO_4$ 饱和溶液❶，经过阳离子交换柱，其流出液注入 100cm^3 容量瓶，用蒸馏水洗涤，洗涤水并入容量瓶，直到 100cm^{3}刻度为止，测定 pH 值或 $[H^+]$。则：

$$[H^+]_{25} = [H^+]_{100} \times \frac{100}{25}$$

式中，$[H^+]_{25}$ 为 25cm^{3}溶液完全交换后的 $[H^+]$ 浓度；$[H^+]_{100}$ 为稀释至 100cm^{3}后测定的 H^+浓度。

因此
$$y = \frac{[H^+]_{25}}{2} = \frac{[H^+]_{100}}{2} \times \frac{100}{25}$$

以溶解度计算 $CaSO_4$溶度积的过程如下：

设饱和 $CaSO_4$溶液中 $[Ca^{2+}] = c$，则 $[SO_4^{2-}] = c$。

由式(3-10)

$$[CaSO_4(aq)] = y - c$$

由式(3-9) 写出：

---

❶ $CaSO_4$饱和溶液的制备：过量 $CaSO_4$（分析纯）加到蒸馏水中，加热到 80℃，搅动，冷却至室温，实验前过滤。

$$K_d=\frac{[Ca^{2+}][SO_4^{2-}]}{[CaSO_4(aq)]}$$

K_d称为离子对离解常数，对 $CaSO_4$ 来说，25℃时，$K_d=5.2\times10^{-3}$。

按溶度积的定义即可算出：

$$K_{sp}=[Ca^{2+}][SO_4^{2-}]=c^2$$

因此
$$\frac{[Ca^{2+}][SO_4^{2-}]}{[CaSO_4(aq)]}=\frac{cc}{y-c}=5.2\times10^{-3}$$

$$c^2+5.2\times10^{-3}c-5.2\times10^{-3}y=0$$

$$c=\frac{-5.2\times10^{-3}\pm\sqrt{2.7\times10^{-5}+2.08\times10^{-2}y}}{2}$$

三、仪器与药品

1. 仪器　25cm³ 移液管 1 支，离子交换柱 1 根，100cm³ 容量瓶，洗耳球。

pH 法：pH 计 1 台及附件，50cm³ 干燥烧杯。

酸碱滴定法：碱式滴定管，250cm³ 锥形瓶。

2. 药品　新过滤的 $CaSO_4$ 饱和溶液，强酸型阳离子交换树脂（型号 732，柱内氢型湿树脂约 65cm³）。

pH 法：pH 为 4.00 的缓冲溶液。

酸碱滴定法：0.04mol·dm⁻³ NaOH 标准溶液，溴百里酚蓝指示剂。

四、实验内容

1. 装柱（由实验准备室装好）　在交换柱底部填入少量玻璃纤维。将阳离子交换树脂（钠型，先用蒸馏水浸泡 24～48h 并洗净）和水的“糊状物”注入交换柱内，用塑料通条赶走树脂间的气泡，保持液面略高于树脂（图 3-2）。

2. 转型　为保证 Ca^{2+} 完全交换成 H^+，必须将钠型完全转变为氢型，否则将使实验结果偏低（为什么?）。用 100cm³ 2mol·dm⁻³ HCl 以每分钟 30 滴的流速流过离子交换树脂，然后用蒸馏水淋洗树脂直到流出液呈中性。

3. 交换和洗涤　用移液管准确量取 25cm³ $CaSO_4$ 饱和溶液，放入离子交换柱中。流出液用 100cm³ 容量瓶承接，流出速率控制在每分钟 20～25 滴，不宜太快。当液面下降到略高于树脂时，加 25cm³ 蒸馏水洗涤，流速仍为每分钟 20～25 滴。再次用 25cm³ 蒸馏水继续洗涤时，流出速率可适当加快，控制在每分钟 40～50 滴，在流出液接近 100cm³ 时，用 pH 试纸测试，流出液的 pH 值应接近于 7。旋紧螺旋夹，移走容量瓶。在每次加液体前，液面都应略高于树脂（2～3mm)，这样既不会带进气泡，又尽可能减少溶液的混合，可提高交换和洗涤的效果。

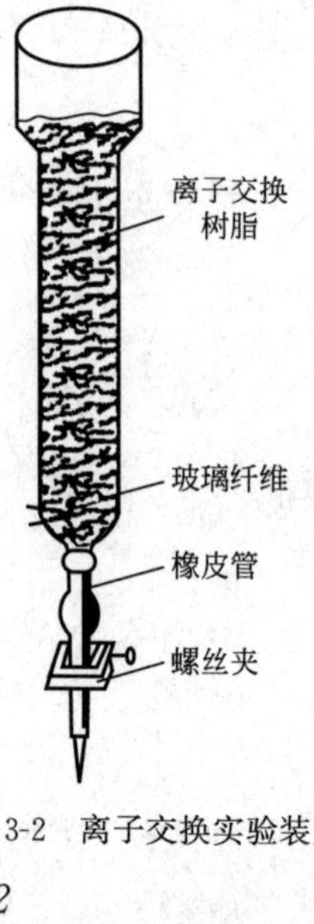

图 3-2　离子交换实验装置

4. 氢离子浓度的测定

（1）pH 计法　用滴管将蒸馏水加到盛有流出液的 100cm³ 容量瓶中至刻度，充分摇匀。用 pH 计测定溶液的 pH 值，计算 $[H^+]$。

（2）酸碱滴定法　将 100cm³ 瓶中的流出液倒入洗净的 250cm³ 锥形瓶中，用少量蒸馏水洗涤容量瓶，洗涤水并入锥形瓶中，再加 2 滴溴百里酚蓝溶液作指示剂，用 0.04mol·dm⁻³的标准 NaOH 溶液滴定。在 pH 为 6.5～7 时，溶液由黄色转变为鲜明的蓝色，此时即为滴定终点。精确记录滴定前后 NaOH 溶液的读数，计算溶液的 $[H^+]$：

$$[H^+]_{100}=\frac{c_{NaOH}V_{NaOH}}{100}$$

五、数据记录和处理（pH 计法）

$CaSO_4$ 饱和溶液的温度 ____________

通过交换柱的饱和溶液体积 ____________

流出液的 pH 值 ____________

流出液的 $[H^+]_{100}$ ____________

$CaSO_4$ 的溶解度 y ____________

$CaSO_4$ 的溶度积 K_{sp} ____________

计算时 K_d 近似取用 25℃的数据。数据的计算过程应该写进实验报告。

对照 $CaSO_4$ 溶解度的文献值，计算实验误差，并讨论误差原因。

六、思考题

1. 为什么要将洗涤液合并到容量瓶中？
2. 如何根据实验结果计算 $CaSO_4$ 的溶解度和溶度积？
3. 操作过程中，为什么要控制液体的流速不宜太快？

实验十五 过氧化氢分解速率常数和活化能的测定

一、目的要求

1. 用化学方法测定过氧化氢的分解速率。
2. 用图解法求出过氧化氢分解反应的速率常数和活化能。
3. 练习滴定操作。

二、基本原理

在催化剂浓度基本不变的条件下，过氧化氢的催化分解可视为一级反应，它遵守下式：

$$\lg[H_2O_2]_t=-\frac{k}{2.303}t+\lg[H_2O_2]$$

式中，$[H_2O_2]$ 为 H_2O_2 的初始浓度；$[H_2O_2]_t$ 为时间 t 时 H_2O_2 的浓度；k 为反应速率常数。以 lg $[H_2O_2]_t$ 对 t 做图，可得一直线，直线的斜率为 $-\frac{k}{2.303}$，即可求得过氧化氢的分解速率常数 k。

为了测定在不同时间里过氧化氢溶液的浓度，本实验用化学方法测定在时间 t 时，反应混合物中 H_2O_2 的剩余浓度，即每隔一定时间从反应混合物中吸取一定数量的样品，加入阻化剂 H_2SO_4，使分解反应迅速停止，用高锰酸钾溶液滴定此时 H_2O_2 的浓度。其反应方程式为：

$$2MnO_4^- + 5H_2O_2 + 6H^+ = 2Mn^{2+} + 8H_2O + 5O_2\uparrow$$

另外，反应速率常数 k 与反应温度 T 有如下关系：

$$\lg k=-\frac{E_a}{2.303RT}+B$$

式中，k 为反应速率常数；E_a 为反应活化能；R 为气体常数；B 为常数。

若在几个不同温度下进行实验，则可测得几个不同的 k 值，以 $\lg k$ 对 $1/T$ 做图，可得一直线，从直线的斜率$-\frac{E_a}{2.303R}$可求得反应活化能 E_a。

三、仪器与药品

1. 仪器　恒温水浴，移液管（10.00cm^3），酸式滴定管。

2. 药品　H_2O_2（$0.2\text{mol}\cdot\text{dm}^{-3}$），$KMnO_4$（$0.004\text{mol}\cdot\text{dm}^{-3}$），$MnSO_4$（$0.05\text{mol}\cdot\text{dm}^{-3}$），$NH_4Fe(SO_4)_2$（$0.5\text{mol}\cdot\text{dm}^{-3}$），$H_2SO_4$（$3\text{mol}\cdot\text{dm}^{-3}$）。

四、实验内容

1. 室温下反应速率常数 k 的测定

（1）反应物的配制　在 250cm^3 锥形瓶中，加入 25cm^3 $0.2\text{mol}\cdot\text{dm}^{-3}$ H_2O_2 水溶液，用新鲜蒸馏水稀释到 200cm^3。在室温水浴中恒温 10min 左右。

（2）反应物开始分解　加 5cm^3 $0.5\text{mol}\cdot\text{dm}^{-3}$ $NH_4Fe(SO_4)_2$ 溶液到上述已恒温的 H_2O_2 溶液中，H_2O_2 开始分解，立即计时，并记下恒温浴温度。

（3）在每只 150cm^3 锥形瓶中各加 15cm^3 $3\text{mol}\cdot\text{dm}^{-3}$ H_2SO_4 溶液及 1cm^3 $0.05\text{mol}\cdot\text{dm}^{-3}$ $MnSO_4$ 溶液。过氧化氢分解反应每进行 15min，即从反应混合物中用移液管吸取 10.00cm^3 溶液到上述酸溶液中（反应时间的计算，应以反应混合物注入酸液为其终止时间），充分混合均匀，用 $0.004\text{mol}\cdot\text{dm}^{-3}$ $KMnO_4$ 溶液滴定，直至过量一滴 $KMnO_4$ 溶液，其粉红色在 30s 内不褪去即达到滴定终点。记录每次滴定用去 $KMnO_4$ 溶液的体积（cm^3）。整个反应进行 1.5h。

2. 非室温下反应速率常数的测定

改变实验温度，调节恒温水浴温度比室温分别高出 10℃、15℃。恒温 10min 后，重复上述实验，再测得两组数据。

五、数据记录和处理

1. 实验数据记录

温度________℃

时间/min											
滴定用 $KMnO_4$ 体积/cm^3	初读数										
	终读数										
	净用量										
$\lg V$											

2. 求速率常数 k

由 H_2O_2 和 $KMnO_4$ 反应的方程可知：

$$[H_2O_2]=\frac{5}{2}c_{KMnO_4}\frac{V_{KMnO_4}}{V_{H_2O_2}}$$

由于每次所用 H_2O_2 的体积均为 10.00cm^3，c_{KMnO_4} 也为定值，故 $\lg[H_2O_2]_t$ 对 t 做图，可变换为 $\lg V_{KMnO_4}$ 对 t 作图。以 $\lg V$ 为纵坐标，t 为横坐标做图，从直线的斜率求得 k。

3. 求活化能 E_a

根据公式 $\lg k=-\frac{E_a}{2.303RT}+B$，以 $\lg k$ 为纵坐标，$\frac{1}{T}$为横坐标做图，以直线斜率算出 E_a。

六、思考题

1. 为什么反应时间的计算是以混合溶液进入酸液为其终止时间？
2. 反应过程中温度不恒定，对实验结果有无影响？
3. H_2O_2 的起始浓度、$KMnO_4$ 溶液的浓度要不要标定？为什么？
4. 在滴定过程中，H_2SO_4 和 $KMnO_4$ 各起什么作用？
5. 在下列情况下，H_2O_2 分解的反应速率常数有无变化？

(1) 改变 H_2O_2 的起始浓度；

(2) 换用其它催化剂；

(3) 改变测定温度。

第四章　元素性质实验

实验十六　锡与铅元素性质

一、目的要求

1. 了解锡和铅的氢氧化物的形成和酸碱性以及它们盐类的水解性。

2. 掌握锡(Ⅱ)的还原性和铅(Ⅳ)的氧化性。

3. 了解锡和铅的硫化物的形成和溶解性。

4. 掌握 Sn^{2+} 和 Pb^{2+} 的分离与鉴定方法。

二、基本原理

参看教科书有关部分内容。

三、仪器与药品

1. 仪器　离心机。

2. 药品　酸：HCl（2.0mol·dm^{-3}，6.0mol·dm^{-3}，浓），H_2SO_4（2.0mol·dm^{-3}），HNO_3（2.0mol·dm^{-3}，6.0mol·dm^{-3}，浓），H_2S（饱和）；碱：NaOH（2.0mol·dm^{-3}，6.0mol·dm^{-3}）；盐：$SnCl_2$（0.1mol·dm^{-3}），$Pb(NO_3)_2$（0.1mol·dm^{-3}），$SnCl_4$（0.1mol·dm^{-3}，0.2mol·dm^{-3}），$HgCl_2$（0.1mol·dm^{-3}），$MnSO_4$（0.1mol·dm^{-3}），Na_2S（0.5mol·dm^{-3}），Na_2S_x（0.1mol·dm^{-3}），KI（0.1mol·dm^{-3}），K_2CrO_4（0.1mol·dm^{-3}），$BiCl_3$（0.1mol·dm^{-3}）及两种未知液（含 Sn^{2+} 或 Pb^{2+}）；固体：锡粒，PbO_2，KI 淀粉试纸。

四、实验内容

1. 锡和铅氢氧化物的酸碱性

（1）在2支试管中各加入3滴 $SnCl_2$ 溶液（0.1mol·dm^{-3}），逐滴加入 NaOH 溶液（2.0mol·dm^{-3}）至沉淀生成为止；再分别加入 NaOH 溶液（2.0mol·dm^{-3}）和浓 HCl 溶液（2.0mol·dm^{-3}），沉淀是否溶解？写出有关离子反应方程式。

（2）用 $Pb(NO_3)_2$ 溶液（0.1mol·dm^{-3}）代替 $SnCl_2$ 溶液重复上述实验，并比较 $Sn(OH)_2$ 和 $Pb(OH)_2$ 的酸碱性（注意：应用什么酸代替 HCl 溶液）。

（3）以 $SnCl_4$ 溶液（0.2mol·dm^{-3}）代替 $SnCl_2$ 溶液重复上述实验，观察胶状沉淀是否具有两性。

（4）在2支试管中各放入小米粒大小金属锡，再各加5滴浓 HNO_3 微热，观察白色沉淀的生成，然后分别加入 NaOH 溶液（6.0mol·dm^{-3}）和 HCl 溶液（6.0mol·dm^{-3}），观察沉淀是否溶解。

2. 锡(Ⅱ)的还原性和铅(Ⅳ)的氧化性

（1）取1滴 $HgCl_2$ 溶液（0.1mol·dm^{-3}）于试管中，逐滴加入 $SnCl_2$ 溶液（0.1mol·dm^{-3}），观察有何变化，继续滴加有何变化？写出离子反应方程式。

（2）取3滴 $SnCl_2$ 溶液（0.1mol·dm^{-3}），加入10滴 NaOH 溶液（2.0mol·dm^{-3}），

再加入 2 滴 $BiCl_3$ 溶液（$0.1mol \cdot dm^{-3}$），观察现象，写出离子反应方程式。

（3）取微量 $PbO_2(s)$，加 $1cm^3$ HNO_3 溶液（$6.0mol \cdot dm^{-3}$）和 2 滴 $MnSO_4$（$0.1mol \cdot dm^{-3}$），微热后静置片刻，观察现象，写出离子反应方程式。

（4）取少量 $PbO_2(s)$，然后滴加浓盐酸溶液，观察现象，写出反应方程式。

3. 锡和铅的硫化物的形成和性质

（1）在 4 支离心试管中各加入 1 滴 $SnCl_2$ 溶液（$0.1mol \cdot dm^{-3}$），然后分别滴加饱和 H_2S 溶液至沉淀生成，离心分离，弃去清液，再依次分别加入下列溶液：浓 HCl（$6.0mol \cdot dm^{-3}$），NaOH（$2.0mol \cdot dm^{-3}$），Na_2S（$0.1mol \cdot dm^{-3}$），Na_2S_x（$0.1mol \cdot dm^{-3}$）各 10～15 滴，观察沉淀是否溶解。如不溶解，加热后观察 SnS 沉淀能否溶解。写出有关离子反应方程式。

（2）在 5 支离心试管中各加入 1 滴 $Pb(NO_3)_2$ 溶液（$0.1mol \cdot dm^{-3}$），再分别加入饱和 H_2S 溶液至沉淀生成，离心分离，弃去清液。然后依次分别加入约 10 滴下列溶液：HCl（$2.0mol \cdot dm^{-3}$），HCl（$6.0mol \cdot dm^{-3}$），HNO_3（$2.0mol \cdot dm^{-3}$），NaOH（$2.0mol \cdot dm^{-3}$），Na_2S（$0.1mol \cdot dm^{-3}$），观察沉淀是否溶解，加热后 PbS 能否溶于 HNO_3 溶液（$2.0mol \cdot dm^{-3}$）中。写出有关反应方程式。

（3）在 4 支离心试管中各加入 1 滴 $SnCl_4$（$0.1mol \cdot dm^{-3}$），然后分别滴加饱和 H_2S 溶液至沉淀生成，离心分离，弃去清液，再依次分别加入下列溶液：HCl（浓）、NaOH（$2.0mol \cdot dm^{-3}$）、Na_2S（$0.1mol \cdot dm^{-3}$）、Na_2S_x，观察沉淀是否溶解。如不溶解，加热后再观察沉淀能否溶解。写出有关离子反应方程式。

4. 铅(Ⅱ) 难溶盐的形成

取 4 支试管各加入 1 滴 $Pb(NO_3)_2$ 溶液（$0.1mol \cdot dm^{-3}$），再分别加入 10 滴下列溶液：HCl（$2.0mol \cdot dm^{-3}$），KI（$0.1mol \cdot dm^{-3}$），H_2SO_4（$2.0mol \cdot dm^{-3}$）和 K_2CrO_4（$0.1mol \cdot dm^{-3}$），观察沉淀颜色。写出离子反应方程式。

5. Sn^{2+} 和 Pb^{2+} 的鉴别

有两份未知液，分别含有 Sn^{2+} 或 Pb^{2+}，试根据它们的特征反应加以区分。

五、思考题

1. 配制 $SnCl_2$ 溶液时，往往既加盐酸又加锡粒，为什么？

2. 验证 $Pb(OH)_2$ 的碱性时，应该用什么酸？

3. 怎样检验 Sn(Ⅱ) 的还原性和 Pb(Ⅳ) 的氧化性？

4. SnS、PbS、SnS_2 在酸、碱和多硫化物溶液中的溶解情况有何异同？它们与相应的氢氧化物的酸碱性有何联系？

5. 本次实验用到哪些有毒物质，如何使用和处理？

实验十七　氮与磷元素性质

一、目的要求

1. 掌握硝酸及其盐、亚硝酸及其盐的重要性质。

2. 了解磷酸盐的主要性质。

3. 学会 NH_4^+、NO_3^-、NO_2^- 和 PO_4^{3-} 等离子的鉴定方法。

二、基本原理

参看教科书有关部分内容。

鉴定 NH_4^+ 常用两种方法：

1. NH_4^+ 与 NaOH 反应生成 $NH_3(g)$，使红色石蕊试纸变蓝。

2. NH_4^+ 与 Nessler 试剂（K_2HgI_4 的碱性溶液）反应生成红棕色沉淀。

$NH_4^+ + 2[HgI_4]^{2-} + 4OH^- = \!=\!=$ 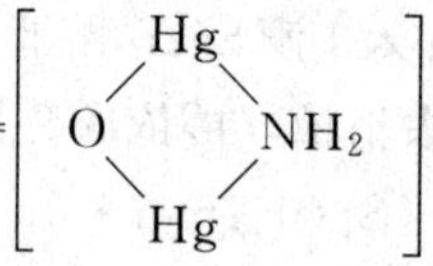 $I(s) + 7I^- + 3H_2O$

亚硝酸是稍强于醋酸的弱酸，它极不稳定，仅存在于冷的稀溶液中，加热或浓缩便发生分解：

$$2HNO_2 = \!=\!= H_2O + N_2O_3 \quad （浅蓝色）$$

$$N_2O_3 \longrightarrow NO + NO_2$$

亚硝酸盐在溶液中尚稳定，它是极毒、致癌物质，其中氮的氧化态为Ⅲ；在酸性介质中作氧化剂，一般被还原为 NO，与强氧化剂作用时，本身被氧化成硝酸盐。

鉴定 NO_3^- 或 NO_2^- 时，加浓 H_2SO_4，NO_3^- 能形成棕色环，NO_2^- 能发生棕色反应。当有 NO_2^- 存在时，会干扰 NO_3^- 的鉴定，必须预先消除，即在酸性条件下加尿素发生下列反应：

$$2NO_2^- + 2H^+ + CO(NH_2)_2 = \!=\!= 2N_2 + CO_2 + 3H_2O$$

加 HAc 时，只有 NO_2^- 能发生棕色反应：

$$NO_2^- + 2Fe^{2+} + 2HAc = \!=\!= [Fe(NO)]^{2+} + Fe^{3+} + 2Ac^- + H_2O$$

磷酸盐和磷酸一氢盐中，只有碱金属（锂除外）和铵的盐类易溶于水，其它磷酸盐都难溶。大多数磷酸二氢盐易溶于水。焦磷酸盐和三磷酸盐具有配位作用，例如：

$$Cu^{2+} + 2P_2O_7^{4-} = \!=\!= [Cu(P_2O_7)_2]^{6-}$$

$$Ca^{2+} + P_3O_{10}^{5-} = \!=\!= [CaP_3O_{10}]^{3-}$$

三、仪器与药品

1. 仪器　水浴锅。

2. 药品　酸：HNO_3（$2.0mol \cdot dm^{-3}$，浓），H_2SO_4（$2.0mol \cdot dm^{-3}$，$6.0mol \cdot dm^{-3}$，浓），HAc（$2.0mol \cdot dm^{-3}$）；碱：NaOH（$2.0mol \cdot dm^{-3}$，$6.0mol \cdot dm^{-3}$）；盐：NH_4Cl（$0.1mol \cdot dm^{-3}$），$BaCl_2$（$0.5mol \cdot dm^{-3}$），$NaNO_2$（$0.1mol \cdot dm^{-3}$，$2.0mol \cdot dm^{-3}$），KI（$0.02mol \cdot dm^{-3}$），$KMnO_4$（$0.01mol \cdot dm^{-3}$），KNO_3（$0.1mol \cdot dm^{-3}$），Na_3PO_4（$0.1mol \cdot dm^{-3}$），Na_2HPO_4（$0.1mol \cdot dm^{-3}$），NaH_2PO_4（$0.1mol \cdot dm^{-3}$），$CaCl_2$（$0.1mol \cdot dm^{-3}$），$CuSO_4$（$0.1mol \cdot dm^{-3}$），$Na_4P_2O_7$（$0.5mol \cdot dm^{-3}$），Na_2CO_3（$0.1mol \cdot dm^{-3}$），$Na_5P_3O_{10}$（$0.1mol \cdot dm^{-3}$），$AgNO_3$（$0.1mol \cdot dm^{-3}$），$NaPO_3$（$0.1mol \cdot dm^{-3}$）；固体：硫粉，锌粉，铜屑，KNO_3，$FeSO_4 \cdot 7H_2O$，$CO(NH_2)_2$，NH_4NO_3，$Na_3PO_4 \cdot 12H_2O$；其它：Nessler 试剂，淀粉试液，钼酸铵试剂，红色石蕊试纸，蛋白溶液。

四、实验内容

1. NH_4^+ 的鉴定

(1) 气室法检出　取几滴铵盐溶液置于一表面皿中心；另一表面皿中心贴附有一小条湿

润的 pH 试纸，然后在铵盐溶液中滴加 $6mol \cdot dm^{-3}$ NaOH 溶液至呈碱性，将贴有 pH 试纸的表面皿盖在铵盐的表面皿上形成“气室”。将气室置于水浴上微热，观察 pH 试纸颜色的变化。

（2）取几滴铵盐溶液，加入 2 滴 $2mol \cdot dm^{-3}$ NaOH 溶液，然后再加入 2 滴 Nessler 试剂，观察红棕色沉淀的生成。

2. 硝酸和硝酸盐的性质

（1）取少量硫粉放入试管，加 $1cm^3$ HNO_3（浓），煮沸片刻（在通风橱内进行），冷却后取少量溶液，用 $BaCl_2$（$0.5mol \cdot dm^{-3}$）检查有无 SO_4^{2-} 存在？写出反应方程式。

（2）在 2 支试管中分别放入少量锌粉和铜屑，各加 5 滴 HNO_3（浓）（在通风橱内进行），观察现象，试验后迅速倒掉溶液以回收铜。写出反应方程式。

（3）在 2 支试管中分别放入少量锌粉和铜屑，各加入 $1cm^3$ HNO_3（$2.0mol \cdot dm^{-3}$）溶液，如不反应可微热，用“气室”法证明有锌粉的试管中存在 NH_4^+。如锌粉未全部反应，可取清液检验，检验时应加过量 NaOH 溶液。

3. 亚硝酸和亚硝酸盐的性质

（1）在试管中加 10 滴 $NaNO_2$（$2.0mol \cdot dm^{-3}$）溶液（在通风橱内进行），若室温较高，应将试管放在冷水中冷却，然后滴加 H_2SO_4（$6.0mol \cdot dm^{-3}$）溶液，观察液相和气相中的颜色，解释现象。

（2）在 $0.5cm^3$ $NaNO_2$（$0.1mol \cdot dm^{-3}$）溶液中加 1 滴 KI（$0.02mol \cdot dm^{-3}$）溶液，有无变化？加 H_2SO_4（$0.1mol \cdot dm^{-3}$）溶液酸化，再加淀粉试液，有何变化？写出离子反应方程式。

（3）取 $0.5cm^3$ $NaNO_2$（$0.1mol \cdot dm^{-3}$）溶液，加 1 滴 $KMnO_4$（$0.01mol \cdot dm^{-3}$）溶液，用 H_2SO_4 酸化，比较酸化前后溶液的颜色。写出离子反应方程式。

4. NO_3^- 和 NO_2^- 的鉴定

（1）取 5 滴 KNO_3 溶液（$0.1mol \cdot dm^{-3}$），加少量 $FeSO_4 \cdot 7H_2O(s)$，振荡溶解后，斜持试管，沿管壁滴加 20～25 滴 H_2SO_4（浓），静置片刻，观察两种液体接界面处的棕色环。

（2）取 1 滴 $NaNO_2$（$0.1mol \cdot dm^{-3}$）溶液稀释至 $1cm^3$，加少量 $FeSO_4 \cdot 7H_2O(s)$ 振荡溶解，用 HAc（$2.0mol \cdot dm^{-3}$）溶液代替 H_2SO_4，重复上述实验。

（3）以 $NaNO_2$（$0.1mol \cdot dm^{-3}$）溶液代替 KNO_3 溶液，用鉴定 NO_3^- 的方法鉴定 NO_2^-，并验证能否用鉴定 NO_2^- 的方法来鉴定 NO_3^-，由此可以得到什么结论？

（4）取 KNO_3（$0.1mol \cdot dm^{-3}$）溶液和 $NaNO_2$（$0.1mol \cdot dm^{-3}$）溶液各 1 滴，加 10 滴去离子水，再加少量尿素以消除 NO_2^- 对检验 NO_3^- 的干扰（最好酸化一下），按步骤（1）进行棕色环试验。

5. 磷酸盐的性质

（1）分别检验正磷酸盐、焦磷酸盐、偏磷酸盐水溶液的 pH 值。

（2）在 3 支试管中各加入 10 滴 $CaCl_2$（$0.1mol \cdot dm^{-3}$）溶液，然后分别加入等量的 Na_3PO_4、Na_2HPO_4 和 NaH_2PO_4 溶液，观察各试管中是否有沉淀生成？

（3）取 1 滴 $CaCl_2$（$0.1mol \cdot dm^{-3}$）溶液，滴加 Na_2CO_3（$0.1mol \cdot dm^{-3}$）溶液至产生沉淀，再滴加 $Na_5P_3O_{10}$（$0.1mol \cdot dm^{-3}$）溶液至沉淀溶解。写出有关离子反应方程式。

6. PO_4^{3-}、$P_2O_7^{4-}$、PO_3^- 的鉴定

（1）取 5 滴 Na_3PO_4（0.1mol·dm^{-3}）溶液，加 10 滴 HNO_3（浓），再加 20 滴钼酸铵试剂，在水浴上微热到 40～45℃，观察黄色沉淀的产生。

（2）分别向 0.1mol·dm^{-3} Na_2HPO_4、0.1mol·dm^{-3} $Na_4P_2O_7$、0.1mol·dm^{-3} $NaPO_3$ 水溶液中滴加 0.1mol·dm^{-3} $AgNO_3$ 溶液，各有什么现象发生？生成的沉淀溶于 2mol·dm^{-3} HNO_3 吗？

（3）以 2mol·dm^{-3} HAc 溶液酸化偏磷酸盐溶液、焦磷酸盐溶液后，分别加入蛋白溶液，各有什么现象发生？

把以上实验结果填入表 4-1，并说明 PO_4^{3-}、$P_2O_7^{4-}$、PO_3^- 的鉴别方法。

表 4-1　磷的含氧酸盐的性质

项　目	PO_4^{3-}	$P_2O_7^{4-}$	PO_3^-
滴加 $AgNO_3$			
沉淀在 2mol·dm^{-3} HNO_3 中			
HAc 酸化后加入蛋白溶液			

7. 三种白色晶体的鉴别

有三种白色晶体，第一种可能是 $NaNO_2$ 或 $NaNO_3$，第二种可能是 $NaNO_3$ 或 NH_4NO_3，第三种可能是 $NaNO_3$ 或 Na_3PO_4。分别取少量固体加水溶解，利用有关离子鉴定知识加以鉴别。

五、思考题

1. 用 Nessler 试剂鉴定 NH_4^+ 时，为什么加 NaOH 使 NH_3 逸出？能否将试剂直接加入含 NH_4^+ 的溶液中进行鉴定？

2. 浓硝酸与金属或非金属反应时，主要的还原产物是什么？

3. 如果用 Na_2SO_3 代替 KI 来证明 $NaNO_2$ 具有氧化性，应该怎样进行实验？

实验十八　砷、锑及铋元素性质

一、目的要求

1. 掌握砷、锑和铋的氢氧化物的酸碱性及其盐类的水解性和氧化还原性。

2. 了解砷、锑和铋的硫化物及其硫代酸盐的性质。

3. 学会 AsO_3^{3-}、AsO_4^{3-}、Sb^{3+} 和 Bi^{3+} 等离子的鉴定方法。

二、基本原理

参看教科书有关部分内容。

1. 砷(Ⅲ)、锑(Ⅲ)、铋(Ⅲ) 的还原性

在一定条件下它们都具有还原性，如：

$$H_3AsO_3 + I_2 + H_2O \longrightarrow H_3AsO_4 + 2H^+ + 2I^-$$

该反应的进行在 pH 值为 5～9 的范围内为宜，pH<4 反应不完全；当 pH>9 时，I_2 将歧化为 I^- 和 IO_3^-。如果溶液的酸性较强，应选择强氧化剂，如：

$$5H_3AsO_3 + 2MnO_4^- + 6H^+ \longrightarrow 2Mn^{2+} + 5H_3AsO_4 + 3H_2O$$

pH 值升高时，电对还原能力增强，如：

$$Sb(OH)_3+H_2O_2+NaOH = Na[Sb(OH)_6](s)$$

$$Sb(OH)_4^-+2[Ag(NH_3)_2]^++2OH^- = Sb(OH)_6^-+4NH_3+2Ag(s)$$

因为 $Bi(OH)_3$ 的还原性很弱，必须在碱性条件下采用强氧化剂才能被氧化为 BiO_3^-：

$$Bi(OH)_3+Cl_2+3OH^-+Na^+ = NaBiO_3+2Cl^-+3H_2O$$

2. 砷(Ⅴ)、锑(Ⅴ) 和铋(Ⅴ) 的氧化性

$NaBiO_3$ 是强氧化剂之一，不仅能氧化 I^- 和 Cl^-，还能将 Mn^{2+} 氧化为 MnO_4^-。

3. 砷(Ⅲ)、锑(Ⅲ)、铋(Ⅲ) 的硫化物的性质（见表 4-2）

表 4-2　As_2S_3、Sb_2S_3 和 Bi_2S_3 的性质

硫化物	颜色	HCl ($6mol\cdot dm^{-3}$)	NaOH ($2.0mol\cdot dm^{-3}$)	Na_2S ($0.5mol\cdot dm^{-3}$)	Na_2S_x ($0.1mol\cdot dm^{-3}$)
As_2S_3	黄	不溶	溶	溶	溶
Sb_2S_3	橙	加热溶	溶	溶	溶
Bi_2S_3	黑	溶	不溶	不溶	不溶

有关反应方程式：

$$3As_2S_3+28HNO_3+4H_2O \xlongequal{\triangle} 6H_3AsO_4+28NO+9H_2SO_4$$

$$Sb_2S_3+12HCl \xlongequal{\triangle} 2H_3[SbCl_6]+3H_2S$$

$$Bi_2S_3+6HCl = 2BiCl_3+3H_2S$$

$$As_2S_3+6NaOH = Na_3AsO_3+Na_3AsS_3+3H_2O$$

$$As_2S_3+3Na_2S = 2Na_3AsS_3$$

$$As_2S_3+3Na_2S_2 = 2Na_3AsS_4+S$$

4. 硫代酸盐的性质

硫代酸盐只能存在于中性或碱性介质中，加酸便分解为相应的硫化物，例如：

$$2SbS_3^{3-}+6H^+ = Sb_2S_3(s)+3H_2S$$

5. AsO_3^{3-}、AsO_4^{3-}、Sb^{3+} 和 Bi^{3+} 的鉴定

AsO_3^{3-} 和 AsO_4^{3-} 分别与 Ag^+ 反应，依次生成 Ag_3AsO_3（黄色）和 Ag_3AsO_4（棕红色）沉淀。Sb^{3+} 在锡片上可以还原为金属锑，使锡片呈黑色。Bi^{3+} 在碱性溶液中可被亚锡酸钠还原为黑色的金属铋：

$$2Bi^{3+}+3SnO_2^{2-}+6OH^- = 2Bi(s)+3SnO_3^{2-}+3H_2O$$

三、仪器与药品

1. 仪器　离心机，点滴板，镊子。

2. 药品　酸：HCl（$2.0mol\cdot dm^{-3}$，$6.0mol\cdot dm^{-3}$，浓），HNO_3（$6.0mol\cdot dm^{-3}$），H_2SO_4（$2.0mol\cdot dm^{-3}$）；碱：NaOH（$2.0mol\cdot dm^{-3}$，$6.0mol\cdot dm^{-3}$），$NH_3\cdot H_2O$（$2.0mol\cdot dm^{-3}$）；盐：$SbCl_3$（$0.1mol\cdot dm^{-3}$，$0.5mol\cdot dm^{-3}$），$BiCl_3$（$0.1mol\cdot dm^{-3}$），$Bi(NO_3)_3$（$0.5mol\cdot dm^{-3}$），$KMnO_4$（$0.01mol\cdot dm^{-3}$），Na_3AsO_3（$0.1mol\cdot dm^{-3}$），Na_3AsO_4（$0.1mol\cdot dm^{-3}$，$0.5mol\cdot dm^{-3}$），KI（$0.1mol\cdot dm^{-3}$），$AgNO_3$（$0.1mol\cdot dm^{-3}$），$MnSO_4$（$0.1mol\cdot dm^{-3}$），Na_2S（$0.5mol\cdot dm^{-3}$），Na_2S_x（$0.1mol\cdot dm^{-3}$），$SnCl_2$（$0.1mol\cdot dm^{-3}$）；固体：As_2O_3，$NaBiO_3$，锡片；其它：碘水，氯水，H_2O_2（3%），淀粉-KI 试纸。

四、实验内容

1. 砷、锑、铋的氧化物和氢氧化物的酸碱性

（1）在 3 支试管中各加入少量 As_2O_3(s)，再分别加入 HCl 溶液（$2.0mol \cdot dm^{-3}$）、HCl（浓）和 NaOH 溶液（$2.0mol \cdot dm^{-3}$），固体是否溶解？

（2）在 2 支试管中各加 5 滴 $SbCl_3$ 溶液（$0.1mol \cdot dm^{-3}$），再加 NaOH 溶液（$2.0mol \cdot dm^{-3}$）至沉淀生成，然后分别加入 NaOH 溶液（$2.0mol \cdot dm^{-3}$）和 HCl 溶液（$2.0mol \cdot dm^{-3}$），观察现象。写出有关离子反应方程式。

（3）在 2 支试管中各加 5 滴 $BiCl_3$ 溶液（$0.1mol \cdot dm^{-3}$），再加 NaOH 溶液（$2.0mol \cdot dm^{-3}$）至沉淀生成，然后分别加入 HCl 溶液（$2.0mol \cdot dm^{-1}$）、NaOH 溶液（$2.0mol \cdot dm^{-3}$），沉淀是否溶解？

通过上述实验能得出什么结论？

2. Sb(Ⅲ）和 Bi(Ⅲ）的水解性

（1）取少量 $SbCl_3$ 溶液（$0.1mol \cdot dm^{-3}$），加水至有沉淀生成，加 HCl 溶液（$6.0mol \cdot dm^{-3}$），沉淀是否溶解，再加水有何变化？解释现象。

（2）以 $BiCl_3$ 溶液（$0.1mol \cdot dm^{-3}$）或 $Bi(NO_3)_3$ 溶液（$0.1mol \cdot dm^{-3}$）代替 $SbCl_3$ 溶液，重复上述试验。写出反应方程式。

3. 砷(Ⅲ)、锑(Ⅲ)、铋(Ⅲ）的还原性

（1）在盛有 $1cm^3$ 碘水的试管中滴加预先调到近中性的 Na_3AsO_3 溶液（$0.1mol \cdot dm^{-3}$），观察溶液颜色变化。用浓 HCl 酸化后有何变化？写出离子反应方程式。

（2）取 $2cm^3$ Na_3AsO_3 溶液（$0.1mol \cdot dm^{-3}$），加 2 滴 H_2SO_4（$2.0mol \cdot dm^{-3}$），再加 2～3 滴 $KMnO_4$（$0.01mol \cdot dm^{-3}$），观察颜色变化。写出反应方程式。

（3）在 1 支试管中加 $0.5cm^3$ $SbCl_3$ 溶液（$0.1mol \cdot dm^{-3}$），滴加 NaOH 溶液（$2.0mol \cdot dm^{-3}$）至生成的沉淀溶解，在另一支试管中加 $1cm^3$ $AgNO_3$（$0.1mol \cdot dm^{-3}$），滴加 $NH_3 \cdot H_2O$ 溶液（$2.0mol \cdot dm^{-3}$）至生成的沉淀溶解。将两份溶液混合，并加热，观察单质银的生成。写出有关离子反应方程式。

（4）取 5 滴 $SbCl_3$ 溶液（$0.5mol \cdot dm^{-3}$），滴加 NaOH 溶液（$6.0mol \cdot dm^{-3}$）至沉淀生成后溶解，再加 10 滴 H_2O_2（3%），观察新生成的沉淀。写出反应方程式。

（5）在试管中加 10 滴 $Bi(NO_3)_3$ 溶液（$0.5mol \cdot dm^{-3}$），滴加 NaOH 溶液（$6.0mol \cdot dm^{-3}$）至沉淀生成，再过量数滴，再滴加氯水使白色沉淀变成黄色沉淀，离心分离，弃去清液，用去离子水洗涤沉淀 2～3 次，加入 HCl（浓）数滴，用淀粉-KI 试纸检查生成的气体。写出有关反应方程式。

4. 砷(Ⅴ）和铋(Ⅴ）的氧化性

（1）取 $0.5cm^3$ KI 溶液（$0.1mol \cdot dm^{-3}$）和 $1.0cm^3$ HCl（浓），滴加 Na_3AsO_4 溶液（$0.1mol \cdot dm^{-3}$），观察颜色变化。写出离子反应方程式。

（2）取 1 滴 $MnSO_4$ 溶液（$0.1mol \cdot dm^{-3}$）和 $1cm^3$ HNO_3（$6.0mol \cdot dm^{-3}$），加少量固体 $NaBiO_3$，微热，观察溶液颜色。写出离子反应方程式。

5. 砷(Ⅲ)、锑(Ⅲ)、铋(Ⅲ）的硫化物

（1）在 4 支离心试管中各加 1 滴 $BiCl_3$ 溶液（$0.1mol \cdot dm^{-3}$）和 2 滴 Na_2S 溶液（$0.5mol \cdot dm^{-3}$），观察沉淀颜色，离心分离再分别加入下列溶液：HCl（$6.0mol \cdot dm^{-3}$），NaOH（$6.0mol \cdot dm^{-3}$），Na_2S（$0.5mol \cdot dm^{-3}$）和 Na_2S_x（$0.1mol \cdot dm^{-3}$），观察沉淀

是否溶解，解释这些现象。写出有关离子反应方程式。

(2) 以 $SbCl_3$ 溶液（$0.1mol \cdot dm^{-3}$）代替 $BiCl_3$ 溶液重复上述实验。在加 Na_2S 的试管中再加 HCl 溶液（$2.0mol \cdot dm^{-3}$），观察有何变化。

(3) 取 Na_3AsO_3 溶液（$0.1mol \cdot dm^{-3}$）和 HCl（浓）各 $1cm^3$，加 Na_2S 溶液至生成大量沉淀，离心分离，弃去清液。将沉淀分为两份，分别加 NaOH 溶液（$2.0mol \cdot dm^{-3}$）和 Na_2S（$0.5mol \cdot dm^{-3}$），沉淀是否溶解？写出有关离子反应方程式。

6. AsO_3^{3-}、AsO_4^{3-}、Sb^{3+} 和 Bi^{3+} 的鉴定

(1) 在两支试管中分别加入 2 滴预先调到近中性的 Na_3AsO_3 溶液（$0.1mol \cdot dm^{-3}$）和 Na_3AsO_4 溶液（$0.1mol \cdot dm^{-3}$），再各加 2 滴 $AgNO_3$ 溶液（$0.1mol \cdot dm^{-3}$），观察沉淀颜色。

(2) 将一小块光亮的锡片放在点滴板上，加 1 滴 $SbCl_3$ 溶液（$0.1mol \cdot dm^{-3}$），观察锡片表面颜色的变化。

(3) 自己配制 Na_2SnO_2 溶液，加入 $BiCl_3$ 溶液（$0.1mol \cdot dm^{-3}$），观察沉淀颜色。

写出上述离子鉴定的反应方程式。

7. Sb^{3+} 和 Bi^{3+} 的分离与鉴定

取 $SbCl_3$ 溶液（$0.1mol \cdot dm^{-3}$）和 $BiCl_3$ 溶液（$0.1mol \cdot dm^{-3}$）各 5 滴，混合后设法加以分离和鉴定。写出有关反应方程式。

五、思考题

1. $Bi(NO_3)_3$ 溶液用水稀释会出现什么现象？再加 HNO_3 溶液又会怎样？

2. 在本实验中，溶液的酸碱性影响氧化还原反应方向的实例有哪些？

3. 砷、锑和铋的硫化物的酸碱性与氢氧化物的酸碱性有何异同？

4. 分离 Sb^{3+} 和 Bi^{3+} 可以采用哪些方法？

实验十九　氧与硫元素性质

一、目的要求

1. 掌握过氧化氢的主要性质。

2. 了解硫化氢和亚硫酸的性质。

3. 了解硫代硫酸盐和过二硫酸盐的性质。

4. 学会 H_2O_2、S^{2-}、SO_3^{2-} 和 $S_2O_3^{2-}$ 的鉴定方法。

二、基本原理

参看教科书有关部分内容。

1. SO_2 溶于水生成不稳定的亚硫酸，它是二元中强酸。H_2SO_3 及其盐常用作还原剂，但遇强还原剂时也起氧化作用。SO_2 或 H_2SO_3 可与某些有机物发生加成反应，生成无色加成物，所以它们具有漂白性。加成物受热往往容易分解。

2. 亚硫酸盐与硫作用生成不稳定的硫代硫酸盐，硫代硫酸盐遇酸容易分解，如：

$$Na_2SO_3 + S \xlongequal{\triangle} Na_2S_2O_3$$

$$S_2O_3^{2-} + 2H^+ \xlongequal{} SO_2 + S\downarrow + H_2O$$

$Na_2S_2O_3$ 常作还原剂，能将 I_2 还原为 I^-，本身被氧化为连四硫酸钠：

$$2S_2O_3^{2-}+I_2 \longrightarrow S_4O_6^{2-}+2I^-$$

这一反应在分析化学上用于碘量法容量分析。另外，$S_2O_3^{2-}$ 能与某些金属离子形成配合物。

3. $K_2S_2O_8$ 或 $(NH_4)_2S_2O_8$ 是过二硫酸的重要盐类。它们与 H_2O_2 相似，含有过氧键，也是强氧化剂，能将 I^-、Mn^{2+} 和 Cr^{3+} 等氧化成相应的高氧化态化合物，例如：

$$2Mn^{2+}+5S_2O_8^{2-}+8H_2O \longrightarrow 2MnO_4^-+10SO_4^{2-}+16H^+$$

有 $AgNO_3$ 存在时，该反应将迅速进行（银的催化作用）。

4. H_2O_2、S^{2-}、SO_3^{2-} 和 $S_2O_3^{2-}$ 的鉴定

(1) 在含 $Cr_2O_7^{2-}$ 的溶液中加入 H_2O_2 和乙醚，有蓝色的过氧化物 CrO_5 生成，该化合物不稳定，放置或摇动时便分解。利用这一性质可以鉴定 H_2O_2、Cr(Ⅲ) 和 Cr(Ⅵ)，主要反应是：

$$Cr_2O_7^{2-}+4H_2O_2+2H^+ \longrightarrow 2CrO_5+5H_2O$$

(2) S^{2-} 能与稀酸反应生成 H_2S 气体，借助 $Pb(Ac)_2$ 试纸进行鉴定。另外，在弱碱性条件下，S^{2-} 与 $Na_2[Fe(CN)_5NO]$［亚硝酰五氰合铁(Ⅱ)酸钠］反应生成紫红色配合物：

$$S^{2-}+[Fe(CN)_5NO]^{2-} \longrightarrow [Fe(CN)_5NOS]^{4-}$$

(3) SO_3^{2-} 与 $Na_2[Fe(CN)_5NO]$ 反应生成红色配合物，加入饱和 $ZnSO_4$ 溶液和 $K_4[Fe(CN)_6]$ 溶液，会使红色明显加深。

(4) $S_2O_3^{2-}$ 与 Ag^+ 反应生成不稳定的白色沉淀 $Ag_2S_2O_3$，在转化为黑色的 Ag_2S 沉淀过程中，沉淀的颜色由白→黄→棕→黑，这是 $S_2O_3^{2-}$ 的特征反应。

应当指出，当溶液中同时存在 S^{2-}、SO_3^{2-} 和 $S_2O_3^{2-}$ 需要逐个加以鉴定时，必须先加 $PbCO_3$ 固体，生成 PbS 以消除 S^{2-} 的干扰，再离心分离，取其清液分别鉴定 SO_3^{2-} 和 $S_2O_3^{2-}$。

三、仪器与药品

1. 仪器　离心机，点滴板。

2. 药品　酸：H_2SO_4 ($1.0mol \cdot dm^{-3}$)，HNO_3（浓），HCl ($2.0mol \cdot dm^{-3}$，$6.0mol \cdot dm^{-3}$，浓)，HAc ($2.0mol \cdot dm^{-3}$)；盐：KI ($0.1mol \cdot dm^{-3}$)，$Pb(NO_3)_2$ ($0.1mol \cdot dm^{-3}$)，$KMnO_4$ ($0.01mol \cdot dm^{-3}$)，$K_2Cr_2O_7$ ($0.1mol \cdot dm^{-3}$)，$FeCl_3$ ($0.1mol \cdot dm^{-3}$)，NaCl ($0.1mol \cdot dm^{-3}$)，$ZnSO_4$ ($0.1mol \cdot dm^{-3}$，饱和)，$CdSO_4$ ($0.1mol \cdot dm^{-3}$)，$CuSO_4$ ($0.1mol \cdot dm^{-3}$)，$Hg(NO_3)_2$ ($0.1mol \cdot dm^{-3}$)，Na_2S ($0.1mol \cdot dm^{-3}$)，$Na_2[Fe(CN)_5NO]$ (1.0%)，$K_4[Fe(CN)_6]$ ($0.1mol \cdot dm^{-3}$)，$Na_2S_2O_3$ ($0.1mol \cdot dm^{-3}$)，Na_2SO_3 ($0.1mol \cdot dm^{-3}$)，$AgNO_3$ ($0.1mol \cdot dm^{-3}$)，KBr ($0.1mol \cdot dm^{-3}$)，$(NH_4)_2S_2O_8$ ($0.2mol \cdot dm^{-3}$)，$BaCl_2$ ($1.0mol \cdot dm^{-3}$)，$MnSO_4$ ($0.002mol \cdot dm^{-3}$)；固体：MnO_2，$K_2S_2O_8$，硫粉；其它：CCl_4，戊醇，SO_2 溶液（饱和），H_2S 溶液（饱和），H_2O_2 溶液（3%），碘水 ($0.01mol \cdot dm^{-3}$，饱和)，淀粉试液，品红溶液，氯水溶液（饱和），$Pb(Ac)_2$ 试纸，石蕊试纸。

四、实验内容

1. 过氧化氢的性质

(1) 在试管中加入 $0.5cm^3$ KI 溶液 ($0.1mol \cdot dm^{-3}$)，酸化后加 5 滴 H_2O_2 溶液 (3%) 和 10 滴 CCl_4，充分振荡，比较溶液颜色。写出离子反应方程式。

(2) 在试管中加 $1cm^3$ $Pb(NO_3)_2$ 溶液 ($0.5mol \cdot dm^{-3}$)，再加 H_2S 溶液（饱和）至沉

淀生成，离心分离，弃去清液；水洗沉淀后加入 H_2O_2 溶液（3%），观察沉淀颜色的变化。写出离子反应方程式。

（3）取 0.5cm³ $KMnO_4$ 溶液（0.01mol·dm⁻³），酸化后滴加 H_2O_2 溶液（3%），观察现象。写出离子反应方程式。

（4）在试管中加入 1cm³ H_2O_2 溶液（3%）和少量 MnO_2(s)，观察反应情况，并在管口附近用火柴余烬检验逸出的气体。

（5）取 H_2O_2 溶液（3%）和戊醇各 10 滴，加 5 滴 H_2SO_4（1.0mol·dm⁻³）和 1 滴 $K_2Cr_2O_7$ 溶液（0.1mol·dm⁻³），摇荡试管，观察现象。

2. 硫化氢和硫化物的性质

（1）取 1cm³ H_2S 溶液（饱和），滴加 $KMnO_4$ 溶液（0.01mol·dm⁻³）后酸化，观察有何变化。写出反应方程式。

（2）试验 $FeCl_3$ 溶液（0.1mol·dm⁻³）与 H_2S 溶液（饱和）的反应，根据现象写出反应方程式。

（3）在 5 支试管中分别加入下列溶液（0.1mol·dm⁻³）各 5 滴：NaCl、$ZnSO_4$、$CdSO_4$、$CuSO_4$ 和 $Hg(NO_3)_2$，然后各加 1cm³ H_2S 溶液（饱和），观察是否都有沉淀析出，记录各种沉淀的颜色。离心分离，弃去清液，在沉淀中分别加入数滴 HCl 溶液（2.0mol·dm⁻³），看沉淀是否溶解，将不溶解的沉淀离心分离出来，用少量去离子水洗涤沉淀 1～2 次，加数滴 HNO_3（浓）并微热，看沉淀是否溶解，如不溶解，再加数滴 HCl（浓），使 HNO_3 与 HCl 的体积比约为 1∶3，并微热使沉淀全部溶解。

（4）根据实验结果，比较上述金属硫化物的溶解性，并记住它们的颜色。

（5）在点滴板上加 1 滴 Na_2S 溶液（0.1mol·dm⁻³），再加 1 滴 $Na_2[Fe(CN)_5NO]$ 溶液（1.0%），出现紫红色表示有 S^{2-}。

（6）在试管中加数滴 Na_2S 溶液（0.1mol·dm⁻³）和 HCl 溶液（6.0mol·dm⁻³），微热之，在管口用湿润的 $Pb(Ac)_2$ 试纸检查逸出的气体。

3. 多硫化物的生成和性质

在试管中加 Na_2S 溶液（0.1mol·dm⁻³）和少量硫粉，较长时间加热，观察溶液颜色的变化。吸取清液于另一支试管中，加 HCl 溶液（6.0mol·dm⁻³），用湿润的 $Pb(Ac)_2$ 试纸检查逸出的气体。写出有关反应方程式。

4. 亚硫酸的性质

（1）用蓝色石蕊试纸检查 SO_2 溶液（饱和）逸出的气体。

（2）取 5 滴饱和碘水，滴加淀粉试液，再加数滴 SO_2 溶液（饱和）。

（3）在 5 滴 H_2S 溶液（饱和）中滴加 SO_2 溶液（饱和）。

（4）取 1cm³ 品红溶液，滴加 SO_2 溶液（饱和），摇荡后静置片刻，观察溶液颜色的变化，微热后又有何变化？

（5）记录以上实验现象，总结 H_2SO_3 的化学性质。

（6）在点滴板上加 $ZnSO_4$ 溶液（饱和）和 $K_4[Fe(CN)_6]$ 溶液（0.1mol·dm⁻³）各 1 滴，再加 1 滴 $Na_2[Fe(CN)_5NO]$ 溶液（1.0%），最后加 1 滴含 SO_3^{2-} 的溶液，用玻璃棒搅动，出现红色表示有 SO_3^{2-}。

5. 硫代硫酸及其盐的性质

（1）在试管中加入 $Na_2S_2O_3$ 溶液（0.1mol·dm⁻³）和 HCl 溶液（2.0mol·dm⁻³）数

滴，摇荡片刻观察现象，用湿润的蓝色石蕊试纸检验逸出的气体。

(2) 取5滴碘水 ($0.01mol \cdot dm^{-3}$)，加1滴淀粉试液，逐滴加入 $Na_2S_2O_3$ 溶液 ($0.1mol \cdot dm^{-3}$)，观察颜色变化。

(3) 取5滴饱和氯水，滴加 $Na_2S_2O_3$ 溶液 ($0.1mol \cdot dm^{-3}$)，用 $BaCl_2$ 溶液 ($1.0mol \cdot dm^{-3}$) 检查是否有 SO_4^{2-} 存在。

(4) 在试管中加 $AgNO_3$ 溶液 ($0.1mol \cdot dm^{-3}$) 和 KBr 溶液 ($0.1mol \cdot dm^{-3}$) 各2滴，观察沉淀颜色，然后加 $Na_2S_2O_3$ 溶液 ($0.1mol \cdot dm^{-3}$) 使沉淀溶解。

记录以上实验现象，写出有关反应方程式。

(5) 在点滴板上加2滴 $Na_2S_2O_3$ 溶液 ($0.1mol \cdot dm^{-3}$)，再加 $AgNO_3$ 溶液 ($0.1mol \cdot dm^{-3}$) 至产生白色沉淀，利用沉淀物分解时颜色的变化，确认 $S_2O_3^{2-}$ 的存在。

6. 过硫酸盐的氧化性

(1) 在试管中加 $0.5cm^3$ KI 溶液 ($0.1mol \cdot dm^{-3}$) 和10滴 H_2SO_4 溶液 ($1.0mol \cdot dm^{-3}$)，再加数滴 $(NH_4)_2S_2O_8$ 溶液 ($0.2mol \cdot dm^{-3}$) 和淀粉溶液，观察颜色变化。写出反应方程式。

(2) 将 H_2SO_4 溶液 ($1.0mol \cdot dm^{-3}$) 和去离子水各 $5cm^3$ 与2～3滴 $MnSO_4$ 溶液 ($0.002mol \cdot dm^{-3}$) 均匀混合后分成两份。一份加少量 $K_2S_2O_8$ 固体，另一份加1滴 $AgNO_3$ 溶液 ($0.1mol \cdot dm^{-3}$) 和少量 $K_2S_2O_8$ 固体，同时在水浴上加热片刻，观察溶液颜色的变化有何不同。写出反应方程式。

五、思考题

1. 长期放置的 H_2S、Na_2S 和 Na_2SO_3 溶液会发生什么变化？为什么？

2. 在鉴定 $S_2O_3^{2-}$ 时，如果 $Na_2S_2O_3$ 比 $AgNO_3$ 的量多，将会出现什么情况，为什么？

3. 如何区别：①Na_2SO_3 和 Na_2SO_4；②Na_2SO_3 和 $Na_2S_2O_3$；③$K_2S_2O_8$ 和 K_2SO_4？

实验二十　铬与锰元素性质

一、目的要求

1. 了解铬和锰的各种常见化合物的生成和性质。

2. 掌握铬和锰各种氧化态之间的转化条件。

3. 了解铬和锰化合物的氧化还原性及介质对氧化还原产物的影响。

二、基本原理

参考教科书有关部分内容。

1. 铬

在酸性条件下，用锌还原 Cr^{3+} 或 $Cr_2O_7^{2-}$ 均可得到天蓝色的 Cr^{2+}：

$$2Cr^{3+} + Zn = 2Cr^{2+} + Zn^{2+}$$

$$Cr_2O_7^{2-} + 4Zn + 14H^+ = 2Cr^{2+} + 4Zn^{2+} + 7H_2O$$

灰绿色的 $Cr(OH)_3$ 呈两性：

$$Cr(OH)_3 + 3H^+ = Cr^{3+} + 3H_2O$$

$$Cr(OH)_3 + OH^- = [Cr(OH)_4]^- \text{(亮绿色)}$$

向含有 Cr^{3+} 的溶液中加 Na_2S 并不生成 Cr_2S_3，因为 Cr_2S_3 在水中完全水解：

$$2Cr^{3+} + 3S^{2-} + 6H_2O = 2Cr(OH)_3 + 3H_2S$$

在碱性溶液中，$Cr(OH)_4^-$ 具有较强的还原性，可被 H_2O_2 氧化为 CrO_4^{2-}：

$$2[Cr(OH)_4]^- + 3H_2O_2 + 2OH^- = 2CrO_4^{2-} + 8H_2O$$

但在酸性溶液中，Cr^{3+} 的还原性较弱，只有像 $K_2S_2O_8$ 或 $KMnO_4$ 等强氧化剂能将 Cr^{3+} 氧化为 $Cr_2O_7^{2-}$，例如：

$$2Cr^{3+} + 3S_2O_8^{2-} + 7H_2O \xlongequal{\triangle} Cr_2O_7^{2-} + 6SO_4^{2-} + 14H^+$$

在酸性溶液中，$Cr_2O_7^{2-}$ 是强氧化剂，例如：

$$K_2Cr_2O_7 + 14HCl(浓) \xlongequal{\triangle} 2CrCl_3 + 3Cl_2 + 7H_2O + 2KCl$$

重铬酸盐的溶解度较铬酸盐的溶解度大，因此，向重铬酸盐溶液中加 Ag^+、Pb^{2+}、Ba^{2+} 等离子时，通常生成铬酸盐沉淀，例如：

$$Cr_2O_7^{2-} + 4Ag^+ + H_2O = 2Ag_2CrO_4(砖红色) + 2H^+$$

$$Cr_2O_7^{2-} + 2Ba^{2+} + H_2O = 2BaCrO_4(黄色) + 2H^+$$

在酸性溶液中，$Cr_2O_7^{2-}$ 与 H_2O_2 能生成深蓝色的加合物 CrO_5，但它不稳定，会很快分为 Cr^{3+} 和 O_2。若被萃取于乙醚或戊醇中则稳定得多。主要反应：

$$2H^+ + Cr_2O_7^{2-} + 4H_2O_2 = 2CrO(O_2)_2(深蓝) + 5H_2O$$

$$CrO(O_2)_2 + (C_2H_5)_2O = CrO(O_2)_2(C_2H_5)_2O(深蓝)$$

$$4CrO(O_2)_2 + 12H^+ = 4Cr^{3+} + 7O_2 + 6H_2O$$

此反应用来鉴定 Cr(Ⅵ) 或 Cr(Ⅲ)。

2. 锰

$Mn(OH)_2$ 易被氧化：

$$Mn^{2+} + 2OH^- = Mn(OH)_2(s) \quad 白色$$

$$2Mn(OH)_2 + O_2 = 2MnO(OH)_2(s) \quad 棕色$$

在中性或近中性溶液中，MnO_4^- 与 Mn^{2+} 反应：

$$2MnO_4^- + 3Mn^{2+} + 2H_2O = 5MnO_2(s) + 4H^+$$

在酸性介质中，MnO_2 是较强的氧化剂，本身还原为 Mn^{2+}：

$$2MnO_2 + 2H_2SO_4(浓) \xlongequal{\triangle} 2MnSO_4 + O_2 + 2H_2O$$

$$MnO_2 + 4HCl(浓) \xlongequal{\triangle} MnCl_2 + Cl_2 + 2H_2O$$

后一反应用于实验室中制取少量氯气。

在强碱性条件下，强氧化剂 MnO_2 能把 MnO_4^- 氧化成绿色的 MnO_4^{2-}：

$$2MnO_4^- + MnO_2 + 4OH^- = 3MnO_4^{2-} + 2H_2O$$

MnO_4^{2-} 只有在强碱性（$pH>13.5$）溶液中才能稳定存在，在中性或酸性介质中，MnO_4^{2-} 发生歧化反应：

$$3MnO_4^{2-} + 4H^+ = 2MnO_4^- + MnO_2 + 2H_2O$$

在有 HNO_3 存在下，Mn^{2+} 可被 $NaBiO_3$ 或 PbO_2 氧化成 MnO_4^-，例如：

$$5NaBiO_3 + 2Mn^{2+} + 14H^+ = 2MnO_4^- + 5Bi^{3+} + 5Na^+ + 7H_2O$$

此反应用来鉴定 Mn^{2+}。

三、仪器与药品

1. 仪器　离心机。

2. 药品　酸：HNO_3（6.0mol·dm^{-3}，浓），H_2SO_4（2.0mol·dm^{-3}，浓），HCl（2.0mol·dm^{-3}，6.0mol·dm^{-3}，浓），H_2S溶液；碱：NaOH（2.0mol·dm^{-3}，6.0mol·dm^{-3}，浓），$NH_3·H_2O$（2.0mol·dm^{-3}）；盐：$Pb(NO_3)_2$（0.1mol·dm^{-3}），$AgNO_3$（0.1mol·dm^{-3}），$MnSO_4$（0.1mol·dm^{-3}，0.5mol·dm^{-3}），$Cr_2(SO_4)_3$（0.1mol·dm^{-3}），Na_2SO_3（0.5mol·dm^{-3}），Na_2S（0.1mol·dm^{-3}），$CrCl_3$（0.1mol·dm^{-3}），K_2CrO_4（0.1mol·dm^{-3}），$K_2Cr_2O_7$（0.1mol·dm^{-3}），$KMnO_4$（0.01mol·dm^{-3}）；固体：锌粉，$K_2S_2O_8$，MnO_2，$NaBiO_3$，$K_2Cr_2O_7$；其它：戊醇（或乙醚），H_2O_2（3%），淀粉-KI试纸，$Pb(Ac)_2$试纸，Cr^{3+}、Mn^{2+}混合液。

四、实验内容

1. 铬化合物的性质

（1）Cr^{2+}的生成　在1cm^3 $CrCl_3$溶液（0.1mol·dm^{-3}）中加入1cm^3 HCl（6.0mol·dm^{-3}），再加少量锌粉，微热到有大量气体逸出，观察溶液的颜色，由暗绿变为天蓝色。放置，观察溶液颜色又有何变化？写出反应方程式。

（2）氢氧化铬的生成和酸碱性　用$CrCl_3$和NaOH溶液（2.0mol·dm^{-3}）反应生成$Cr(OH)_3$，检验它的酸碱性。

（3）Cr(Ⅲ)的还原性

① 在$CrCl_3$溶液（0.1mol·dm^{-3}）中加入过量NaOH溶液（2.0mol·dm^{-3}），使呈亮绿色，再加入H_2O_2溶液（3%），微热，观察溶液颜色的变化。写出反应方程式。

② 在$Cr_2(SO_4)_3$溶液（0.1mol·dm^{-3}）中加$K_2S_2O_8$(s)，用2.0mol·dm^{-3} H_2SO_4酸化，加1～2滴$AgNO_3$做催化剂，加热，观察溶液颜色的变化。写出反应方程式。

（4）Cr^{3+}在Na_2S溶液中完全水解　在$Cr_2(SO_4)_3$溶液（0.1mol·dm^{-3}）中加Na_2S溶液（0.1mol·dm^{-3}）有何现象？（可微热）怎样证明有H_2S逸出？写出反应方程式。

（5）CrO_4^{2-}与$Cr_2O_7^{2-}$的相互转化

① 在K_2CrO_4溶液（0.1mol·dm^{-3}）中逐滴加入H_2SO_4溶液（2.0mol·dm^{-3}），然后再逐滴加入NaOH溶液（2.0mol·dm^{-3}），观察溶液颜色的变化。

② 在两支试管中分别加入几滴K_2CrO_4溶液（0.1mol·dm^{-3}）和$K_2Cr_2O_7$溶液（0.1mol·dm^{-3}），然后分别滴入$Pb(NO_3)_2$溶液（0.1mol·dm^{-3}），离心分离，用去离子水洗涤沉淀两次，并比较两试管中生成沉淀的颜色。解释现象，写出反应方程式。

③ 用$AgNO_3$溶液（0.1mol·dm^{-3}）代替$Pb(NO_3)_2$溶液，重复（5）②试验。

（6）Cr(Ⅵ)的氧化性　在$K_2Cr_2O_7$溶液（0.1mol·dm^{-3}）中滴加H_2S溶液至饱和，有何现象？写出反应方程式。

（7）Cr^{3+}的鉴定　取5滴含有Cr^{3+}的溶液，加入过量的NaOH溶液（6.0mol·dm^{-3}），使溶液呈亮绿色。然后滴加H_2O_2溶液（3%），微热到溶液呈黄色，待试管冷却后，再补加几滴H_2O_2和0.5cm^3戊醇（或乙醚），慢慢滴入HNO_3溶液（浓），摇荡试管，戊醇层中出现深蓝色，表示有Cr^{3+}存在。写出各步反应方程式。

2. 锰化合物的性质

（1）$Mn(OH)_2$的生成和性质　在3支试管中加入0.5cm^3 $MnSO_4$溶液（0.1mol·dm^{-3}），再分别加除氧后的NaOH溶液（2.0mol·dm^{-3}）到有白色沉淀生成，在两支试管中迅速检查$Mn(OH)_2$的酸碱性，另一支试管在空气中振荡，观察沉淀颜色的变化。解释现象，写出反应方程式。

(2) MnS 的生成和性质　在 $MnSO_4$ 溶液 (0.1mol·dm^{-3}) 中滴加 H_2S 溶液 (饱和)，有无沉淀生成？再向试管中加 $NH_3·H_2O$ 溶液 (2.0mol·dm^{-3})，摇荡试管，有无沉淀生成？

(3) MnO_2 的生成和性质　将 $KMnO_4$ 溶液 (0.01mol·dm^{-3}) 和 $MnSO_4$ 溶液 (0.5mol·dm^{-3}) 混合后，是否有 MnO_2 沉淀生成？

(4) MnO_4^{2-} 的生成和性质　在 1cm^3 $KMnO_4$ 溶液 (0.01mol·dm^{-3}) 中加入 1cm^3 NaOH 溶液 (40%)，再加入少量 MnO_2(s)，加热，搅动，沉降片刻，观察上层清液的颜色。

(5) 溶液酸碱性对 MnO_4^- 还原产物的影响　在 3 支试管中分别加入 5 滴 $KMnO_4$ 溶液 (0.01mol·dm^{-3})，再分别加入 5 滴 H_2SO_4 溶液 (2.0mol·dm^{-3})、NaOH 溶液 (6.0mol·dm^{-3}) 和 H_2O，然后加入几滴 Na_2SO_3 溶液 (0.5mol·dm^{-3})，观察各试管中发生的变化。写出有关反应方程式。

(6) Mn^{2+} 的鉴定　取 2 滴 $MnSO_4$ 溶液 (0.1mol·dm^{-3}) 和数滴 HNO_3 溶液 (6.0mol·dm^{-3})，加少量 $NaBiO_3$(s)，摇荡试管，静置沉降，上层清液呈紫红色，表示有 Mn^{2+} 存在。

(7) Mn^{2+} 和 Cr^{3+} 的分离与鉴定　某溶液中含有 Mn^{2+} 和 Cr^{3+}，试分离和鉴定之，并写出分离步骤和有关反应方程式。

五、思考题

1. 如何用实验来确定 $Cr(OH)_3$ 和 $Mn(OH)_2$ 的酸碱性？$Mn(OH)_2$ 在空气中为什么会变色？

2. 怎样实现 $Cr^{3+} \rightarrow [Cr(OH)_4]^- \rightarrow CrO_4^{2-} \rightarrow Cr_2O_7^{2-} \rightarrow CrO_5 \rightarrow Cr^{3+}$ 的转化？怎样实现 $Mn^{2+} \rightarrow MnO_2 \rightarrow MnO_4^{2-} \rightarrow MnO_4^- \rightarrow Mn^{2+}$ 的转化？各用反应方程式表示之。

3. 如何鉴定 Cr^{3+} 或 Mn^{2+} 的存在？

4. 在含 Cr^{3+} 的溶液中加 Na_2S 为什么得不到 Cr_2S_3？在含 Mn^{2+} 的溶液中通入 H_2S，能否得到 MnS 沉淀？怎样才能得到 MnS 沉淀？

5. 怎样存放 $KMnO_4$ 溶液？为什么？

实验二十一　铁、钴及镍元素性质

一、目的要求

1. 了解 Fe(Ⅱ)、Fe(Ⅲ)、Co(Ⅱ)、Co(Ⅲ)、Ni(Ⅱ) 和 Ni(Ⅲ) 的氢氧化物和硫化物的生成与性质。

2. 了解 Fe^{2+} 的还原性和 Fe^{3+} 的氧化性。

3. 了解 Fe(Ⅱ)、Fe(Ⅲ)、Co(Ⅱ)、Co(Ⅲ)、Ni(Ⅱ) 和 Ni(Ⅲ) 的配合物的生成和性质。

4. 了解 Fe^{2+}、Fe^{3+}、Co^{2+} 和 Ni^{2+} 等离子的鉴定方法。

二、基本原理

参看教科书有关部分内容。

Fe(Ⅱ)、Co(Ⅱ)、Ni(Ⅱ) 的氢氧化物依次为白色、粉红色和苹果绿色。$Fe(OH)_2$ 具有很强的还原性，易被空气中的氧氧化：

$$4Fe(OH)_2+O_2+2H_2O = 4Fe(OH)_3 \quad 棕红色$$

在 $Fe(OH)_2$ 转变为 $Fe(OH)_3$ 的过程中，有中间产物 $Fe(OH)_2 \cdot 2Fe(OH)_3$（黑色）生成，可以看到颜色由白→土绿→黑→棕红的变化过程。因此，制备 $Fe(OH)_2$ 时必须将有关试剂煮沸除氧，即使这样做，有时白色的 $Fe(OH)_2$ 也难以看到。$CoCl_2$ 溶液与 OH^- 反应先生成碱式氯化钴沉淀，继续加 OH^- 时才生成 $Co(OH)_2$：

$$Co^{2+}+Cl^-+OH^- = Co(OH)Cl(s) \quad 蓝色$$

$$Co(OH)Cl+OH^- = Co(OH)_2(s)+Cl^-$$

$Co(OH)_2$ 也能被空气中的氧慢慢氧化：

$$4Co(OH)_2+O_2+2H_2O = 4Co(OH)_3(s) \quad 褐色$$

$Ni(OH)_2$ 在空气中稳定。$Fe(OH)_2$、$Co(OH)_2$ 和 $Ni(OH)_2$ 均显碱性。

$Fe(OH)_3$、$Co(OH)_3$、$Ni(OH)_3$ 也都显碱性，颜色依次为棕色、褐色、黑色。$Fe(OH)_3$ 与酸反应生成 Fe(Ⅲ) 盐，$Co(OH)_3$ 和 $Ni(OH)_3$ 因为有较强的氧化性，与盐酸反应时得不到相应的盐，而生成 Co(Ⅱ)、Ni(Ⅱ) 盐，并放出氯气，例如：

$$2Co(OH)_3+6HCl(浓) \xlongequal{\triangle} 2CoCl_2+Cl_2+6H_2O$$

$Co(OH)_3$ 和 $Ni(OH)_3$ 通常由 Co(Ⅱ)、Ni(Ⅱ) 盐在碱性条件下由强氧化剂（如 Br_2、$NaClO$、Cl_2 等）氧化而得到，例如：

$$2Ni^{2+}+6OH^-+Br_2 = 2Ni(OH)_3(s)+2Br^-$$

Fe^{2+}、Co^{2+} 和 Ni^{2+} 等离子都有颜色，如 Fe^{2+} (aq) 呈浅绿色，Co^{2+}(aq) 呈粉红色，Ni^{2+}(aq) 呈绿色。Fe^{3+} 呈淡紫色（由于水解生成 $[Fe(H_2O)_5(OH)]^{2+}$ 而使溶液呈棕黄色。工业盐酸常显黄色是由于生成 $[FeCl_4]^-$ 的缘故）。

在稀酸中不能生成 FeS、CoS 和 NiS 沉淀，在非酸性条件下，CoS 和 NiS 生成沉淀后，由于结构改变而难溶于稀酸。

铁、钴、镍均能生成多种配合物。Fe^{2+} 和 Fe^{3+} 与氨水反应只生成 $Fe(OH)_2$ 和 $Fe(OH)_3$，而不生成氨合物。Co^{2+} 和 Ni^{2+} 与氨水反应则先生成碱式盐沉淀，而后溶于过量氨水，形成氨合物，例如：

$$CoCl_2+NH_3 \cdot H_2O = Co(OH)Cl+NH_4Cl$$

$$Co(OH)Cl+5NH_3+NH_4^+ = [Co(NH_3)_6]^{2+}(土黄色)+Cl^-+H_2O$$

$[Co(NH_3)_6]^{2+}$ 不稳定，易被空气氧化为 $[Co(NH_3)_6]^{3+}$：

$$4[Co(NH_3)_6]^{2+}+O_2+2H_2O = 4[Co(NH_3)_6]^{3+}(棕红色)+4OH^-$$

$$2NiSO_4+2NH_3 \cdot H_2O = Ni_2(OH)_2SO_4(s,浅绿色)+(NH_4)_2SO_4$$

$$Ni_2(OH)_2SO_4+10NH_3+2NH_4^+ = 2[Ni(NH_3)_6]^{2+}(蓝色)+SO_4^{2-}+2H_2O$$

$[Ni(NH_3)_6]^{2+}$ 在空气中是稳定的，只有用强氧化剂才能使之变为 $[Ni(NH_3)_6]^{3+}$。

$K_4[Fe(CN)_6] \cdot 3H_2O(s)$ 为黄色，俗名黄血盐。$K_3[Fe(CN)_6]$ (s) 为深红色，俗名赤血盐（水溶液呈土黄色）。它们分别与 Fe^{3+} 或 Fe^{2+} 形成蓝色沉淀。

Fe^{3+} 与 SCN^- 形成血红色的配合物：

$$Fe^{3+}+nSCN^- = [Fe(SCN)_n]^{3-n} \quad (n=1\sim6 \text{ 均为红色})$$

此反应很灵敏，常用来检验 Fe^{3+} 的存在。该反应必须在酸性溶液中进行，否则会因为

Fe^{3+}的水解而得不到 $[Fe(SCN)_n]^{3-n}$。Co^{2+}与 SCN^- 反应生成 $[Co(SCN)_4]^{2-}$（蓝色），它在水溶液中不稳定，在丙酮或戊醇等有机溶剂中较为稳定。此反应用来鉴定 Co^{2+} 的存在。Ni^{2+} 与 SCN^- 也能形成配合物：

$$Ni^{2+} + 4SCN^- = [Ni(SCN)_4]^{2-}$$

Ni^{2+} 与丁二酮肟（又叫二乙酰二肟，或简称丁二肟）反应得到玫瑰红色的内配盐。此反应需在弱碱条件下进行，酸度过大不利于内配盐的生成；碱度过大则生成 $Ni(OH)_2$ 沉淀，适宜条件是 pH＝5～10。

$$Ni^{2+} + 2DMG = Ni(DMG)_2(s) + 2H^+$$

此反应十分灵敏，常用来鉴定 Ni^{2+} 的存在。

Fe^{3+}、Co^{3+} 与 F^- 形成六配位的配合物。Co^{2+}、Fe^{3+} 与 Cl^- 仅形成不稳定的四配位的配合物。

三、仪器与药品

1. 仪器　离心机。

2. 药品　酸：HCl（2.0mol·dm^{-3}，浓），H_2SO_4（2.0mol·dm^{-3}），H_2S（饱和）；碱：NaOH（2.0mol·dm^{-3}），$NH_3 \cdot H_2O$（2.0mol·dm^{-3}，6.0mol·dm^{-3}）；盐：$Fe(NO_3)_3$（0.1mol·dm^{-3}），NH_4Cl（1.0mol·dm^{-3}），$FeCl_3$（0.1mol·dm^{-3}，1.0mol·dm^{-3}），$CoCl_2$（0.1mol·dm^{-3}，0.5mol·dm^{-3}），$FeSO_4$（0.1mol·dm^{-3}），$NiSO_4$（0.1mol·dm^{-3}，0.5mol·dm^{-3}），KI（0.02mol·dm^{-3}），$KMnO_4$（0.01mol·dm^{-3}），$CrCl_3$（0.1mol·dm^{-3}），NaF（1.0mol·dm^{-3}），KSCN（0.1mol·dm^{-3}），$K_4[Fe(CN)_6]$（0.1mol·dm^{-3}），$K_3[Fe(CN)_6]$（0.1mol·dm^{-3}）；固体：$(NH_4)_2Fe(SO_4)_2 \cdot 6H_2O$，KSCN，Cu；其它：$H_2O_2$（3%），溴水，碘水，丁二酮肟，丙酮，淀粉溶液，淀粉-KI 试纸。

四、实验内容

1. 铁、钴、镍的氢氧化物的生成和性质

(1) $Fe(OH)_2$ 的生成和性质　取 A、B 2 支试管，A 管中加入 2cm^3 去离子水和几滴 H_2SO_4 溶液（2.0mol·dm^{-3}），煮沸，以驱除溶解的氧，然后加少量 $(NH_4)_2Fe(SO_4)_2 \cdot 6H_2O(s)$ 使之溶解；在 B 管中加入 1cm^3 NaOH 溶液（2.0mol·dm^{-3}），煮沸驱氧，冷却后用一长滴管吸取该溶液，迅速将滴管插入 A 管溶液底部，挤出 NaOH 溶液，观察产物的颜色和状态。摇荡后分装于 3 支试管中，其一放在空气中静置，另两个试管分别加 HCl 溶液（2.0mol·dm^{-3}）和 NaOH 溶液（2.0mol·dm^{-3}），观察现象。写出有关反应方程式。

(2) $Co(OH)_2$ 的生成和性质　在 A、B、C 3 支试管中各加入 5 滴 $CoCl_2$ 溶液（0.5mol·dm^{-3}），再逐滴加入 NaOH 溶液（2.0mol·dm^{-3}），边加边搅拌，观察沉淀颜色的变化。将 A、B 试管离心分离，弃去清液，A 管中加 HCl 溶液（2.0mol·dm^{-3}），B 管中加 NaOH 溶液（2.0mol·dm^{-3}），C 管在空气中静置。观察现象，写出有关反应方程式。

(3) 用 $NiSO_4$ 溶液（0.5mol·dm^{-3}）代替 $CoCl_2$ 溶液重复实验（2）。

通过以上三个实验归纳出 Fe(Ⅱ)、Co(Ⅱ)、Ni(Ⅱ) 的氢氧化物的酸碱性和它们的还原性强弱的顺序。

(4) $Fe(OH)_3$ 的生成和性质　取几滴 $FeCl_3$ 溶液（0.1mol·dm^{-3}），滴加 NaOH 溶液（2.0mol·dm^{-3}），观察沉淀的颜色和状态，检查它的酸碱性。

(5) $Co(OH)_3$ 的生成和性质　取几滴 $CoCl_2$ 溶液（0.5mol·dm^{-3}），加几滴溴水，然

后加入 NaOH 溶液（2.0mol·dm^{-3}），摇荡试管，观察沉淀的颜色和状态。离心分离，弃去清液，在沉淀中加入浓 HCl，并用淀粉-KI 试纸检查逸出的气体。写出有关反应方程式。

（6）$Ni(OH)_3$ 的生成和性质　用 $NiSO_4$ 溶液（0.5mol·dm^{-3}）代替 $CoCl_2$ 溶液重复实验（5）。

通过实验（4）、（5）、（6），你能得出什么结论？

2. 铁盐的性质

（1）Fe^{2+} 的还原性

① 取几滴 $KMnO_4$ 溶液（0.01mol·dm^{-3}），酸化后滴加 $FeSO_4$ 溶液（0.1mol·dm^{-3}）有何变化？再加入 2 滴 $K_4[Fe(CN)_6]$ 溶液（0.1mol·dm^{-3}），又有何变化？写出反应方程式。

② 取 0.5cm^3 $FeSO_4$ 溶液（0.1mol·dm^{-3}），酸化后加入 H_2O_2 溶液（3%），微热，观察溶液颜色的变化。再加 2 滴 KSCN 溶液（0.1mol·dm^{-3}），有何现象？写出反应方程式。

③ 在碘水中加 2 滴淀粉溶液，再逐滴加入 $FeSO_4$ 溶液（0.1mol·dm^{-3}），有无变化？

④ 在 5 滴碘水中加 2 滴淀粉溶液，再逐滴加入 $K_4[Fe(CN)_6]$ 溶液（0.1mol·dm^{-3}），有无变化？

（2）Fe^{3+} 的氧化性

① 在 $FeCl_3$ 溶液（0.1mol·dm^{-3}）中加 KI 溶液（0.02mol·dm^{-3}），再加 2 滴淀粉溶液，有何现象？用 $K_3[Fe(CN)_6]$ 溶液（0.1mol·dm^{-3}）代替 $FeCl_3$ 溶液重复这一实验。

② 在 $FeCl_3$ 溶液（0.1mol·dm^{-3}）中滴加 H_2S 溶液（饱和），有何现象？

③ 在 1cm^3 $FeCl_3$ 溶液（1.0mol·dm^{-3}）中浸入一小片擦干净的铜片，观察溶液颜色的变化。

3. Fe(Ⅱ)、Co(Ⅱ)、Ni(Ⅱ) 的硫化物的性质

在 3 支离心试管中分别加入 1cm^3 下列溶液：$FeSO_4$（0.1mol·dm^{-3}），$CoCl_2$（0.1mol·dm^{-3}）和 $NiSO_4$（0.1mol·dm^{-3}），酸化后滴加 H_2S 溶液（饱和），有无沉淀生成？再加入 $NH_3 \cdot H_2O$ 溶液（2.0mol·dm^{-3}），有何现象？离心分离，在各沉淀中滴加 HCl 溶液（2.0mol·dm^{-3}），观察沉淀的溶解。

4. 铁、钴、镍的配合物的生成和性质

（1）在 $K_4[Fe(CN)_6]$、$K_3[Fe(CN)_6]$ 溶液中，分别加入 NaOH，是否有 $Fe(OH)_2$、$Fe(OH)_3$ 沉淀生成？解释现象。

（2）在 0.5mol·dm^{-3} $CoCl_2$ 溶液中加入几滴 1mol·dm^{-3} NH_4Cl 溶液，逐滴加入过量的 6mol·dm^{-3}氨水，边加边搅拌，观察 $[Co(NH_3)_6]Cl_2$ 的颜色。静置片刻，观察颜色的变化，写出反应方程式，并加以解释。

（3）在 0.5mol·dm^{-3} $NiSO_4$ 溶液中逐滴加入少量 2mol·dm^{-3}氨水，观察 $Ni_2(OH)_2SO_4$ 沉淀的生成，然后加入几滴 1mol·dm^{-3} NH_4Cl 和几滴 6mol·dm^{-3} 氨水，观察碱式盐沉淀的溶解和溶液的颜色，写出反应方程式。比较 Co^{2+}、Ni^{2+} 氨合物在空气中的稳定性。

（4）取两滴 $FeCl_3$ 溶液（0.1mol·dm^{-3}），加入 1 滴 KSCN 溶液（0.1mol·dm^{-3}），有何现象？再滴加 NaF 溶液（1.0mol·dm^{-3}），有何变化？写出反应方程式。

（5）取 5 滴 $CoCl_2$ 溶液（0.1mol·dm^{-3}），加少量 KSCN(s)，再加入几滴丙酮，观察现象。

(6) 取2滴 $NiSO_4$ 溶液（0.1mol·dm^{-3}），加几滴 $NH_3 \cdot H_2O$ 溶液（2.0mol·dm^{-3}），再加2滴丁二酮肟，观察现象。

5. 混合离子的分离与鉴定

(1) Fe^{3+} 和 Co^{2+} 的混合溶液；

(2) Fe^{3+} 和 Ni^{2+} 的混合溶液；

(3) Fe^{3+}、Cr^{3+} 和 Co^{2+} 的混合溶液。

五、思考题

1. 制取 $Fe(OH)_2$ 时为什么要先将有关溶液煮沸？

2. 制取 $Co(OH)_3$、$Ni(OH)_3$ 时，为什么要以 Co(Ⅱ)、Ni(Ⅱ) 为原料在碱性溶液中进行氧化，而不用 Co(Ⅲ)、Ni(Ⅲ) 直接制取？

3. 在 $Co(OH)_3$ 沉淀中加入浓 HCl 后，有时溶液呈蓝色，加水稀释后又呈粉红色，为什么？

实验二十二　铜与银元素性质

一、目的要求

1. 了解铜、银的氢氧化物与氧化物的生成和性质。

2. 了解 Cu^{2+} 与 Cu^{+} 的相互转化条件及 Cu^{2+}、Ag^{+} 的氧化性。

3. 了解铜、银配合物的生成与性质。

4. 掌握混合离子的分离与鉴定方法。

二、实验原理

参看教科书有关部分内容。

Ag^{+} 与氨水反应生成银氨配离子 $[Ag(NH_3)_2]^{+}$；Ag^{+} 与 NaOH 反应只能得到棕褐色的 Ag_2O 沉淀，因为 AgOH 很不稳定，室温下就易脱水，如：

$$Ag^{+} + 2NH_3 = [Ag(NH_3)_2]^{+}$$

$$2Ag^{+} + 2OH^{-} = 2AgOH(s) \longrightarrow Ag_2O(s) + H_2O$$

在水溶液中，Cu^{2+} 具有不太强的氧化性，能氧化 I^{-}、SCN^{-} 等，例如：

$$2Cu^{2+} + 4I^{-} = 2CuI(s,\text{白色}) + I_2(s)$$

I^{-} 过量则会使 CuI 转化为 $[CuI_2]^{-}$。在弱酸性条件下，Cu^{2+} 与 $[Fe(CN)_6]^{4-}$ 反应生成棕红色的 $Cu_2[Fe(CN)_6]$：

$$2Cu^{2+} + [Fe(CN)_6]^{4-} = Cu_2[Fe(CN)_6](s)$$

此反应用来检验 Cu^{2+} 的存在。在加热的碱性溶液中，Cu^{2+} 能氧化醛或糖类，并有暗红色的 Cu_2O 生成：

$$2[Cu(OH)_4]^{2-} + \underset{(\text{葡萄糖})}{C_6H_{12}O_6} \xlongequal{\triangle} Cu_2O(s) + \underset{(\text{葡萄糖酸})}{C_6H_{12}O_7} + 2H_2O + 4OH^{-}$$

这一反应在有机化学上用来检验某些糖的存在。在浓 HCl 中，Cu^{2+} 能将 Cu 氧化成 Cu^{+}：

$$Cu^{2+} + Cu + 4HCl \xlongequal{\triangle} 2[CuCl_2]^{-}(\text{泥黄色}) + 4H^{+}$$

用水稀释后有白色的 CuCl 生成：

$$2[CuCl_2]^{-} = 2CuCl(s) + 2Cl^{-}$$

含有 $[Ag(NH_3)_2]^{+}$ 的溶液在煮沸时也能将醛类或某些糖类氧化，本身还原为 Ag：

$$2[Ag(NH_3)_2]^+ + C_6H_{12}O_6 + 3OH^- = C_6H_{11}O_7^- + 2Ag(s) + 4NH_3 + 2H_2O$$

工业上利用这类反应制造镜子或在暖水瓶的夹层上镀银。

Cu(Ⅰ) 的卤化物（Cl^-、Br^-、I^-）、氰化物、硫化物、硫氰化物均难溶于水，其溶解度按 Cl^-、Br^-、I^-、SCN^-、CN^-、S^{2-} 顺序减小。CuX 和 $[CuX_2]^-$ 在水溶液中较稳定（$X = Cl^-$、Br^-、I^-、SCN^-、CN^-）。

Cu^{2+}、Ag^+ 均能与 $NH_3 \cdot H_2O$ 形成氨合物。$CuSO_4$ 与适量氨水反应生成浅蓝色的碱式硫酸铜，氨水过量则生成深蓝色的 $[Cu(NH_3)_4]^{2+}$：

$$2Cu^{2+} + SO_4^{2-} + 2NH_3 \cdot H_2O = Cu_2(OH)_2SO_4 + 2NH_4^+$$

$$Cu_2(OH)_2SO_4 + 6NH_3 + 2NH_4^+ = 2[Cu(NH_3)_4]^{2+} + SO_4^{2-} + 2H_2O$$

$Cu(OH)_2$、AgOH、Ag_2O 都能溶于氨水形成配合物。在 CuCl 沉淀中加氨水，形成 $[Cu(NH_3)_4]^{2+}$，因为 $[Cu(NH_3)_2]^+$ 不稳定，易被氧化为 $[Cu(NH_3)_4]^{2+}$：

$$CuCl + 2NH_3 = [Cu(NH_3)_2]^+ + Cl^-$$

$$4[Cu(NH_3)_2]^+ + 8NH_3 + O_2 + 2H_2O = 4[Cu(NH_3)_4]^{2+} + 4OH^-$$

Cu^{2+} 与浓 HCl 作用生成黄绿色的 $[CuCl_4]^{2-}$，若用 Br^- 取代则生成紫红色的 $[CuBr_4]^{2-}$。Cu(Ⅱ) 的卤素配合物均不太稳定，卤离子可被氨所取代。Cu^{2+} 与 $P_2O_7^{4-}$ 可生成蓝白色的 $Cu_2P_2O_7$ 沉淀，$P_2O_7^{4-}$ 过量时生成蓝色的 $[Cu(P_2O_7)_2]^{6-}$，可用于焦磷酸盐镀铜。

三、仪器与药品

1. 仪器　烧杯（$100cm^3$），台秤。

2. 药品　酸：HNO_3（$2.0mol \cdot dm^{-3}$，浓），HCl（$2.0mol \cdot dm^{-3}$，浓），H_2SO_4（$2.0mol \cdot dm^{-3}$），HAc（$2.0mol \cdot dm^{-3}$），H_2S（饱和）；碱：NaOH（$2.0mol \cdot dm^{-3}$，$6.0mol \cdot dm^{-3}$），$NH_3 \cdot H_2O$（$2.0mol \cdot dm^{-3}$，$6.0mol \cdot dm^{-3}$）；盐：$Cu(NO_3)_2$（$0.1mol \cdot dm^{-3}$），$Fe(NO_3)_3$（$0.1mol \cdot dm^{-3}$），$Co(NO_3)_2$（$0.1mol \cdot dm^{-3}$），$Ni(NO_3)_2$（$0.1mol \cdot dm^{-3}$），$AgNO_3$（$0.1mol \cdot dm^{-3}$），NaCl（$0.1mol \cdot dm^{-3}$），$CuCl_2$（$0.1mol \cdot dm^{-3}$，$1.0mol \cdot dm^{-3}$），KBr（$0.1mol \cdot dm^{-3}$），KI（$0.1mol \cdot dm^{-3}$，饱和），$CuSO_4$（$0.1mol \cdot dm^{-3}$），$Na_2S_2O_3$（$0.1mol \cdot dm^{-3}$），$Na_4P_2O_7$（$0.1mol \cdot dm^{-3}$），KSCN（饱和），$K_4[Fe(CN)_6]$（$0.1mol \cdot dm^{-3}$），Na_2S（$0.1mol \cdot dm^{-3}$）；固体：KBr，Cu 粉；其它：10%葡萄糖溶液，淀粉溶液。

四、实验内容

1. 氢氧化铜、氧化铜的生成和性质

在 A、B、C 3 支离心试管中各加入 5 滴 $CuSO_4$ 溶液（$0.1mol \cdot dm^{-3}$）和 NaOH 溶液（$2.0mol \cdot dm^{-3}$）至有浅蓝色沉淀生成。A 管中加 H_2SO_4 溶液（$2.0mol \cdot dm^{-3}$）；B 管中加 NaOH 溶液（$6.0mol \cdot dm^{-3}$）至沉淀溶解，再加入葡萄糖溶液（10%）摇匀，加热至沸，有何物质生成？离心分离，弃去清液，沉淀洗涤后加 H_2SO_4 溶液（$2.0mol \cdot dm^{-3}$），看有无变化；C 管加热至固体变黑，冷却后加 H_2SO_4 溶液（$2.0mol \cdot dm^{-3}$）是否溶解？写出有关反应方程式。

2. 氢氧化银、氧化银的生成和性质

(1) 向 2 支离心试管中各加入 5 滴 $AgNO_3$ 溶液（$0.1mol \cdot dm^{-3}$）和几滴 NaOH 溶液（$2.0mol \cdot dm^{-3}$），至有沉淀生成，离心分离，弃去清液，分别加 HNO_3 溶液（$2.0mol \cdot dm^{-3}$）与 $NH_3 \cdot H_2O$ 溶液（$2.0mol \cdot dm^{-3}$），观察现象。

(2) 在 1cm^3 $AgNO_3$ 溶液中滴加 $NH_3 \cdot H_2O$ 溶液（2.0mol·dm^{-3}），有无褐色沉淀生成？写出反应方程式。

3. Cu(Ⅱ) 配合物和硫化物的生成和性质

(1) $[Cu(NH_3)_4]SO_4$ 的生成和性质　在 0.1mol·dm^{-3} $CuSO_4$ 溶液中加入数滴 2mol·dm^{-3} $NH_3 \cdot H_2O$ 溶液，观察生成沉淀的颜色，继续加入 $NH_3 \cdot H_2O$ 直至沉淀刚好完全溶解为止，观察溶液的颜色。然后将所得溶液分成两份，一份逐滴加入 2mol·dm^{-3} H_2SO_4，另一份加热至沸。观察各有何变化，并加以解释。写出反应方程式。

(2) 取 1cm^3 $CuCl_2$ 溶液（0.1mol·dm^{-3}），滴加浓 HCl，观察溶液颜色的变化；加入一定量 KBr(s)，摇荡溶解，又有何变化？再加入过量的 $NH_3 \cdot H_2O$ 溶液（6.0mol·dm^{-3}）；最后加入 H_2S 溶液（饱和），有何沉淀生成？离心分离，向沉淀中滴加浓 HNO_3，加热，沉淀是否溶解？写出有关反应方程式。

(3) 在 1cm^3 $CuSO_4$ 溶液（0.1mol·dm^{-3}）中逐滴加入 $Na_4P_2O_7$ 溶液（0.1mol·dm^{-3}）至生成的沉淀又溶解，记录现象，写出反应方程式。

4. 卤化银和银的配合物的生成和性质

在 A、B、C 3 支离心试管中分别加入 5 滴下列溶液：NaCl（0.1mol·dm^{-3}）、KBr（0.1mol·dm^{-3}）、KI（0.1mol·dm^{-3}），再各加入 5 滴 $AgNO_3$ 溶液（0.1mol·dm^{-3}），离心分离，弃去清液，在 A 管中加入 $NH_3 \cdot H_2O$ 溶液（6.0mol·dm^{-3}），在 B 管中加入 $Na_2S_2O_3$ 溶液（0.1mol·dm^{-3}），在 C 管中加入 KI 溶液（饱和），振荡使其溶解，再加入 Na_2S 溶液（0.1mol·dm^{-3}），离心分离，弃去清液，在沉淀中加入浓 HNO_3，摇匀，加热。观察沉淀的溶解，写出反应方程式。

5. 银镜反应

在一支干净的试管中加入 1cm^3 $AgNO_3$ 溶液（0.1mol·dm^{-3}），滴加 $NH_3 \cdot H_2O$ 溶液（2.0mol·dm^{-3}）至生成的沉淀刚好溶解，加入 2cm^3 葡萄糖溶液（10%），将试管插入沸水浴中加热片刻，取出试管观察银镜的生成。然后倒掉溶液，加 HNO_3 溶液（2.0mol·dm^{-3}）使银溶解。

6. 卤化亚铜的生成和性质

(1) 用小烧杯取 2cm^3 $CuCl_2$ 溶液（1mol·dm^{-3}），加 4cm^3 浓 HCl 和少量铜粉，加热至沸，当溶液变为泥黄色，停止加热，取少量溶液滴入盛有去离子水的试管中，如有白色沉淀生成，则将余下的溶液迅速倒入盛有大量水的烧杯中，静置沉降，用倾析法分出溶液，将沉淀洗涤两次后分成两份，分别加入 $NH_3 \cdot H_2O$ 溶液（2.0mol·dm^{-3}）和 HCl（浓），观察现象，写出反应方程式。

(2) 向 5 滴 $CuSO_4$ 溶液（0.1mol·dm^{-3}）中滴加 KI 溶液（0.1mol·dm^{-3}）至有沉淀生成，离心分离，清液中加 2 滴淀粉溶液，有何现象？滴加 $Na_2S_2O_3$（0.1mol·dm^{-3}）溶液，又有何现象发生？将沉淀洗涤两次后分成两份，一份加 KI 溶液（饱和）至沉淀溶解，再加入大量水稀释有何现象？另一份加 KSCN 溶液（饱和）到沉淀溶解，再加水稀释有何现象？写出有关反应方程式。

7. Cu^{2+}、Ag^+ 的鉴定

(1) 取 2 滴 $CuSO_4$ 溶液（0.1mol·dm^{-3}），加 1 滴 HAc 溶液（2.0mol·dm^{-3}）和 2 滴 $K_4[Fe(CN)_6]$ 溶液（0.1mol·dm^{-3}），有棕红色沉淀生成，在沉淀中加 $NH_3 \cdot H_2O$ 溶液（6.0mol·dm^{-3}），沉淀溶解呈深蓝色，表示有 Cu^{2+} 存在。

(2) 在5滴$AgNO_3$溶液中加HCl溶液（2.0mol·dm^{-3}）至沉淀完全，离心分离，将沉淀洗涤两次，在沉淀中加$NH_3 \cdot H_2O$溶液（2.0mol·dm^{-3}）至沉淀溶解，再加2滴KI溶液，有黄色沉淀生成，表示有Ag^+存在。

8. 混合离子的分离与鉴定

(1) 3滴$Cu(NO_3)_2$溶液（0.1mol·dm^{-3}）和3滴$AgNO_3$溶液（0.1mol·dm^{-3}）混合。

(2) 下列溶液混合：$Cu(NO_3)_2$（0.1mol·dm^{-3}）、$AgNO_3$（0.1mol·dm^{-3}）、$Fe(NO_3)_3$（0.1mol·dm^{-3}），$Co(NO_3)_2$（0.1mol·dm^{-3}）。

五、思考题

1. Cu(Ⅰ)和Cu(Ⅱ)各自稳定存在和相互转化的条件是什么？

2. 向CuCl沉淀中加$NH_3 \cdot H_2O$溶液（2.0mol·dm ^{3}）时形成的是$[Cu(NH_3)_2]^+$的颜色吗？

3. 配制Ag^+、Cu^{2+}、Fe^{3+}、Co^{2+}的混合溶液时，为什么用硝酸盐，而不用氯化物或硫酸盐？

实验二十三　锌、镉及汞元素性质

一、目的要求

1. 掌握锌、镉、汞的氢氧化物与氧化物的生成和性质。

2. 掌握锌、镉、汞的氨合物与硫化物的生成和性质。

3. 学会Zn^{2+}、Cd^{2+}、Hg^{2+}混合离子的分离与鉴定方法。

二、基本原理

参看教科书有关部分内容。

锌的氧化物和氢氧化物均显两性，镉与汞的氧化物和氢氧化物则为碱性。$Hg(OH)_2$、$Hg_2(OH)_2$极易脱水而转变为黄色的HgO、黑色的Hg_2O，而Hg_2O仍不稳定，易歧化为HgO和Hg。HgO加热到573K时分解为Hg和O_2。部分反应式如下：

$$Hg^{2+} + 2OH^- = HgO(s) + H_2O$$

$$Hg_2^{2+} + 2OH^- = HgO(s) + Hg(黑) + H_2O$$

Zn^{2+}、Cd^{2+}与氨水反应生成白色的$Zn(OH)_2$和$Cd(OH)_2$沉淀，与过量氨水反应则形成氨合物，例如：

$$Zn^{2+} + 2NH_3 \cdot H_2O = Zn(OH)_2(s) + 2NH_4^+$$

$$Zn(OH)_2 + 2NH_4^+ + 2NH_3 = [Zn(NH_3)_4]^{2+} + 2H_2O$$

Hg^{2+}、Hg_2^{2+}与氨水反应首先生成难溶于水的白色氨基化物，在没有大量NH_4^+存在时，氨基化物与过量氨水不易形成氨配离子，例如：

$$2Hg(NO_3)_2 + 4NH_3 + H_2O = HgO \cdot HgNH_2NO_3(s) + 3NH_4NO_3$$

$$HgCl_2 + 2NH_3 = NH_2HgCl(s) + NH_4Cl$$

$$Hg_2Cl_2 + 2NH_3 = NH_2Hg_2Cl(s) + NH_4Cl$$

$$NH_2Hg_2Cl \longrightarrow NH_2HgCl(s) + Hg$$

在大量NH_4^+存在时，氨基化物可溶于氨水形成氨配离子：

$$NH_2HgCl + 2NH_3 + NH_4^+ = [Hg(NH_3)_4]^{2+} + Cl^-$$

$HgO \cdot HgNH_2NO_3 + NH_4^+ + 6NH_3 + H_2O = 2[Hg(NH_3)_4]^{2+} + NO_3^- + 2OH^-$

黄色的 CdS 难溶于稀盐酸，但能溶于浓盐酸。黑色的 HgS 变体加热到 659K，即转变为较稳定的红色变体。HgS 溶于王水。

$$3HgS + 12HCl + 2HNO_3 = 3H_2[HgCl_4] + 3S + 2NO + 4H_2O$$

在 Hg^{2+} 溶液中加入适量的 KI 溶液生成金红色 HgI_2 沉淀，$HgI_2(s)$ 溶于过量的 KI 溶液中生成无色的 $[HgI_4]^{2-}$：

$$Hg^{2+} + 2I^- = HgI_2(s)$$

$$HgI_2 + 2I^- = [HgI_4]^{2-}$$

Hg_2^{2+} 与 I^- 反应首先生成黄绿色的 Hg_2I_2，与过量 I^- 反应则发生歧化：

$$Hg_2^{2+} + 2I^- = Hg_2I_2(s)$$

$$Hg_2I_2 + 2I^- = [HgI_4]^{2-} + Hg$$

$K_2[HgI_4]$ 与 KOH 的混合溶液称为 Nessler 试剂，用于检查 NH_3 或 NH_4^+ 的存在。

Hg^{2+} 与过量的 KSCN 反应生成 $[Hg(SCN)_4]^{2-}$：

$$Hg^{2+} + 2SCN^- = Hg(SCN)_2 \quad (s,白色)$$

$$Hg(SCN)_2 + 2SCN^- = [Hg(SCN)_4]^{2-}$$

$[Hg(SCN)_4]^{2-}$ 与 Co^{2+} 反应生成蓝紫色的 $Co[Hg(SCN)_4]$，可用作鉴定 Co^{2+}。

酸性条件下 Hg^{2+} 具有较强的氧化性，能把 Cu、Zn、Fe 等氧化，与 $SnCl_2$ 反应生成 Hg_2Cl_2 白色沉淀，进一步生成黑色 Hg，这一反应用于 Hg^{2+} 或 Sn^{2+} 的鉴定。

实验室用下列反应制备 $Hg_2(NO_3)_2$ 溶液：

$$Hg(NO_3)_2 + Hg = Hg_2(NO_3)_2$$

碱性条件下，Zn^{2+} 与二苯硫腙形成粉红色的螯合物：

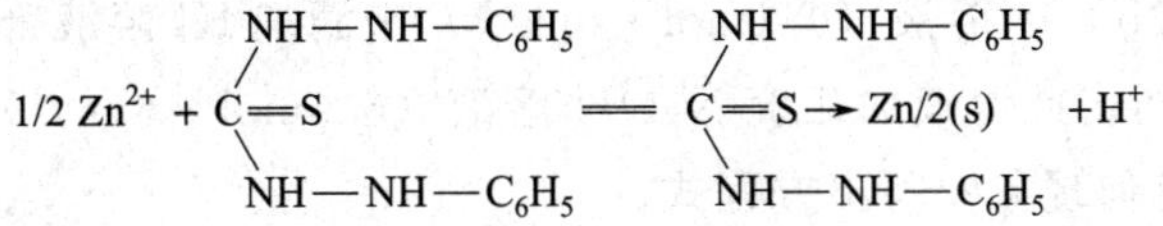

此反应用于鉴定 Zn^{2+}。

Cd^{2+} 与 H_2S 反应生成不溶于稀酸的 CdS 沉淀，用以鉴定 Cd^{2+} 的存在。

三、药品

酸：H_2SO_4（2.0mol·dm^{-3}），HCl（2.0mol·dm^{-3}，6.0mol·dm^{-3}，浓），HNO_3（2.0mol·dm^{-3}，浓），H_2S（饱和）；碱：NaOH（2.0mol·dm^{-3}，6.0mol·dm^{-3}，40%），$NH_3 \cdot H_2O$（2.0mol·dm^{-3}，6.0mol·dm^{-3}）；盐：$AgNO_3$（0.1mol·dm^{-3}），$Zn(NO_3)_2$（0.1mol·dm^{-3}），$Cd(NO_3)_2$（0.1mol·dm^{-3}），$Hg(NO_3)_2$（0.1mol·dm^{-3}），$Hg_2(NO_3)_2$（0.1mol·dm^{-3}），$HgCl_2$（0.1mol·dm^{-3}），NH_4Cl（1.0mol·dm^{-3}），$CoCl_2$（0.1mol·dm^{-3}），KI（0.1mol·dm^{-3}，2.0mol·dm^{-3}），$SnCl_2$（0.1mol·dm^{-3}），KSCN（1.0mol·dm^{-3}）；固体：锌粒，锌粉，铜丝；其它：二苯硫腙的 CCl_4 溶液，奈氏试剂，砂纸，滤纸条。

四、实验内容

1. 锌与酸和碱的反应

(1) 取少量锌粉与 HNO_3 溶液（2.0mol·dm^{-3}）反应，用奈氏试剂检查有无 NH_4^+ 生成。写出反应方程式。

(2) 取一颗锌粒与 HCl 溶液（$2.0mol \cdot dm^{-3}$）反应，观察放氢是否明显。用 1 根铜丝与锌粒接触时，氢在铜丝上还是在锌粒表面析出？

(3) 取少量锌粉与 NaOH 溶液（40%）反应，加热观察现象。写出反应方程式。

2. 锌、镉和汞的氢氧化物的生成和性质

(1) 用溶液 $Zn(NO_3)_2$（$0.1mol \cdot dm^{-3}$）、NaOH（$2.0mol \cdot dm^{-3}$）和 HNO_3（$2.0mol \cdot dm^{-3}$）试验 $Zn(OH)_2$ 的酸碱性。

(2) 分别用溶液 $Cd(NO_3)_2$（$0.1mol \cdot dm^{-3}$）、$Hg(NO_3)_2$（$0.1mol \cdot dm^{-3}$）、$Hg_2(NO_3)_2$（$0.1mol \cdot dm^{-3}$）代替 $Zn(NO_3)_2$ 溶液（$0.1mol \cdot dm^{-3}$）重复实验 2.(1)。

3. 锌、镉和汞的氨合物与硫化物的生成和性质

(1) 向几滴 $Zn(NO_3)_2$ 溶液中逐滴加入 $NH_3 \cdot H_2O$ 溶液（$6.0mol \cdot dm^{-3}$）至过量，观察沉淀的生成与溶解，再加几滴 H_2S 溶液（饱和），离心分离，在沉淀中加 HCl 溶液（$2.0mol \cdot dm^{-3}$），有何现象？

(2) 用 $Cd(NO_3)_2$ 溶液（$0.1mol \cdot dm^{-3}$）代替 $Zn(NO_3)_2$ 溶液重复实验 3.(1)，最后加 HCl 溶液（$6.0mol \cdot dm^{-3}$），观察现象。

(3) 取 1 滴 $HgCl_2$ 溶液（$0.1mol \cdot dm^{-3}$），滴加 $NH_3 \cdot H_2O$ 溶液（$6.0mol \cdot dm^{-3}$），有无沉淀？继续加氨水，沉淀是否溶解？再加 NH_4Cl 溶液（$1.0mol \cdot dm^{-3}$）并加热，使沉淀溶解，然后加 H_2S 溶液（饱和），观察 HgS 的颜色。离心分离，向沉淀中加入"王水"（自配），充分摇荡。写出反应方程式。

(4) 用 $Hg(NO_3)_2$ 溶液（$0.1mol \cdot dm^{-3}$）代替 $HgCl_2$ 重复实验 3.(3)。

(5) 用 $Hg_2(NO_3)_2$ 溶液（$0.1mol \cdot dm^{-3}$）代替 $Hg(NO_3)_2$ 溶液重复实验 3.(4)。

4. 汞盐的其它反应

(1) 向 2 滴 $Hg(NO_3)_2$ 溶液（$0.1mol \cdot dm^{-3}$）中滴加 KI 溶液（$0.1mol \cdot dm^{-3}$），至生成的沉淀又溶解，再向此溶液加几滴 NaOH 溶液（$6.0mol \cdot dm^{-3}$）和 1 滴 NH_4Cl 溶液（$1.0mol \cdot dm^{-3}$），有何现象？写出方程式。

(2) 取 1 滴 $Hg_2(NO_3)_2$ 溶液（$0.1mol \cdot dm^{-3}$）与 KI 溶液（$0.1mol \cdot dm^{-3}$）反应，有何现象？

(3) 用 KSCN 溶液（$1.0mol \cdot dm^{-3}$）与 $Hg(NO_3)_2$ 溶液（$0.1mol \cdot dm^{-3}$）反应，再加几滴 $CoCl_2$ 溶液（$0.1mol \cdot dm^{-3}$），用玻璃棒不断搅拌，摩擦试管壁，稍等片刻观察现象。

5. Zn^{2+}、Cd^{2+}、Hg^{2+} 的鉴定

(1) Zn^{2+} 的鉴定　取 2 滴 $Zn(NO_3)_2$ 溶液（$0.1mol \cdot dm^{-3}$），加 1 滴 NaOH 溶液（$2.0mol \cdot dm^{-3}$），再加 10 滴含二苯硫腙的 CCl_4 溶液，再加 10 滴水，摇荡，注意水层与 CCl_4 层颜色的变化。

(2) Cd^{2+} 的鉴定　取 2 滴 $Cd(NO_3)_2$ 溶液（$0.1mol \cdot dm^{-3}$），加 1 滴 HCl 溶液（$2.0mol \cdot dm^{-3}$）酸化，再加 H_2S 溶液（饱和），有黄色沉淀生成。

(3) Hg^{2+} 的鉴定　利用 $SnCl_2$ 与 $HgCl_2$ 的反应鉴定之。

五、思考题

1. Zn^{2+}、Cd^{2+}、Hg^{2+}、Hg_2^{2+} 与 NaOH 反应的产物有何不同？

2. Zn^{2+}、Cd^{2+}、Hg^{2+} 与氨水反应的产物是什么？

3. ZnS、CdS、HgS 的溶解性有何差异？

4. Hg^{2+}、Hg_2^{2+} 与 KI 反应的产物有何异同？

实验二十四　混合阳离子的分析

一、目的要求

1. 熟悉 Ag^+、Pb^{2+}、Hg^{2+}、Cu^{2+}、Bi^{3+}、Zn^{2+} 等常见阳离子的有关性质。

2. 掌握常见阳离子分离和检出的方法、步骤和条件。

二、仪器与试剂

1. 仪器　离心机，坩埚。

2. 试剂　$NaSn(OH)_3$（0.1mol·dm^{-3}），$NH_3·H_2O$（2mol·dm^{-3}），HCl（6mol·dm^{-3}），K_2CrO_4（1mol·dm^{-3}），$NH_3·H_2O$（6mol·dm^{-3}），HCl（浓），$K_4[Fe(CN)_6]$（0.1mol·dm^{-3}），$NH_3·H_2O$（浓），HNO_3（6mol·dm^{-3}），NH_4NO_3（1mol·dm^{-3}），NaOH（6mol·dm^{-3}），HNO_3（浓），NH_4Ac（3mol·dm^{-3}），HAc（6mol·dm^{-3}），$SnCl_2$（0.5mol·dm^{-3}），H_2SO_4（浓），$(NH_4)_2Hg(SCN)_4$（0.1mol·dm^{-3}），HAc（6mol·dm^{-3}），未知液，HCl（0.5mol·dm^{-3}），硫代乙酰胺溶液（5%），HCl（2mol·dm^{-3}）。

三、实验内容

取 Ag^+ 试液两滴和 Pb^{2+}、Hg^{2+}、Cu^{2+}、Bi^{3+}、Zn^{2+} 试液各 5 滴，加到离心管中，混合均匀后，按以下步骤进行分离和检出。

1. Ag^+、Pb^{2+} 的沉淀　在试液中加 1 滴 6mol·dm^{-3} HCl，剧烈搅拌。有沉淀生成时再滴加 HCl 溶液至沉淀完全，然后多加 1 滴，搅拌片刻，离心分离，把清液转移到另一支离心管中，按“4”处理。沉淀用 0.5mol·dm^{-3} HCl 洗涤，洗涤液并入上面的清液中。

2. Pb^{2+} 的检出和证实　向“1”的沉淀中加 1cm^3 蒸馏水，放在水浴中加热 2min，并不时搅拌，趁热离心分离，立即将清液转移到另一支试管中，沉淀按“3”处理。

往清液中加 5 滴 1mol·dm^{-3} K_2CrO_4 溶液，生成黄色沉淀，表示有 Pb^{2+}。把沉淀溶于 6mol·dm^{-3} NaOH 溶液中，然后用 6mol·dm^{-3} HAc 酸化，又会析出黄色沉淀，可以进一步确证有 Pb^{2+}。

3. Ag^+ 的检出　用 1cm^3 蒸馏水加热“2”的沉淀，离心分离，弃去清液。向沉淀中加入 2mol·dm^{-3} $NH_3·H_2O$，搅拌，如果溶液显浑浊，再进行离心分离，不溶物并入“4”中处理。在所得清液中加 6mol·dm^{-3} HNO_3 酸化，白色沉淀析出，表示有 Ag^+。

4. Pb^{2+}、Hg^{2+}、Cu^{2+}、Bi^{3+} 的沉淀　在“1”的清液中先滴加浓 $NH_3·H_2O$，中和大部分 HCl 后，再滴加 6mol·dm^{-3} $NH_3·H_2O$ 至显碱性，然后慢慢滴加 2mol·dm^{-3} HCl，至显近中性。再加入 2mol·dm^{-3} HCl（其体积为原溶液体积的 1/6），此时溶液的酸度约为 0.3mol·dm^{-3}。加入 5%硫代乙酰胺溶液 10～12 滴，放在水浴中加热 5min，并不时搅拌，再加 1cm^3 蒸馏水稀释，加热 3min，搅拌，冷却，离心分离，然后加 1 滴硫代乙酰胺检验沉淀是否完全。离心分离，清液中含有 Zn^{2+}，按“11”处理。沉淀用 1 滴 1mol·dm^{-3} NH_4NO_3 溶液和 10 滴蒸馏水洗涤两次，弃去洗涤液，沉淀按“5”处理。

5. Hg^{2+} 的分离　向“4”的沉淀中加 10 滴 6mol·dm^{-3} HNO_3，放入水浴中加热数分钟，搅拌使 PbS、CuS、Bi_2S_3 沉淀溶解后，溶液转移至坩埚中按“7”处理，不溶残渣用蒸馏水洗两次，第一次洗涤液合并到坩埚中，沉淀按“6”处理。

6. Hg^{2+}的检出　向“5”的残渣中加3滴浓HCl和1滴浓HNO_3，使沉淀溶解后，再加热几分钟使王水分解，以赶尽氧气（在通风橱中操作）。溶液用几滴蒸馏水稀释，然后逐滴加入0.5mol·dm^{-3} $SnCl_2$溶液，产生白色沉淀，并逐渐变黑，表示有Hg^{2+}。

7. Pb^{2+}的分离和检出　向“5”中的坩埚内加3滴浓H_2SO_4。放在石棉网上小火加热，直到冒出刺激性的白烟（SO_2）为止（在通风橱中操作，切勿将H_2SO_4蒸干）。冷却后，加10滴蒸馏水，用滴管将坩埚中的浑浊液吸入离心管中，放置后，析出白色沉淀，表示有Pb^{2+}。离心分离，把清液转移到另一支离心管中，按“9”处理。

8. Pb^{2+}的证实　向“7”的沉淀中加10滴3mol·dm^{-3} NH_4Ac溶液，加热搅拌，如果溶液浑浊，还要进行离心分离，把清液加到另一支试管中，再加1滴2mol·dm^{-3} HAc和2滴1mol·dm^{-3} K_2CrO_4溶液，产生黄色沉淀，证实有Pb^{2+}。

9. Bi^{3+}的分离和检出　在“7”的清液中加浓$NH_3·H_2O$至显碱性，并加入过量$NH_3·H_2O$（能嗅到氨味），产生白色沉淀，表示有Bi^{3+}。溶液为蓝色，表示有Cu^{2+}，离心分离，把清液转移到另一支试管中，按“10”处理。沉淀用蒸馏水洗两次，弃去洗涤液，向沉淀中加入少量新配制的$NaSn(OH)_3$溶液，立即变黑，表示有Bi^{3+}。

10. Cu^{2+}的检出　将“9”中的清液用6mol·dm^{-3} HAc酸化，再加2滴0.1mol·dm^{-3} $K_4[Fe(CN)_6]$溶液，产生红褐色沉淀，表示有Cu^{2+}。

11. Zn^{2+}的检出和证实　向“4”的溶液内加6mol·dm^{-3} $NH_3·H_2O$，调节pH为3～4，再加1滴硫代乙酰胺溶液，在水浴中加热，生成白色沉淀，表示有Zn^{2+}。

如果沉淀不显白色，可把它溶解在HCl溶液（2滴6mol·dm^{-3} HCl加8滴蒸馏水）中，然后把清液转移到坩埚中，加热赶掉H_2S，把清液加到试管中，加等体积的$(NH_4)_2Hg(SCN)_2$溶液，用玻璃棒摩擦管壁，生成白色沉淀，证实是Zn^{2+}。

四、思考题

1. 在生成和洗涤Ag^+、Pb^{2+}的氯化物沉淀时，为什么要用HCl溶液，如改用NaCl溶液或浓HCl行不行？为什么？

2. 在用硫代乙酰胺从离子混合试液中沉淀Pb^{2+}、Hg^{2+}、Cu^{2+}、Bi^{3+}等离子时，为什么要控制溶液的酸度为0.3mol·dm^{-3}？酸度太高或太低对分离有何影响？控制酸度为什么用HCl溶液，而不用HNO_3溶液？在沉淀过程中，为什么还要加水稀释溶液？

3. 洗涤CuS、HgS、Bi_2S_3、PbS沉淀时，为什么要加1滴NH_4NO_3溶液？如果沉淀没有洗净，还沾有Cl^-时，对HgS与其他硫化物的分离有何影响？

4. 当HgS溶于王水后，为什么要继续加热使剩余的王水分解？不分离干净有何影响？

5. 在分离检出Pb^{2+}时，如果坩埚内溶液被蒸干，对分离有何影响？

6. 用$K_4[Fe(CN)_6]$检出Cu^{2+}时，为什么要用HAc酸化溶液？

实验二十五　混合阴离子的分析

一、目的要求

1. 熟悉CO_3^{2-}、NO_2^-、NO_3^-、PO_4^{3-}、S^{2-}、SO_3^{2-}、SO_4^{2-}、$S_2O_3^{2-}$、Cl^-、Br^-、I^-等11种常见阴离子的有关性质。

2. 掌握常见阴离子分离和检出的方法、步骤、条件。

二、试剂

$KMnO_4$（0.02mol·dm^{-3}），$NH_3·H_2O$（6mol·dm^{-3}），碘-淀粉溶液，KI(1mol·dm^{-3})，H_2SO_4（2mol·dm^{-3}），pH 试纸，$BaCl_2$（0.5mol·dm^{-3}），HNO_3（6mol·dm^{-3}），$AgNO_3$（0.1mol·dm^{-3}），未知液，CCl_4。

三、实验内容

领取未知溶液一份，其中可能含有的阴离子是：CO_3^{2-}、NO_2^-、NO_3^-、PO_4^{3-}、S^{2-}、SO_3^{2-}、SO_4^{2-}、$S_2O_3^{2-}$、Cl^-、Br^-、I^-。按以下步骤检出未知溶液中的阴离子。

1. 阴离子的初步检验

(1) 溶液酸碱性的检验　用 pH 试纸测定未知液的酸碱性。如果溶液显强酸性，则不可能存在 CO_3^{2-}、NO_2^-、S^{2-}、SO_3^{2-}、$S_2O_3^{2-}$；如果有 PO_4^{3-}，也只能以 H_3PO_4而存在。

如果溶液显碱性，在试管中加几滴试液，加 2mol·dm^{-3} H_2SO_4酸化，轻敲管底，也可稍微加热，观察有无气泡生成。如有气泡产生，表示可能存在 CO_3^{2-}、NO_2^-、S^{2-}、SO_3^{2-}、$S_2O_3^{2-}$（若所含离子浓度不高时，不一定能观察到明显的气泡）。

(2) 钡组阴离子的检验　在试管中加 3 滴未知液，再加新配制的 6mol·dm^{-3}$NH_3·H_2O$ 使溶液显碱性。如果加 2 滴 0.5mol·dm^{-3} $BaCl_2$溶液后，有白色沉淀产生，可能存在 CO_3^{2-}、PO_4^{3-}、SO_3^{2-}、SO_4^{2-}、$S_2O_3^{2-}$（浓度大于 0.04mol·dm^{-3}时）；如果不产生沉淀，则这些离子不存在（$S_2O_3^{2-}$不能肯定）。

(3) 银组阴离子的检验　在试管中加 3 滴未知液和 5 滴蒸馏水，再滴加 0.1mol·dm^{-3} $AgNO_3$。如产生沉淀，继续滴加 $AgNO_3$至不再产生沉淀为止，然后加 8 滴 6mol·dm^{-3} HNO_3；如果沉淀不消失，表示 S^{2-}、$S_2O_3^{2-}$、Cl^-、Br^-、I^-可能存在，并可由沉淀的颜色进行初步判断：纯白色沉淀为 Cl^-；淡黄色为 Br^-、I^-；黑色为 S^{2-}。但黑色可能掩盖其他颜色的沉淀，沉淀由白变黄，再变橙，最后变黑为 $S_2O_3^{2-}$。如果没有沉淀生成，说明上述阴离子都不存在。

(4) 还原性阴离子的检验　在试管中加 3 滴未知液，滴加 2mol·dm^{-3} H_2SO_4酸化，然后加入 1～2 滴 0.02mol·dm^{-3} $KMnO_4$溶液，如果紫色褪去，表示 NO_2^-、S^{2-}、SO_3^{2-}、$S_2O_3^{2-}$、Br^-、I^-可能存在。如果现象不明显，可温热。

当检出有还原性阴离子后，取 3 滴未知液，若未知液显碱性，先用 2mol·dm^{-3}H_2SO_4 调至近中性，再用碘-淀粉溶液检验是否存在强还原性阴离子。如果蓝色褪去，则可能存在 S^{2-}、SO_3^{2-}、$S_2O_3^{2-}$。

(5) 氧化性阴离子的检验　在试管中加 3 滴未知液，并滴加 2mol·dm^{-3} H_2SO_4酸化，再加几滴 CCl_4和 1～2 滴 1mol·dm^{-3} KI 溶液，振荡试管，如果 CCl_4层显紫色，表示存在 NO_2^-（在可能存在的 11 种阴离子中，只有 NO_2^-有此反应）。

2. 阴离子的检出

经过以上初步检验，可以判断哪些离子可能存在，哪些离子不可能存在。对可能存在的离子参照实验十六至实验二十三的有关部分一一进行分离检出，最后确定未知溶液中有哪些阴离子。

四、思考题

1. 某碱性无色未知液，用 HCl 溶液酸化后变浑，此未知液中可能有哪些阴离子？

2. 在用 $Sr(NO_3)_2$分离 SO_3^{2-}和 $S_2O_3^{2-}$时，如果 $Sr(NO_3)_2$溶液呈明显酸性，则对分离

可能会产生什么影响？

3. 请选用一种试剂区别以下 5 种溶液：$NaNO_3$、Na_2S、NaCl、$Na_2S_2O_3$、Na_2HPO_4。

4. 钡组阴离子检验时，所加的 $6mol \cdot dm^{-3}$ $NH_3 \cdot H_2O$ 为什么要强调是新配制的？

5. 在用碘-淀粉溶液检验未知液中有无强还原性阴离子时，为什么要把未知液调至近中性？

6. 在酸性条件下，用 KI 检验未知液中有无 NO_2^- 时，如产生 I_2 表示 NO_2^- 一定存在，如果不产生 I_2，能否说明 NO_2^- 一定不存在？为什么？

第五章 定量分析实验

实验二十六 工业硫酸含量的测定（酸碱滴定法）

一、目的要求

1. 掌握用酸碱滴定法测定硫酸含量的方法、原理和操作。

2. 掌握用甲基红-亚甲基蓝混合指示剂确定滴定终点。

二、实验原理

硫酸是一种强酸，可用 NaOH 标准溶液直接滴定，根据 NaOH 标准溶液的浓度和所用体积，求出硫酸的含量。

三、试剂

邻苯二甲酸氢钾（基准试剂，在 105～110℃干燥后备用），$0.5mol \cdot dm^{-3}$ NaOH 标准溶液（量取 $14cm^3$ NaOH 饱和溶液，注于 $500cm^3$ 不含 CO_2 的水中，充分混匀），混合指示剂（称取 0.12g 甲基红和 0.08g 亚甲基蓝，溶于 $100cm^3$ 乙醇中），酚酞指示剂（1%乙醇溶液）。

四、分析步骤

1. $0.5mol \cdot dm^{-3}$ NaOH 溶液的标定　准确称取 KHP 三份，每份质量 2.0～3.0g（准确到 0.0001g），分别置于 $250cm^3$ 锥形瓶中，加水 $80cm^3$，加热溶解，冷却。加 2～3 滴 1%酚酞指示剂，用 $0.5mol \cdot dm^{-3}$ NaOH 溶液滴定至微红色 30s 不褪色为终点。计算 NaOH 标准溶液的物质的量浓度。

2. 硫酸含量的测定　用 0.5g（约 12～16 滴）硫酸试样，置于已预先称量带磨口盖的小称量瓶中，称准到 0.0001g，小心将小称量瓶盖子呈半开状放入加有 $50cm^3$ 水的 $250cm^3$ 锥形瓶中，待溶液冷却至室温，加 2～3 滴甲基红-亚甲基蓝指示剂，用 $0.5mol \cdot dm^{-3}$ NaOH 标准溶液滴定至溶液由紫色变为灰绿色为终点，计算 H_2SO_4 的含量。

五、数据记录与处理

1. $0.5mol \cdot dm^{-3}$ NaOH 标定（参见实验七）。

2. H_2SO_4 含量测定。

六、思考题

1. 样品加入小称量瓶后，不加盖，对称量有何影响？

2. 滴定速度对测定有何影响，应如何掌握？

3. 本实验中为什么选用甲基红-亚甲基蓝混合指示剂？能否选用酚酞指示剂？

实验二十七 有机酸分子量的测定

一、目的要求

1. 掌握移液管、容量瓶的基本操作。

2. 准确测定有机酸的分子量。

3. 通过偏差及误差的计算，加深对精密度、准确度概念的理解。

二、实验原理

物质的分子量可以根据滴定反应从理论上进行计算。本实验要求准确测定一种已知有机酸的分子量，并与理论值进行比较。

大多数有机酸是固体弱酸，如果易溶于水，且 $cK_a^{\ominus}>10^{-8}$，即可在水溶液中用 NaOH 标准溶液进行滴定。由于滴定突跃发生在弱碱性范围内，故常选用酚酞为指示剂，滴定至溶液呈微红色，30s 不褪，即为终点。根据 NaOH 标准溶液的浓度和滴定时消耗的体积，计算有机酸的分子量。

三、试剂

NaOH 标准溶液（$0.1\text{mol}\cdot\text{dm}^{-3}$），酚酞指示剂，1%乙醇溶液，有机酸试样（如酒石酸、柠檬酸等）。

四、分析步骤

用减量法准确称取酒石酸试样两份，每份________g，分别置于 250cm^3 烧杯中，各加水 50cm^3，搅拌，使之完全溶解，然后分别转移入 250cm^3 容量瓶中，用水稀释到刻度，摇匀。分别吸取 25.00cm^3 试液于 250cm^3 锥形瓶中，各加酚酞指示剂 2～3 滴，用 NaOH 标准溶液滴定至溶液呈微红色 30s 不褪即为终点。计算有机酸的分子量。

五、数据记录与结果计算（$M_{真值}=150.09\text{g}\cdot\text{mol}^{-1}$）

六、思考题

1. 如果 NaOH 标准溶液吸收 CO_2，对有机酸分子量的测定结果有何影响（用算式说明）？

2. 按 $0.1\text{mol}\cdot\text{dm}^{-3}$ NaOH 用量为 25cm^3 计，应称取酒石酸（$H_2C_4H_4O_6$）多少克？酒石酸的两个氢能否分步滴定？

实验二十八　液碱中 NaOH、Na_2CO_3 含量的测定（双指示剂法）

一、目的要求

1. 掌握双指示剂法测定 NaOH 和 Na_2CO_3 含量的方法和原理。

2. 提高滴定操作的熟练程度。

二、实验原理

用盐酸标准溶液滴定 NaOH 和 Na_2CO_3 混合物，当酚酞变色时，NaOH 全部被中和，而 Na_2CO_3 只被中和到 $NaHCO_3$，在此溶液中再加入甲基橙指示剂，继续滴定到终点，则 $NaHCO_3$ 全部被中和，生成 CO_2 和 H_2O。根据两个终点先后耗用的 HCl 标准溶液的体积即可计算 NaOH 和 Na_2CO_3 的含量。

三、试剂

甲基橙指示剂（0.2%水溶液），酚酞指示剂（1%乙醇溶液），HCl 标准溶液（$0.1\text{mol}\cdot\text{dm}^{-3}$）。

四、分析步骤

将液碱装于小滴瓶中，用减量法称取试样 3～4g（准确至 0.001g）于预先盛有 2/3 体积水的 250cm^3 容量瓶中，初步混匀后，用水稀释到刻度，充分摇匀。

吸取上述试液 25.00cm^3 于锥形瓶中，加酚酞指示剂 2 滴，用 0.1$mol\cdot dm^{-3}$ HCl 标准溶液滴定至红色刚褪去，记下 HCl 消耗量为 V_1。于此溶液中再加甲基橙指示剂 1～2 滴，继续用 HCl 标准溶液滴定至终点（橙色），记录消耗 HCl 标液的总体积 $V_{总}$，$V_{总}-V_1=V_2$。按下式计算含量：

$$w(NaOH)=\frac{(V_1-V_2)c_{HCl}\times 40.00}{m\times\frac{25}{250}\times 1000}=\frac{(V_1-V_2)c_{HCl}\times 40.00}{m\times 100}$$

$$w(Na_2CO_3)=\frac{V_2c_{HCl}\times 106.0}{m\times\frac{25}{250}\times 1000}=\frac{V_2c_{HCl}\times 106.0}{m\times 100}$$

$$总碱度(以\ NaOH\ 计)=\frac{(V_2+V_1)c_{HCl}\times 40.00}{m\times\frac{25}{250}\times 1000}=\frac{(V_2+V_1)c_{HCl}\times 40.00}{m\times 100}$$

五、数据记录与处理

六、思考题

1. 下述反应中，Na_2CO_3 与 HCl 的摩尔比是多少？

$$Na_2CO_3+HCl═══NaHCO_3+NaCl$$

$$Na_2CO_3+2HCl═══2NaCl+H_2O+CO_2$$

上述两反应应选用何种指示剂？为什么？

2. 为什么可用 HCl 直接滴定 Na_2CO_3 与 $NaHCO_3$，而不能直接滴定 NaAc？

3. 双指示剂法测定碱液的结果，可能有下列五种情况：

(1) $V_1>V_2$　(2) $V_1=V_2$　(3) $V_1<V_2$　(4) $V_1=0$，只有 V_2　(5) $V_2=0$，只有 V_1。

问各种情况下，碱液中存在哪些成分？

（提示：NaOH、Na_2CO_3、$NaHCO_3$ 三者不能同时存在，因为 NaOH 与 $NaHCO_3$ 起反应生成 Na_2CO_3，直到其中一种消耗完为止。）

4. 用 HCl 标准溶液滴定至酚酞变色时，如超过终点，对分析结果有何影响？能否用 NaOH 标准溶液回滴？

实验二十九　磷酸滴定曲线的绘制及含量测定（电位滴定法）

一、目的要求

1. 学习电位滴定的测定方法。
2. 通过磷酸含量的测定，绘制磷酸的滴定曲线，从而加深理解指示剂的选用原理。
3. 熟悉和掌握 pHS-3C 型酸度计的使用方法。

二、实验原理

磷酸为三元酸，它在水中的离解常数分别为 $7.6\times10^{-2}(K_{a1}^{\ominus})$、$6.3\times10^{-8}(K_{a2}^{\ominus})$、$4.4\times10^{-13}(K_{a3}^{\ominus})$，由于 $cK_{a1}^{\ominus}>10^{-8}$，$cK_{a2}^{\ominus}\approx10^{-8}$，$cK_{a3}^{\ominus}\ll10^{-8}$，$\frac{K_{a1}^{\ominus}}{K_{a2}^{\ominus}}>10^5$，$\frac{K_{a2}^{\ominus}}{K_{a3}^{\ominus}}>10^5$，因而用 NaOH 标准溶液滴定 H_3PO_4 时产生两个 pH 突跃。滴定过程中溶液的 pH 值随加入的碱液体积变化而变化，pH 值用酸度计测量。然后绘制 $\frac{\Delta pH}{\Delta V}$-$V$ 曲线，根据绘制的曲线求得

磷酸的含量。

三、仪器与试剂

1. 仪器　酸度计，pHS-3C 型；玻璃电极，231 型；甘汞电极，232 型；电磁搅拌器。

2. 试剂　邻苯二甲酸氢钾（优级纯，在 105～110℃烘干后备用），pH 为 6.88 的标准缓冲溶液（20℃），NaOH 标准溶液（$0.1mol \cdot dm^{-3}$）。

四、分析步骤

先将磷酸试样装入清洁干燥的小滴瓶中，然后用减量法称取试样 1.8～2.3g 于预先装有 2/3 体积水的 $250cm^3$ 容量瓶中，加水稀释至刻度，摇匀。

移取稀释液 $25.00cm^3$ 于 $250cm^3$ 烧杯中，加水至约 $100cm^3$，将电极插入溶液中。将铁芯搅拌棒放入溶液中，开动电磁搅拌器，测定及记录滴定前溶液的 pH 值，当用 NaOH 标准溶液开始滴定时，取较大加入量（$5cm^3$，$5cm^3$，$1cm^3$，$1cm^3$，$1cm^3$，…），直至溶液 pH 接近 3.5 时，取较小加入量（$0.5cm^3$，$0.1cm^3$，$0.1cm^3$，…），当 pH>5 时，又取较大加入量（$5cm^3$，$5cm^3$，$1cm^3$，$1cm^3$，$1cm^3$，…），直至 pH 接近 8.5 时，取较小加入量（$0.5cm^3$，$0.1cm^3$，$0.1cm^3$，…），当 pH>10 后，再取较大量加入，每次加入 NaOH 标准溶液后，均应搅拌、测定及记录溶液的 pH 值。

以 NaOH 体积为横坐标，以 pH 值为纵坐标做出滴定曲线，以 NaOH 体积为横坐标，以$\frac{\Delta pH}{\Delta V}$为纵坐标画出$\frac{\Delta pH}{\Delta V}$-$V$ 曲线，然后按照第一个终点时消耗的 NaOH 的体积，求得 H_3PO_4的含量（%）。

五、思考题

1. 在酸碱滴定中，为什么用酸度计来确定终点比采用指示剂的误差小？

2. 用 NaOH 滴定 H_3PO_4时，为什么两个滴定突跃的 ΔpH 值不一样？

3. 计算 $0.1mol \cdot dm^{-3}$ NaOH 标准溶液滴定 $25.00cm^3$浓度为 $0.07mol \cdot dm^{-3}$ H_3PO_4 至第一化学计量点及第二化学计算点时的 pH 值。

实验三十　水硬度的测定（配位滴定法）

一、目的要求

1. 掌握配位滴定的基本原理、方法和计算。

2. 掌握铬黑 T、钙指示剂的使用条件，学习终点的判断方法。

二、基本原理

用 EDTA 测定 Ca^{2+}、Mg^{2+}时，通常在两个等分溶液中分别测定 Ca^{2+}量以及 Ca^{2+}和 Mg^{2+}的总量，Mg^{2+}量则从两者所用 EDTA 量的差值求出。

在测定 Ca^{2+}时，先用 NaOH 调节溶液到 pH=12～13，使 Mg^{2+}生成难溶的 $Mg(OH)_2$沉淀。加入钙指示剂与 Ca^{2+}配位呈红色。滴定时，EDTA 先与游离 Ca^{2+}配位，然后夺取已和指示剂配位的 Ca^{2+}，使溶液的红色变成蓝色为终点。从 EDTA 标准溶液用量可计算 Ca^{2+}的含量。

测定 Ca^{2+}、Mg^{2+}总量时，在 pH=10 的缓冲溶液中，以铬黑 T 为指示剂，用 EDTA 滴定。因稳定性 CaY^{2-}>MgY^{2-}>$MgIn^-$>$CaIn^-$，铬黑 T 先与部分 Mg^{2+}配位为 $MgIn^-$（酒红色）。当 EDTA 滴入时，EDTA 首先与 Ca^{2+}和 Mg^{2+}配位，然后再夺取 $MgIn^-$中的 Mg^{2+}，使铬黑 T 游离，因此到达终点时，溶液由酒红色变为天蓝色。从 EDTA 标准溶液

的用量即可以计算样品中的钙镁总量，然后换算为相应的硬度单位。

各国对水的硬度的表示方法各有不同。其中德国硬度是较早的一种，也是被我国普遍采用的硬度单位之一。它以度（°）计，1°表示在100000份水中含有1份CaO，即$1dm^3$水中含10mg CaO。为方便起见，我国也常以$mg \cdot dm^{-3}$来表示。也有些国家采用$CaCO_3$ $mg \cdot dm^{-3}$作为硬度的单位。

三、仪器与试剂

1. 仪器　移液管（$50.00cm^3$），滴定管（碱式）。

2. 试剂　$6mol \cdot dm^{-3}$ NaOH溶液，$NH_3 \cdot H_2O$-NH_4Cl缓冲溶液（pH=10），铬黑T指示剂，钙指示剂。

四、实验内容

1. Ca^{2+}的测定

用移液管准确吸取水样$50.00cm^3$于$250cm^3$锥形瓶中，加$50cm^3$蒸馏水、$2cm^3$ $6mol \cdot dm^{-3}$ NaOH溶液（pH=12～13）、少量固体钙指示剂。用EDTA溶液滴定，不断摇动锥形瓶，当溶液变为纯蓝色时，即为终点❶。记下所用体积V_1。用同样方法重复一次。

2. Ca^{2+}、Mg^{2+}总量的测定

准确吸取水样$50.00cm^3$于$250cm^3$锥形瓶中，加$50cm^3$蒸馏水、$5cm^3$ $NH_3 \cdot H_2O$-NH_4Cl缓冲溶液、少量固体铬黑T指示剂。用EDTA溶液滴定，当溶液由酒红色变为纯蓝色时，即为终点。记下所用体积V_2。用同样方法再测定一份。

按下式分别计算Ca^{2+}、Mg^{2+}总量（以CaO $mg \cdot dm^{-3}$表示）及Ca^{2+}和Mg^{2+}的分量（以$mg \cdot dm^{-3}$表示）。

$$CaO(mg \cdot dm^{-3}) = \frac{(cV_2)_{EDTA} M_{CaO}}{50.00} \times 1000$$

$$Ca^{2+}(mg \cdot dm^{-3}) = \frac{(cV_1)_{EDTA} M_{Ca}}{50.00} \times 1000$$

$$Mg^{2+}(mg \cdot dm^{-3}) = \frac{c_{EDTA}(V_2 - V_1) \times M_{Mg}}{50.00} \times 1000$$

式中，c为EDTA的溶液浓度，$mol \cdot dm^{-3}$；V_1为两次滴定Ca^{2+}量所消耗EDTA的平均体积，cm^3；V_2为两次滴定Ca^{2+}、Mg^{2+}总量所消耗EDTA的平均体积，cm^3。

五、思考题

1. Ca^{2+}、Mg^{2+}与EDTA的配合物哪个稳定？为什么滴定Mg^{2+}时要控制pH=10，而Ca^{2+}则需控制pH=12～13？

2. 测定的水样中若含有少量Fe^{2+}、Cu^{2+}时，对终点会有什么影响？如何消除其影响？

3. 若在pH>13的溶液中测定Ca^{2+}时会怎么样？

实验三十一　铁铝混合液中铁和铝含量的连续测定（配位滴定法）

一、目的要求

1. 掌握EDTA法测定铁、铝的原理及指示剂的选择。

---

❶ 当试液中Mg^{2+}的含量较高时，加入NaOH后，产生$Mg(OH)_2$沉淀，使结果偏低或终点不明显（沉淀吸附指示剂之故），可将溶液稀释后测定。

2. 学习调节、控制溶液酸度的方法。

3. 学习正确判断测定铁、铝时的滴定终点。

二、实验原理

Fe^{3+}、Al^{3+}均能与EDTA形成稳定的1∶1配合物，$\lg K^{\ominus}$值分别为25.1和16.3。由于两者的$\lg K^{\ominus}$值相差较大，故可利用酸效应，控制不同的酸度，分别进行滴定。通常在pH=1～2时测定铁；在pH=4～6时，用返滴定法测定铝。反应：

$$Fe^{3+} + H_2SSal \longrightarrow [Fe(SSal)]^{+} + 2H^{+}$$

$$\underset{\text{紫色}}{[Fe(SSal)]^{+}} + H_2Y^{2-} \longrightarrow \underset{\text{亮黄色}}{FeY^{-}} + H_2SSal$$

在滴定铁后的溶液中，加入过量EDTA标准溶液，调节pH至4.5，煮沸，使铝与EDTA定量配合，以亚硝基R盐为指示剂，用硫酸铜标准溶液回滴过剩的EDTA。反应：

$$Al^{3+} + H_2Y^{2-} \longrightarrow AlY^{-} + 2H^{+}$$

$$Cu^{2+} + H_2Y^{2-} \longrightarrow CuY^{2-} + 2H^{+}$$

三、试剂

EDTA溶液（0.02mol·dm^{-3}），ZnO（G.R.）（800℃灼烧至恒重，备用），二甲酚橙（0.2%水溶液），六亚甲基四胺（20%），氨水（1∶1），HCl（1mol·dm^{-3}）（10cm^3浓盐酸与110cm^3水混匀），磺基水杨酸指示剂（10%水溶液），醋酸-醋酸钠缓冲液（pH=4.5）（称取NaAc·$3H_2O$ 77g溶于水中，加冰醋酸58cm^3，用水稀释至1000cm^3），亚硝基R盐（0.2%水溶液），硫酸铜标准溶液（0.02mol·dm^{-3}）（称取结晶硫酸铜5g或无水硫酸铜3.2g，溶于水中，加1∶1 H_2SO_4 1cm^3，用水稀释到1000cm^3，摇匀），试液（试液中Fe^{3+}浓度约为0.02mol·dm^{-3}，Al^{3+}浓度约为0.04mol·dm^{-3}）。

四、分析步骤

1. EDTA溶液的标定

准确称取0.35～0.5g ZnO，置于50cm^3烧杯中，加5cm^3 1∶1 HCl和5cm^3水，溶解后转入250cm^3容量瓶中，用水稀释至刻度，摇匀。

用移液管吸取25.00cm^3 Zn^{2+}标准溶液，注入250cm^3锥形瓶中，加3滴0.2%二甲酚橙指示剂，滴加20%六亚甲基四胺溶液至溶液呈现稳定的紫红色后，再过量5cm^3，用EDTA溶液滴定至溶液由紫红色变为亮黄色即为终点。根据滴定时用去的EDTA的体积和ZnO的质量，计算EDTA溶液的准确浓度。

2. $CuSO_4$对EDTA的比值

吸取EDTA溶液25.00cm^3于250cm^3烧杯中，加水75cm^3，加入pH=4.5的缓冲溶液20cm^3，亚硝基R盐指示剂2cm^3，用$CuSO_4$标准溶液滴定，溶液由黄色变翠绿色再变为黄绿色即为终点，记下体积。

3. Fe^{3+}、Al^{3+}混合液的分析

吸取25.00cm^3试液于250cm^3容量瓶中，加水稀释至刻度，摇匀。

吸取25.00cm^3稀释液于250cm^3烧杯中，滴加1∶1氨水中和至刚析出沉淀（摇动时不消失）。加1mol·dm^{-3} HCl 3cm^3、水30cm^3，加热至60～70℃，加磺基水杨酸2cm^3，用EDTA标准溶液滴定至溶液由紫色变为亮黄色为终点。根据滴定时消耗EDTA溶液的体积，

计算混合液中铁的含量（$g \cdot dm^{-3}$）。

在滴定铁后的溶液中，准确加 EDTA 标准溶液 $30cm^3$（记录准确体积），加 pH＝4.5 的缓冲溶液 $20cm^3$，加热煮沸 1min，冷却后加亚硝基 R 盐指示剂 $2cm^3$，用硫酸铜标准溶液滴定过量的 EDTA，溶液颜色由翠绿变黄绿色为终点，记下体积，计算混合液中铝的含量（$g \cdot dm^{-3}$）。

五、数据记录与处理

1. Zn^{2+} 标准溶液的配制。

2. EDTA 标定。

3. EDTA 和 $CuSO_4$ 溶液的体积比。

六、思考题

1. 近似计算滴定 Fe^{3+} 前溶液的 pH 值。

2. 测定铁时，为什么要把溶液加热到 60～70℃？温度过高与过低有什么不好？

3. 用 EDTA 法测定铝时，为什么采用返滴定法？为什么要煮沸几分钟？

4. 计算铁、铝共存的溶液中，用 EDTA 滴定时，使铁定量配位，铝则不配位，溶液的 pH 要控制多少？

5. 用 EDTA 法测定铁时，先用 1∶1 氨水中和至刚析出沉淀，如果氨水多加，对测定是否有影响？并说明实验现象及补救办法？

6. 参考有关资料，总结 EDTA 法测定铝有几种方法？溶液 pH 值控制在多少？采用什么指示剂？用什么标准溶液来滴定？

实验三十二　铅铋混合液中铅和铋含量的连续测定（配位滴定法）

一、目的要求

1. 掌握利用控制溶液的酸度来进行多种金属离子连续滴定的配位滴定方法和原理。

2. 熟悉二甲酚橙指示剂的应用和终点的确定方法。

二、实验原理

Bi^{3+}、Pb^{2+} 均能与 EDTA 形成稳定的配合物，其稳定性又有相当大的差别（它们的 $\lg K^{\ominus}$ 值分别为 27.94 和 18.04），因此可以利用控制溶液酸度来进行连续滴定。

在测定中，均以二甲酚橙为指示剂，先调节溶液的酸度 pH 约为 1，进行 Bi^{3+} 的滴定，溶液由紫红色突变为亮黄色，即为终点。然后再用六亚甲基四胺缓冲液为缓冲剂，控制溶液 pH 约 5～6，进行 Pb^{2+} 的滴定。此时溶液再次呈现紫红色，以 EDTA 溶液继续滴定至突变为亮黄色，即为终点。

二甲酚橙属于三苯甲烷类显色剂，易溶于水，它在溶液中的颜色随酸度而变，在溶液 pH 小于 6.3 时呈现黄色，pH 大于 6.3 时呈红色。二甲酚橙与 Bi^{3+} 及 Pb^{2+} 的配合物呈现紫红色，它们的稳定性与 Bi^{3+}、Pb^{2+} 的 EDTA 配合物相比要弱一些。

三、试剂

EDTA 标准溶液（$0.02mol \cdot dm^{-3}$），二甲酚橙（0.2%水溶液），HCl（1∶1），HNO_3（$0.1mol \cdot dm^{-3}$），NaOH 溶液（$0.5mol \cdot dm^{-3}$），六亚甲基四胺溶液（20%），精密 pH 试纸（pH 为 0.5～5 范围），Bi^{3+}、Pb^{2+} 混合液［含 Bi^{3+}、Pb^{2+} 各约为 $0.01mol \cdot dm^{-3}$，

称取 $Pb(NO_3)_2$ 33g、$Bi(NO_3)_3 \cdot 5H_2O$ 48g 于烧杯中，加入 400cm³ HNO_3溶液（1∶2），在电炉上微热溶解后，加水稀释到 10dm³]。

四、分析步骤

1. Bi^{3+}的测定　移取 25.00cm³试液 3 份，分别置于 250cm³锥形瓶中。取一份做初步试验。先以 pH 为 0.5～5 的精密 pH 试纸测试试液的酸度，然后用 $0.5mol \cdot dm^{-3}$ NaOH 溶液（装在滴定管中）滴定，边滴加边搅拌，并时时以精密 pH 试纸试之，至溶液 pH 达到 1 为止，记下所加 NaOH 溶液的体积。

取另一份 25.00cm³试液，加入初步试验中调节溶液酸度时所需同样体积的 $0.5mol \cdot dm^{-3}$ NaOH 溶液，接着再加 10cm³ $0.1mol \cdot dm^{-3}$ HNO_3溶液及 2 滴 0.2%二甲酚橙指示剂，用 EDTA 标准溶液滴定至溶液由紫红色变为亮黄色，即为 Bi^{3+}的终点。根据消耗的 EDTA 体积，计算混合液中 Bi^{3+}的含量（$g \cdot dm^{-3}$）。

2. Pb^{2+}的测定　在滴定 Bi^{3+}后的溶液中，逐滴滴加 20%六亚甲基四胺溶液至溶液呈现稳定的紫色后，再加六亚甲基四胺溶液 5cm³，然后用 EDTA 标准溶液滴定至溶液由紫红色变为亮黄色即为终点。根据滴定结果，计算混合液中 Pb^{2+}的含量（$g \cdot dm^{-3}$）。

五、数据记录与结果计算

1. Bi^{3+}的测定。

2. Pb^{2+}的测定。

六、思考题

1. 滴定 Bi^{3+}、Pb^{2+}时溶液酸度各控制在什么范围？怎么调节？为什么？

2. 能否在同一份试液中先滴定 Pb^{2+}，再滴定 Bi^{3+}？

3. 本实验为什么不用氨或强碱调节 pH＝5～6，而用六亚甲基四胺缓冲液来调节，用 HAc 缓冲液代替六亚甲基四胺缓冲液可以吗？

实验三十三　铁矿中全铁的测定（无汞测铁法）

一、目的要求

1. 掌握无汞测铁法的原理和操作方法。

2. 通过实验与阅读有关资料，为拟定新的无汞测铁方案提供思路。

二、实验原理

关于铁的测定，生产上沿用 $K_2Cr_2O_7$ 容量法。需要用 $HgCl_2$ 来消除过量的还原剂 $SnCl_2$，造成环境污染，故现今逐渐推广不使用 $HgCl_2$的测铁法（俗称无汞测铁法）。无汞测铁的方法较多，但有待进一步研究试验。下面介绍其中的一种。

试样用 HCl 溶解，首先用 $SnCl_2$还原大部分 Fe^{3+}，继续用 $TiCl_3$定量还原剩余部分 Fe^{3+}：

$$2FeCl_4^- + SnCl_4^{2-} + 2Cl^- = 2FeCl_4^{2-} + [SnCl_6]^{2-}$$

$$FeCl_4^- + Ti^{3+} + H_2O = FeCl_4^{2-} + TiO^{2+} + 2H^+$$

当 Fe^{3+}定量还原为 Fe^{2+}之后，过量一滴 $TiCl_3$溶液，即可使溶液中作为指示剂的六价钨（无色的磷钨酸）还原为蓝色的五价钨化合物，俗称“钨蓝”，故溶液呈蓝色。过量的 $TiCl_3$在 Cu^{2+}催化下，由溶解氧予以氧化，从而消除少量还原剂的影响。

定量还原 Fe^{3+}时，不能只用 $SnCl_2$，因在此酸度下，$SnCl_2$不能还原 W（Ⅵ）为 W（Ⅴ），

故溶液没有明显的颜色变化，无法准确控制其用量，而且过量的 $SnCl_2$ 没有适当的非汞方法消除；但也不宜单独用 $TiCl_3$，特别是试样中铁含量高时，因溶液中引入较多的钛盐，当用水稀释试液时，常易出现大量四价钛盐沉淀，影响测定，因此常将 $SnCl_2$ 与 $TiCl_3$ 联合使用。

Fe^{3+} 定量还为 Fe^{2+} 和过量还原剂除去后，即可以二苯胺磺酸钠为指示剂，用 $K_2Cr_2O_7$ 标准溶液滴定至溶液呈现稳定的紫色为终点。

三、试剂

HCl (1∶1)，$SnCl_2$ 溶液 (10%) [称取 10g $SnCl_2 \cdot 2H_2O$，加 30cm³ HCl 溶液 (1∶1)，加热溶解，加水稀释至 100cm³，摇匀。此溶液临用时配制]，Na_2WO_4 溶液 (10%) (称取 10g Na_2WO_4，加 1∶9 H_3PO_4 100cm³，加热溶解)，$TiCl_3$ 溶液 (3%) [取 20cm³ 原瓶装 $TiCl_3$ 溶液 (15%)，用 1∶4 HCl 稀释至 100cm³]，$CuSO_4$ 溶液 (4%)，硫-磷混酸 (将 150cm³ 浓 H_2SO_4 缓缓加入 700cm³ 水中，冷却后加入 150cm³ H_3PO_4，混匀)，二苯胺磺酸钠指示剂 (0.2%)，$K_2Cr_2O_7$ 标准溶液 (将 $K_2Cr_2O_7$ 在 130～140℃ 烘干 2h，放入干燥器中冷至室温，准确称取 0.122～0.123g $K_2Cr_2O_7$ 于 250cm³ 烧杯中，加水溶解后，转入 250cm³ 容量瓶中，用水稀释至刻度，摇匀。计算其标准浓度)。

四、分析步骤

准确称取 0.18～0.25g 铁矿石两份，分别置于 250cm³ 锥形瓶中，加少量水润湿，加 20cm³ 1∶1 HCl 溶液，盖上表面皿，在近沸下溶解，试样分解完全后，用少量水吹洗表面皿和瓶壁，加热至近沸，在摇动下趁热滴加 10% $SnCl_2$ 至溶液呈淡黄色，加 1cm³ 10% Na_2WO_4 溶液，滴加 3% $TiCl_3$ 至“钨蓝”刚出现，再过量 1 滴，用水吹洗瓶壁，流水冷却，加水 120cm³，加 2 滴 0.4% $CuSO_4$，摇匀，待蓝色褪尽后，静置 1min，加 10cm³ 硫-磷混酸、5～6 滴 0.2%二苯胺磺酸钠指示剂，立即用 $0.16mol \cdot dm^{-3}$ $K_2Cr_2O_7$ 溶液滴定至呈现稳定的紫色为终点。

五、数据记录与处理

1. $K_2Cr_2O_7$ 标准溶液的配制。

2. 铁矿中铁含量的测定。

六、思考题

1. 铁矿可否用 HNO_3 分解？为什么？

2. 用 Sn^{2+} 还原 Fe^{3+} 时，如将 Fe^{3+} 全部还原后，Sn^{2+} 又过量 1 滴，实验是否要重做(仍用无汞法测铁)？

3. 为什么在加入 $CuSO_4$ 后，等钨蓝褪色 1min 左右才能滴定？放置时间太长与太短对测定结果有何影响？

4. 你认为汞盐法和无汞法各自的实验关键何在？各有什么优、缺点？

实验三十四　黄铜中铜含量的测定（碘量法）

一、目的要求

1. 掌握 $Na_2S_2O_3$ 标准溶液的配制及标定方法。

2. 掌握碘量法测定铜的原理及操作方法。

3. 学习金属样品的称量和溶样技术。

二、实验原理

黄铜为铜、锌合金，黄铜中铜的测定，生产上一般采用碘量法。

在弱酸性溶液中，Cu^{2+}与过量KI作用，生成CuI沉淀，同时析出一定量的I_2，反应式如下：

$$2Cu^{2+}+4I^- = 2CuI\downarrow + I_2$$

或

$$2Cu^{2+}+5I^- = 2CuI\downarrow + I_3^-$$

析出的I_2以淀粉为指示剂，用$Na_2S_2O_3$标准溶液滴定：

$$I_2+2S_2O_3^{2-} = 2I^- + S_4O_6^{2-}$$

Cu^{2+}与I^-之间的反应是可逆的，任何引起Cu^{2+}浓度减小（如形成配合物等）或引起CuI溶解度增大的因素均使反应不完全。加入过量KI，Cu^{2+}的还原趋于完全。由于CuI沉淀会强烈吸附I_3^-，使测定结果偏低，故加入SCN^-，使CuI（$K_{sp}=1.1\times10^{-12}$）转化为溶解度更小的CuSCN（$K_{sp}^{\ominus}=4.8\times10^{-15}$），释放出被吸附的$I_3^-$，并使反应更趋于完全：

$$CuI+SCN^- = CuSCN\downarrow + I^-$$

但SCN^-只能在接近终点时加入，否则有可能直接还原二价铜离子，使结果偏低：

$$6Cu^{2+}+7SCN^-+4H_2O = 6CuSCN\downarrow + SO_4^{2-}+CN^-+8H^+$$

溶液的pH值一般控制在3～4之间，酸度过低，由于二价铜离子水解，使反应不完全，结果偏低，而且反应速度慢，终点拖长；酸度过高，则I^-被空气中的氧氧化为I_2（Cu^{2+}催化此反应），使结果偏高。Fe^{3+}能氧化I^-：

$$2Fe^{3+}+2I^- = 2Fe^{2+}+I_2$$

故对测定有干扰，但可用NH_4HF_2掩蔽。NH_4HF_2同时又可控制溶液的pH值（一般为3.3～4.0）。

三、试剂

KI溶液（20%），淀粉溶液（0.2%）（称取0.2g可溶性淀粉，用少量水搅匀后，边搅边加入100cm^3沸水中，加热到清亮），NH_4SCN溶液（10%），$Na_2S_2O_3$溶液（0.1$mol\cdot dm^{-3}$）（把13g $Na_2S_2O_3\cdot5H_2O$溶解在500cm^3新煮沸的水中，冷却后加入0.1g Na_2CO_3，溶解后转入棕色瓶中，放置3～5d后标定），纯铜（含量99.9%以上），H_2O_2（30%），HCl溶液（1∶1），NH_4HF_2溶液（20%），氨水（1∶1）。

四、分析步骤

1. $Na_2S_2O_3$溶液的标定

（1）用$K_2Cr_2O_7$标准溶液标定　准确移取25.00cm^3已知准确浓度的$K_2Cr_2O_7$溶液三份，注入碘量瓶中，加入5cm^3 1∶1 HCl溶液、10cm^3 20% KI溶液，摇匀后，在暗处放置5min，待反应完全后，加水100cm^3，用待标定的$Na_2S_2O_3$溶液滴定至淡黄色，加入5cm^3 0.2%淀粉溶液，继续滴定至溶液呈现亮绿色即为终点。记下消耗的$Na_2S_2O_3$体积，计算其浓度。

(2) 用纯铜标定　准确称取 0.14～0.20g 纯铜三份，分别置于 $250cm^3$ 锥形瓶中，以下步骤同黄铜中铜含量的测定，根据消耗的 $Na_2S_2O_3$ 溶液体积，计算 $Na_2S_2O_3$ 溶液的物质的量浓度。

2. 黄铜中铜含量的测定

准确称取 0.2～0.3g 试样置于 $250cm^3$ 锥形瓶中，加入 $10cm^3$ 1∶1 HCl、$3\sim5cm^3$ 30% H_2O_2 溶液，溶解完全后，煮沸溶液以分解 H_2O_2，冷却后，加水 $60cm^3$，滴加 1∶1 氨水至有沉淀产生，依次加入 $8cm^3$ 1∶1 HAc、$10cm^3$ 20% NH_4HF_2 溶液、$120cm^3$ 20% KI 溶液，然后用 $0.1mol\cdot dm^{-3}$ $Na_2S_2O_3$ 溶液滴定至淡黄色时，加入 $8cm^3$ 0.2%淀粉溶液，继续滴定至浅蓝色，再加入 $10cm^3$ 10% NH_4SCN 溶液，充分摇匀，这时溶液蓝色加深，再用 $Na_2S_2O_3$ 溶液滴定至蓝色消失为终点。根据 $V_{Na_2S_2O_3}$ 计算黄铜中铜的含量。

五、数据记录与处理

1. $Na_2S_2O_3$ 标定。

2. 黄铜中铜含量的测定　参考格式见实验十五。

六、思考题

1. 硫代硫酸钠为什么不能直接称量配成标准溶液？

2. $K_2Cr_2O_7$ 和 KI 的反应速率较慢，实验中采用了哪些措施来加快反应速率？在这里为什么不采用加热的方法来加快反应速率？

3. H_2O_2 如分解不完全，对测定有何影响？

4. 用碘量法测定铜时，为什么常需加入 NH_4HF_2？为什么 NH_4HF_2 能控制溶液的 pH 值为 3～4？

5. 测定铜时，为什么要加入过量 KI？加入 NH_4SCN 的作用是什么？淀粉过早加入有什么不好？

实验三十五　硫化钠试液中总还原能力的测定

一、目的要求

1. 掌握 I_2 溶液的配制方法和保存条件。

2. 了解标定 I_2 溶液浓度的原理和方法。

3. 掌握用碘量法测定硫化钠还原能力的原理和方法。

二、实验原理

在弱酸性溶液中，I_2 按如下反应氧化 H_2S：

$$H_2S + I_2 = S\downarrow + 2H^+ + 2I^-$$

这是用直接碘量法测定硫化物。为了防止 S^{2-} 在酸性条件下生成 H_2S 而损失，在测定时应把硫化钠试液加到过量 I_2 的酸性溶液中，反应完毕后，再用 $Na_2S_2O_3$ 标准溶液返滴多余的 I_2。硫化钠试样中常含有 Na_2SO_3 及 $Na_2S_2O_3$ 等还原性物质，它们也与 I_2 作用，因此照上述方法测定的结果，实际上是 Na_2S 试样的总还原能力。

三、试剂

I_2 溶液（$0.025mol\cdot dm^{-3}$）［称取 2g I_2 和 3g KI，置于研钵或小烧杯中，加水少许（5～

$10cm^3$)，研磨或搅拌至 I_2 全部溶解后，转移至棕色瓶中，加水稀释到 $300cm^3$，充分摇匀，放暗处保存（待标定）]，$Na_2S_2O_3$ 标准溶液（$0.1mol \cdot dm^{-3}$），淀粉溶液 0.2%（称取 0.2g 可溶性淀粉，加少量水搅拌后，边搅边加入 $100cm^3$ 沸水后，加热至清亮），HCl（$2mol \cdot dm^{-3}$），硫化钠试液（50%）。

四、分析步骤

1. I_2 溶液的标定　准确吸取 $25.00cm^3$ $0.025mol \cdot dm^{-3}$ I_2 溶液置于 $250cm^3$ 锥形瓶中，加水 $50cm^3$，用 $0.1mol \cdot dm^{-3}$ $Na_2S_2O_3$ 标准溶液滴定至呈浅黄色后，加入 0.2% 淀粉溶液 $5cm^3$，用 $Na_2S_2O_3$ 溶液继续滴定至蓝色恰好消失，即为终点。根据 $Na_2S_2O_3$ 及 I_2 溶液的用量和 $Na_2S_2O_3$ 溶液的浓度，计算 I_2 溶液的准确浓度。

2. 硫化钠总还原能力的测定　准确称取硫化钠试液 2g（称准至哪一位?）于 $250cm^3$ 容量瓶中，加水稀释至刻度，摇匀，配成硫化钠稀释液。

准确吸取 $0.025mol \cdot dm^{-3}$ I_2 标准溶液 $25.00cm^3$ 于碘量瓶中，加水 $20cm^3$ 及 $2mol \cdot dm^{-3}$ HCl 溶液 $5cm^3$，再准确吸取 $25.00cm^3$ 上述硫化钠稀释液，加到 I_2 溶液中，边加边摇使反应完全。然后用 $0.1mol \cdot dm^{-3}$ $Na_2S_2O_3$ 标准溶液滴定至呈浅黄色，加入 0.2% 淀粉溶液 $5cm^3$，继续滴定至溶液蓝色恰好消失，即为终点。计算硫化钠试液的总还原能力（用 Na_2S% 表示）。

五、数据记录与结果计算

1. I_2 溶液的标定。

2. 硫化钠总还原能力的测定。

六、思考题

1. 配制 I_2 溶液为什么要加 KI? 为什么溶解 I_2 时开始只加少许水，待 I_2 全部溶解后才加水稀释?

2. I_2 是氧化剂，Na_2S 是还原剂，为什么不用 I_2 标准溶液直接滴定 Na_2S 溶液?

3. 如果要测定硫化钠试样（含 Na_2SO_3 及 $Na_2S_2O_3$ 等杂质）中 Na_2S 的实际含量，应该怎样测定?

实验三十六　过氧化氢含量的测定（$KMnO_4$ 法）

一、目的要求

1. 掌握高锰酸钾标准溶液的配制与标定方法。

2. 掌握高锰酸钾法的原理和操作方法。

二、实验原理

在稀硫酸溶液中，过氧化氢在室温下能定量还原高锰酸钾，因此可用高锰酸钾法测定过氧化氢的含量，其反应式为：

$$5H_2O_2 + 2MnO_4^- + 6H^+ = 2Mn^{2+} + 5O_2 + 8H_2O$$

根据 $KMnO_4$ 溶液的物质的量浓度和滴定消耗的体积，即可计算溶液中 H_2O_2 的含量。

三、试剂

基准物质 $Na_2C_2O_4$（在 105～110℃ 烘干 2h 备用），H_2SO_4 溶液（1∶5），H_2O_2 溶液

（约 3%试液），$KMnO_4$溶液（0.02mol・dm^{-3}）（称取约 1.6g $KMnO_4$，溶于 500cm^3水中，盖上表面皿，缓和煮沸 20～30min，冷却后静置数日，倾出上层清液，贮存于棕色具塞试剂瓶中）。

四、分析步骤

1. 高锰酸钾溶液的标定　准确称取 0.15～0.20g 基准 $Na_2C_2O_4$三份，分别置于 250cm^3锥形瓶中，加 30cm^3水使之溶解。加入 15cm^3 1∶5 H_2SO_4，加热到 75～85℃，立即用 $KMnO_4$溶液滴定至溶液呈微红色，且半分钟内不消失即为终点（终点温度不得低于 60℃），记下高锰酸钾的体积。如此反复测定两次，计算 $KMnO_4$溶液的物质的量浓度，相对平均偏差应不大于 0.2%，否则需重做。

2. H_2O_2含量的测定　用移液管吸取 10.00cm^3 3% H_2O_2，置于 250cm^3容量瓶中，加水稀释至刻度，充分摇匀后，用移液管移取 25.00cm^3稀释液置于 250cm^3锥形瓶中，加 30cm^3水、15cm^3 1∶5 H_2SO_4溶液，用 0.02mol・dm^{-3} $KMnO_4$溶液滴定至微红色，且半分钟内不消失即为终点。

根据 $KMnO_4$溶液的物质的量浓度和滴定过程中消耗的体积，计算试样中 H_2O_2的含量。

五、思考题

1. 为什么不能采用直接法配制 $KMnO_4$标准溶液？
2. 用 $Na_2C_2O_4$为基准物质标定 $KMnO_4$时，应注意哪些反应条件？
3. 用 $KMnO_4$法测定 H_2O_2时，能否用 HNO_3或 HCl 控制酸度？

实验三十七　氯化钡中钡的测定（$BaSO_4$重量法）

一、目的要求

1. 正确掌握重量分析法的基本操作规范。
2. 加深对重量分析法理论的理解。
3. 准确测定氯化钡中钡的含量。

二、实验原理

试样溶解于水后，用稀盐酸酸化，加热至近沸，在不断搅动下缓慢地加入热、稀的H_2SO_4溶液，Ba^{2+}与 SO_4^{2-}作用形成微溶于水的沉淀。所得的沉淀经陈化、过滤、洗涤和灼烧后，以 $BaSO_4$沉淀形式称量，即可求得 $BaCl_2$中钡的百分含量。

Ba^{2+}可形成一系列微溶化合物，如 $BaCO_3$、BaC_2O_4、$BaCrO_4$、$BaHPO_4$、$BaSO_4$等，其中以 $BaSO_4$的溶解度最小，100cm^3水中，在 100℃时溶解 0.4mg，25℃时仅溶解 0.25mg，在过量沉淀剂存在时，溶解度大为减少，一般可以忽略不计。

一般在 0.05mol・dm^{-3}左右盐酸介质中进行沉淀，是为了防止产生碳酸钡、磷酸钡、砷酸钡沉淀以及氢氧化钡的共沉淀，同时适当提高酸度，增加 $BaSO_4$的溶解度，以降低其相对过饱和度，有利于获得较好的晶形沉淀。

用 $BaSO_4$重量法测定 Ba 时，一般用 H_2SO_4作沉淀剂。为了使 $BaSO_4$沉淀完全，H_2SO_4必须过量，由于 H_2SO_4在高温下可挥发除去，沉淀带下的 H_2SO_4不致引起误差，因此，沉淀剂用量可过量 50%～100%，但 NO_3^-、ClO_3^-、Cl^-等阴离子和 K^+、Na^+、Ca^{2+}、Fe^{3+}等阳离子均可以引起共沉淀现象，故应严格掌握沉淀条件，减少共沉淀现象，

以获得纯净的 $BaSO_4$ 晶形沉淀。

硫酸铅和硫酸锶的溶解度都很小，对钡的测定会产生干扰。

三、试剂

HCl 溶液（$2mol \cdot dm^{-3}$），H_2SO_4 溶液（$1mol \cdot dm^{-3}$），$AgNO_3$ 溶液（$0.1mol \cdot dm^{-3}$）。

四、分析步骤

1. 瓷坩埚的准备　洗净坩埚，晾干，然后在高温（800～1000℃）下灼烧，第一次灼烧 30～45min，取出稍冷片刻，转入干燥器中，冷至室温后称量，第二次灼烧 15～20min，取出稍冷，转入干燥器中冷至室温后，再称量，如此操作，直到恒重为止。

2. 分析步骤　准确称取 0.4～0.6g $BaCl_2 \cdot 2H_2O$ 试样两份，分别置于 $250cm^3$ 烧杯中，加约 $70cm^3$ 水、$2～3cm^3$ 的 $2mol \cdot dm^{-3}$ HCl 溶液，盖上表面皿，加热近沸，但勿使溶液沸腾，以防溅失。与此同时，另取 $5cm^3$ $1mol \cdot dm^{-3}$ H_2SO_4 溶液两份，置于小烧杯中，各加水 $25cm^3$，加热近沸，然后将热、沸的 H_2SO_4 溶液逐滴缓慢地加入热的钡盐溶液中，并用玻璃棒不断搅动，最后剩 $1cm^3$ H_2SO_4 溶液做沉淀完全试验。待沉淀沉下后，在上层清液中加入几滴 H_2SO_4 溶液，仔细观察沉淀是否完全，如已沉淀完全，盖上表面皿，将玻璃棒靠在烧杯嘴边（切勿将玻璃棒拿出杯外，以免损失沉淀），置于水浴或砂浴上加热，陈化 0.5～1h，并不时搅动（或在室温下放置过夜）。溶液冷却后，用慢速定量滤纸过滤，先将上层清液倾注在滤纸上，再以稀硫酸洗涤液（$2～4cm^3$ $1mol \cdot dm^{-3}$ H_2SO_4 溶液稀释到 $200cm^3$）洗涤沉淀 3～4 次，每次用量 $10cm^3$，均用倾析法过滤。然后将沉淀小心转移至滤纸上，用一小片滤纸擦净杯壁，将滤纸片放在漏斗内的滤纸上，再用上述洗涤液洗涤沉淀至无氯离子为止（用 $AgNO_3$ 溶液检查）。将沉淀和滤纸置于已恒重的瓷坩埚中，灰化后，在 800～850℃灼烧至恒重。

五、数据记录与处理

六、思考题

1. 为什么要在稀 HCl 介质中沉淀硫酸钡？

2. 欲得到纯净的晶形较大的 $BaSO_4$ 沉淀，沉淀的条件（如酸度、温度、浓度、速度等）应如何控制？

3. 为什么沉淀 $BaSO_4$ 要在热溶液中进行，而在冷却后过滤？沉淀后为什么要陈化？

4. 空坩埚及盛有沉淀的坩埚，为什么要重复灼烧、称量，直至恒重？为什么必须在干燥器中冷却到室温后，才能称量？在干燥器中冷却时间不同，是否影响恒重？

5. 在灼烧沉淀时，如有部分 $BaSO_4$ 转变为 BaS，是什么原因引起的，对结果有何影响？

实验三十八　食盐溶液中氯含量的测定

一、目的要求

1. 掌握摩尔法及佛尔哈德法的测定原理，并了解其应用范围。

2. 熟悉沉淀滴定法操作的特点，并能正确判断滴定终点。

二、摩尔法

1. 原理

在中性或弱碱性溶液中，以 K_2CrO_4 为指示剂，用 $AgNO_3$ 标准溶液进行滴定，由于 AgCl 的溶解度比 Ag_2CrO_4 小，因此溶液中首先析出 AgCl 沉淀，当 AgCl 定量沉淀后，过量 1 滴 $AgNO_3$ 溶液即与 K_2CrO_4 作用生成砖红色沉淀 Ag_2CrO_4，指示到达终点。其反应如下：

$$Ag^+ + Cl^- = AgCl\downarrow \quad (白色)$$

$$2Ag^+ + CrO_4^{2-} = Ag_2CrO_4\downarrow \quad (砖红色)$$

2. 试剂

NaCl 基准试剂（在 500～600℃灼烧半小时后，放置干燥器中冷却，也可将 NaCl 置于瓷坩埚中，然后在电炉上灼烧，并不断搅拌，待爆裂声停止后，将坩埚放入干燥器中冷却后使用），$AgNO_3$ 溶液（$0.05mol \cdot dm^{-3}$）（称取 4.3g $AgNO_3$，溶于 $500cm^3$ 水中，混匀，溶液保存于棕色具塞试剂瓶中），K_2CrO_4 溶液（5%）。

3. 分析步骤

（1）$0.05mol \cdot dm^{-3}$ $AgNO_3$ 溶液的标定　准确称取 0.6～0.9g 基准 NaCl 置于小烧杯中，用蒸馏水溶解后，转入 $250cm^3$ 容量瓶中，加水稀释至刻度，摇匀。

准确移取 $10.00cm^3$ NaCl 标准溶液于锥形瓶中，加 $35cm^3$ 水，加入 $1cm^3$ 5% K_2CrO_4，在不断摇动下，用 $AgNO_3$ 溶液滴定至呈现砖红色即为终点。根据基准 NaCl 的质量和滴定中所消耗的 $AgNO_3$ 的体积，计算 $AgNO_3$ 溶液物质的量浓度。

（2）试液中氯含量的测定　吸取试液 $10.00cm^3$ 于 $250cm^3$ 锥形瓶中，按标定过程进行，根据 $AgNO_3$ 溶液物质的量浓度和滴定过程中消耗的体积计算试液中 Cl^- 的含量，以 $g \cdot cm^{-3}$ 表示。

三、佛尔哈德法

1. 原理

取一定量的试液，加入一定且过量的 $AgNO_3$ 标准溶液，使 Cl^- 完全沉淀，剩下的 $AgNO_3$ 在有 Fe^{3+} 的存在下，用硫氰酸盐标准溶液滴定，当 $AgNO_3$ 被硫氰酸盐完全沉淀后，过量的硫氰酸盐即与 Fe^{3+} 形成血红色配合物，指示了滴定终点，其反应如下：

$$Cl^- + Ag^+ = AgCl\downarrow \quad (白色)$$

$$Ag^+ + SCN^- = AgSCN\downarrow \quad (白色)$$

$$Fe^{3+} + SCN^- = FeSCN^{2+} \quad (红色)$$

为了防止 AgCl 沉淀转化为 AgSCN 沉淀，可加入硝基苯或 1,2-二氯乙烷作为保护剂。

2. 试剂

$AgNO_3$ 溶液（$0.05mol \cdot dm^{-3}$），NH_4SCN 溶液（$0.05mol \cdot dm^{-3}$）（称取 NH_4SCN 2g，溶于 $500cm^3$ 水中，摇匀），铁铵矾指示剂（40%），硝酸 1∶2（用新近配制的无色浓 HNO_3，否则须煮沸并冷却后才能使用），1,2-二氯乙烷。

3. 分析步骤

（1）测定体积比　由滴定管放出 $25.00cm^3$（准确读数）$0.05mol \cdot dm^{-3}$ $AgNO_3$ 溶液于锥形瓶中，加水 $25cm^3$，加 1∶2 HNO_3 $5cm^3$、铁铵矾指示剂 $1cm^3$，用 $0.05mol \cdot dm^{-3}$ NH_4SCN 溶液滴定至淡红色，在剧烈摇动下不消失为终点。计算 V_{AgNO_3}/V_{NH_4SCN}。

(2) 试液中氯含量的测定　吸取试液 25.00cm^3 于 250cm^3 锥形瓶中，加水 25cm^3，加 1∶2 HNO_3 5cm^3，由滴定管滴入 $AgNO_3$ 标准溶液（以过量 5cm^3 为宜），加 1,2-二氯乙烷 2cm^3，充分摇动后，加入铁铵矾指示剂 1cm^3，继续用 NH_4SCN 溶液滴定至红色不消失为终点。计算试液中 Cl^- 的含量，以 $g \cdot cm^{-3}$ 表示。

四、数据记录与处理

1. NaCl 标准溶液配制。

2. $AgNO_3$ 溶液的标定。

3. 试液中氯含量的测定。

五、思考题

1. 为什么摩尔法要求介质的酸度近于中性，而在佛尔哈德法中则要求酸性？

2. 摩尔法以 K_2CrO_4 作指示剂，其浓度太大或太小对测定有何影响？

3. 佛尔哈德法中，加入硝基苯有何作用？不加对结果又有何影响？

4. 佛尔哈德法中，$AgNO_3$ 过量太多有什么不好？

5. 通过实验，你认为沉淀滴定法在操作上有何特点？

6. 通过实验，比较两种方法的测定结果是否有差别？说明原因。

实验三十九　钛的测定（目视比色法）

一、目的要求

1. 掌握目视比色法测定二氯化钛的原理。

2. 掌握目视比色法（标准系列法）的操作。

二、实验原理

在 5% H_2SO_4 介质中，TiO^{2+} 与 H_2O_2 生成黄色配合物过钛酸：

$$TiO^{2+} + H_2O_2 = [TiO(H_2O_2)]^{2+}$$

当 TiO_2 的浓度小于 0.1$mg \cdot dm^{-3}$ 时，颜色的深度与钛的含量成正比，故可进行比色测定。

由于配合物 $[TiO(H_2O_2)]^{2+}$ 不很稳定（$K_{不稳} = 1 \times 10^{-4}$），所以显色剂必须过量。

测定时，适宜的酸度范围为 1.5～3.5$mol \cdot dm^{-3}$，如果酸度太高，黄色减退，酸度太低，则会生成钛的碱式盐或过钛酸盐，同时配合物的颜色随温度升高而变深，所以应在相同温度时（最好是 20～25℃）进行显色和比色。

铁、镍、钒、铜、铬、氟化物、磷酸盐等对钛的测定有干扰。

三、试剂

1. H_2O_2 溶液（3%），H_2SO_4 溶液（1∶1）。

2. 二氧化钛标准溶液　称取基准物草酸钛钾 $[K_2TiO(C_2O_4)_2 \cdot 2H_2O]$ 2.2164g 于 250cm^3 烧杯中，加硫酸铵 8g 与硫酸 50cm^3，盖上表面皿，逐渐加热煮沸 5～10min，使其溶解完全，在搅拌下慢慢将溶液倒入盛有 300cm^3 水的烧杯中，冷却后移入 500cm^3 容量瓶中，用水稀释至刻度，摇匀，此溶液每毫升含二氧化钛 1mg。

取上述溶液 25.00cm^3 于 250cm^3 容量瓶中，加 1∶1 H_2SO_4 溶液 25cm^3；加水 150cm^3，

冷却，用水稀释至刻度，摇匀，此溶液每毫升含二氧化钛 100μg。

3. 未知钛溶液　样Ⅰ、样Ⅱ。

四、分析步骤

标准系列：分别取每毫升含 TiO_2 100μg 的标准溶液 1.00cm^3、2.00cm^3、3.00cm^3、4.00cm^3、5.00cm^3 于 25cm^3 比色管中，用水稀释至 15cm^3，加 1∶1 H_2SO_4 2.5cm^3、3% H_2O_2 溶液 5cm^3，用水稀释至刻度，摇匀。

吸取未知钛溶液 5.00cm^3，同样显色后，与标准系列比较，计算原始试液钛的含量（$g \cdot dm^{-3}$）。

五、思考题

1. 过氧化氢比色法测定钛的原理是什么？

2. 配制标准系列应注意什么问题？

实验四十　邻二氮菲分光光度法测定铁
（基本条件试验和配合物组成的测定）

一、目的要求

1. 学习分光光度法的基本条件试验和某些显色反应条件的选择方法。

2. 掌握用分光光度法测定单一组分的含量。

3. 掌握摩尔比法测定配合物组成的原理和方法。

二、实验原理

邻二氮菲是测定微量铁的一种较好的显色试剂，在 pH=2～9 的溶液中，试剂与 Fe^{2+} 生成稳定的红色配合物，其最大吸收波长为 508nm，摩尔吸光系数 $\varepsilon=1.1\times10^4 L \cdot mol^{-1} \cdot cm^{-1}$，配合物的 $\lg K^{\ominus}_{稳}=21.3$。Fe^{2+} 与邻二氮菲的反应如下：

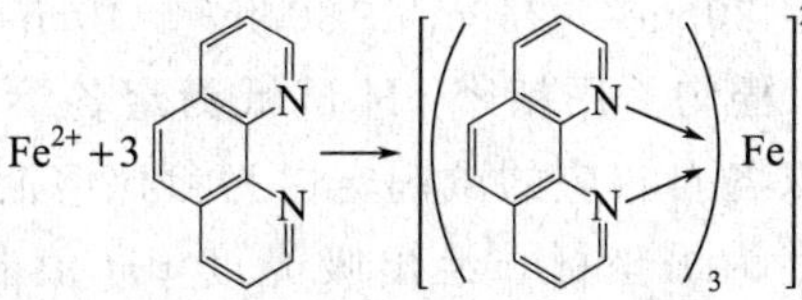

本方法的选择性很高，相当于含铁量 40 倍的 Sn^{2+}、Al^{3+}、Ca^{2+}、Mg^{2+}、Zn^{2+}、SiO_3^{2-}，20 倍的 Cr^{3+}、Mn^{2+}、V（Ⅴ）、PO_4^{3+}，5 倍的 Co^{2+}、Cu^{2+} 等均不干扰测定。

三、试剂

$10^{-3} mol \cdot dm^{-3}$ 标准铁溶液（含 0.5$mol \cdot dm^{-3}$ HCl 溶液）[准确称取 0.4822g $NH_4Fe(SO_4)_2 \cdot 12H_2O$，置于烧杯中，加入 80$cm^3$ 1∶1 HCl 和少量水，溶解后转移至 1dm^3 容量瓶中，用水稀释至刻度，摇匀]，标准铁溶液（含铁 20$\mu g \cdot cm^{-3}$）[准确称取 0.1727g $NH_4Fe(SO_4)_2 \cdot 12H_2O$ 置于烧杯中，加入 20cm^3 1∶1 HCl 和少量水，溶解后转移至 1000cm^3 容量瓶中，用水稀释至刻度，摇匀]，邻二氮菲溶液 [0.15%（新鲜配制）]，邻二氮菲溶液（$10^{-3} mol \cdot dm^{-3}$）[准确称取 0.1982g 邻二氮菲（$C_{12}H_8N_2 \cdot H_2O$）于 400$cm^3$ 烧杯中，加水溶解，转移至 1000cm^3 容量瓶中，用水稀释至刻度，摇匀]，盐酸羟胺

[10%水溶液（临用时配制）]，醋酸钠溶液（1mol·dm^{-3}），NaOH 溶液（0.1mol·dm^{-3}），HCl溶液（1∶1），待测铁试液。

四、分析步骤

1. 条件试验

（1）吸收曲线的制作　用吸量管吸取10.00cm^3含铁20μg·cm^{-3}的标准铁溶液，注入50cm^3容量瓶中，加入1cm^3 10%盐酸羟胺溶液，摇匀，加入2cm^3 0.15%邻二氮菲溶液、5cm^3 1mol·dm^{-3}醋酸钠溶液，以水稀释至刻度，摇匀，在722型分光光度计上，用1cm比色皿，采用试剂空白为参比溶液，在440～560nm间，每隔10nm测定一次吸光度。以波长为横坐标，吸光度为纵坐标，绘制吸收曲线，从而选择测定铁的适宜波长。

（2）显色剂浓度的影响　取7只50cm^3容量瓶，各加入2cm^3 10^{-3}mol·dm^{-3}标准铁溶液和1cm^3 10%盐酸羟胺溶液，摇匀，分别加入0.10cm^3、0.30cm^3、0.50cm^3、0.80cm^3、1.0cm^3、2.0cm^3、4.0cm^3 0.15%邻二氮菲溶液，然后加5cm^3 1mol·dm^{-3}醋酸钠，用水稀释至刻度，摇匀，在722型分光光度计上，用1cm比色皿，在所选波长下，以试剂空白为参比溶液，测定显色剂各浓度的吸光度。以显色剂邻二氮菲的体积为横坐标，相应的吸光度为纵坐标，绘制吸光度-试剂用量曲线，从而确定在测定过程中应加入的试剂体积。

（3）有色溶液的稳定性　在50cm^3容量瓶中，加入2cm^3 10^{-3}mol·dm^{-3}标准铁溶液、1cm^3 10%盐酸羟胺溶液，加入2cm^3 0.15%邻二氮菲溶液、5cm^3 1mol·dm^{-3} NaAc溶液，用水稀释至刻度，摇匀。立即在所选择的波长下，用1cm比色皿，以相应的试剂空白溶液为参比溶液，测定吸光度，然后放置5min、10min、30min、1h、2h、3h，测定相应的吸光度。以时间为横坐标，吸光度为纵坐标，绘出吸光度-时间曲线，从曲线上观察此配合物稳定性的情况。

（4）溶液酸度的影响　在9只50cm^3容量瓶中，分别加入2cm^3 10^{-3}mol·dm^{-3}标准铁溶液、1cm^3 10%盐酸羟胺、2cm^3 0.15%邻二氮菲溶液，从滴定管中分别加入0cm^3、2cm^3、5cm^3、8cm^3、10cm^3、20cm^3、25cm^3、30cm^3、40cm^3 0.1mol·dm^{-3} NaOH溶液，摇匀。以水稀释至刻度，摇匀。用精密pH试纸测定各溶液的pH值，然后在所选择的波长下，用1cm比色皿，以各自相应的试剂空白为参比溶液，测定其吸光度。以pH值为横坐标，溶液相应的吸光度为纵坐标，绘出吸光度-pH值曲线，找出进行测定的适宜pH值区间。

2. 铁含量的测定

（1）标准曲线的制作　在5只50cm^3容量瓶中，用吸量管分别加2.00cm^3、4.00cm^3、6.00cm^3、8.00cm^3、10.00cm^3标准铁溶液（含铁20μg·cm^{-3}），再分别加入1cm^3 10%盐酸羟胺溶液、2cm^3 0.15%邻二氮菲溶液和5cm^3 1mol·dm^{-3}醋酸钠溶液，以水稀释至刻度，摇匀。在所选择的波长下，用1cm比色皿，以试剂空白为参比液，测定各溶液的吸光度。

（2）铁含量的测定　吸取含铁试液代替标准溶液，其它步骤均同标准曲线，由测得的吸光度在标准曲线上查出铁的质量，计算铁含量。

3. 配合物组成的测定——摩尔比法　取9只50cm^3容量瓶，各加1cm^3 10^{-3}mol·dm^{-3}标准铁溶液、1cm^3 10%盐酸羟胺溶液，依次加入10^{-3}mol·dm^{-3}邻二氮菲溶液1.0cm^3、

1.5cm³、2.0cm³、2.5cm³、3.0cm³、3.5cm³、4.0cm³、4.5cm³、5.0cm³，然后各加 5cm³ 1mol·dm⁻³醋酸钠，用水稀释到刻度，摇匀。在所选择的波长下，用 1cm 比色皿，以各自的试剂空白为参比，测定各溶液的吸光度。以吸光度对 c_R/c_{Fe} 作图，根据曲线上前后两部分延长线的交点位置，确定反应的配位比。

五、数据记录与处理

1. 吸收曲线。

2. 标准曲线与铁含量的测定。

3. 配合物组成的测定——摩尔比法。

六、思考题

1. 什么叫吸收曲线？有何用途？

2. 用邻二氮菲法测定铁时，为什么在测定前需加入还原剂盐酸羟胺？写出有关反应式。

3. 根据本实验结果，计算邻二氮菲-Fe（Ⅱ）配合物的摩尔吸光系数和桑德尔灵敏度。

4. 测定配位比的方法通常有哪几种？摩尔比法有什么优、缺点？

5. 影响显色反应的因素有哪些？通过实验总结出铁（Ⅱ)-邻二氮菲显色反应和测定的最佳条件。

实验四十一　低合金钢中钒的测定（萃取光度法）

一、目的要求

1. 学习和掌握钽试剂（BPHA）萃取吸光光度法测定钒的原理和方法。

2. 进一步熟悉分光光度计的操作方法。

3. 了解钢铁的溶样方法。

4. 熟悉萃取操作及其特点。

二、实验原理

试样经硫-磷混酸、硝酸分解，然后加热至冒烟，驱尽氮氧化物。生成的四价钒加 $KMnO_4$ 氧化，过量的 $KMnO_4$ 用 $NaNO_2$ 还原，再加入事先准备好的尿素，破坏剩余的 $NaNO_2$，在 3.5～5mol·dm⁻³盐酸介质中，生成的五价钒与钽试剂形成 V：钽试剂：Cl＝1：2：1 的紫红色三元配合物。此配合物可被 $CHCl_3$ 萃取，其 λ_{max} 约等于 530nm，ε＝5700 L·mol⁻¹·cm⁻¹，有色溶液稳定 4h 以上，因此可用萃取吸光光度法测定微量钒。其主要反应如下：

$$2V+4H^{+}+2H_2O=\!=\!=2VO^{2+}+4H_2\uparrow$$

$$V_2C_4+12H^{+}+8NO_3^{-}=\!=\!=2VO^{2+}+8NO\uparrow+4CO_2\uparrow+6H_2O$$

$$5VO^{2+}+MnO_4^{-}+H_2O=\!=\!=5VO_2^{+}+Mn^{2+}+2H^{+}$$

$$2MnO_4^{-}+5NO_2^{-}+6H^{+}=\!=\!=2Mn^{2+}+5NO_3^{-}+3H_2O$$

$$(NH_2)_2CO+2NO_2^{-}+2H^{+}=\!=\!=2N_2\uparrow+3H_2O+CO_2\uparrow$$

$$VO_2^+ + \begin{matrix} C_6H_5-N-OH \\ | \\ C_6H_5-C=O \end{matrix} + Cl^- \longrightarrow \begin{matrix} & H & O & H \\ & | & \| & | \\ C_6H_5-N-O & & O=C-C_6H_5 \\ & \diagdown & V & \diagup \\ C_6H_5-C-O & | & O-N-C_6H_5 \\ & \| & Cl & | \\ & H & & H \end{matrix} + H_2O$$

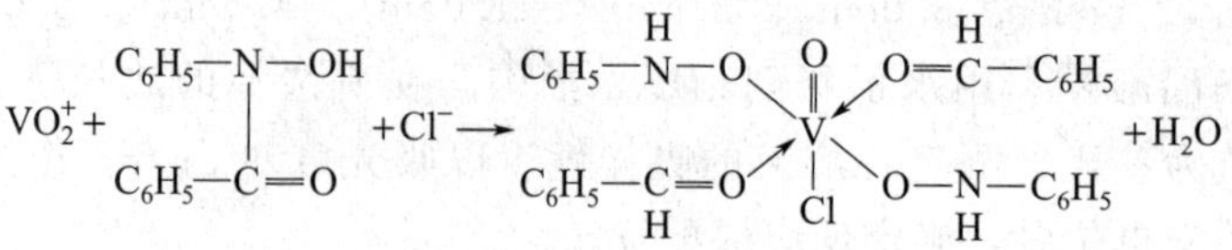

由于五价钒在盐酸溶液中可能逐渐被还原，使结果偏低，因此，当试液中加入 HCl 后，应立即加入钽试剂-三氯甲烷进行萃取。

本法采用硫-磷混酸溶样，在约 $3.5\,mol \cdot dm^{-3}$ HCl 介质中，硫酸浓度小于 $1.5\,mol \cdot dm^{-3}$，磷酸浓度小于 $1.7\,mol \cdot dm^{-3}$，对测定无干扰。

测定钒的钽试剂萃取吸光光度法具有较高的选择性。四价钛与钽试剂形成黄色配合物，可被三氯甲烷萃取，干扰钒的测定。但在磷酸存在下，5mg 钛对测定没有干扰，大量（>1mg）六价钼抑制钒的萃取，使结果偏低，此时可将溶液的酸度提高到约 $6\,mol \cdot dm^{-3}$，降低钽试剂-三氯甲烷溶液对钼的萃取。

三、试剂

硫-磷混酸（将 $120\,cm^3$ 浓 H_2SO_4 徐徐倒入 $600\,cm^3$ 水中，冷却后加入 $100\,cm^3$ 浓 H_3PO_4 混匀），$KMnO_4$ 溶液（0.1%），$NaNO_2$ 溶液（0.25%），尿素溶液（25%），HCl(2∶1)，钽试剂-三氯甲烷溶液（0.1%），钒标准溶液（准确称取 0.1785g 经 500～550℃ 灼烧钒酸铵而得到的五氧化二钒，置于小烧杯中，加入 $1\,mol \cdot dm^{-3}$ KOH 溶液 $10\,cm^3$，待溶解后，加 $1\,mol \cdot dm^{-3}$ 硫酸溶液中和，并过量 $5\,cm^3$，转入 $1000\,cm^3$ 容量瓶中，用水稀释至刻度，摇匀，此溶液每毫升含钒 $100\,\mu g$。将此溶液稀释 5 倍，得到每毫升含钒 $20\,\mu g$ 的标准溶液）。

四、分析步骤

准确称取钢样 0.2500g（含钒 0.2%～0.4%）于 $250\,cm^3$ 烧杯中，加硫-磷混酸 $60\,cm^3$，盖上表面皿，加热至试样全部分解（出现大气泡，无小气泡）。取下烧杯，滴加 HNO_3 氧化（破坏碳化物），并过量 2～3 滴，继续加热至冒白烟。冷却后，加 $30\,cm^3$ 水溶解盐类，冷至室温，转入 $100\,cm^3$ 容量瓶中，用水稀释至刻度，摇匀。

吸取 $5.00\,cm^3$ 试液于 $125\,cm^3$ 梨形分液漏斗中，加水 $5\,cm^3$，滴加 0.1% $KMnO_4$ 溶液至出现稳定的紫红色，放置 1～2min，加入 25% 尿素 $2\,cm^3$，在不断摇动下滴加 0.25% $NaNO_2$ 溶液至红色褪尽，分别准确加入 $10\,cm^3$ 0.1% BPHA-$CHCl_3$ 溶液和 $10\,cm^3$ 2∶1 HCl，剧烈振荡 1.5min（220 次），静止分层后，将有机相通过脱脂棉（脱脂棉塞入分液漏斗下口内）滤入 1cm 比色皿中，以试剂为参比液，在波长 530nm 处测量其吸光度，从标准曲线上查得试样中钒的含量。

标准曲线的绘制：称取与试样相同质量的不含钒的钢铁试样一份，按上述溶样方法，制得供"打底"用的钢样溶液。取此溶液 $5\,cm^3$ 数份，分别加入 $20\,\mu g \cdot cm^{-3}$ 的钒标准溶液 $0.00\,cm^3$、$0.50\,cm^3$、$1.00\,cm^3$、$2.00\,cm^3$、$3.00\,cm^3$、$4.00\,cm^3$，加水稀释至 $10\,cm^3$，然后按上述分析步骤同样操作，测得各溶液的吸光度，绘制标准曲线。

五、思考题

1. 硫-磷混酸溶样的化学反应如何？为什么要加 HNO_3？为什么要加 $KMnO_4$，继而又加尿素及 $NaNO_2$？

2. 制样时，为什么要加热至SO_3冒烟？如何判断SO_3冒烟与否？

3. 钽试剂与钒的显色反应条件有哪些？

4. 根据实验结果，计算V(Ⅴ)-BPHA有色配合物的摩尔吸光系数。

5. 萃取比色时，为什么要准确加BPHA-$CHCl_3$溶液？

实验四十二　发样中痕量锰的测定（催化光度法）

一、目的要求

1. 学习和掌握催化光度法测定痕量锰的原理和方法。

2. 初步掌握催化光度法的基本操作。

3. 进一步熟练分光光度计的操作。

二、方法原理

孔雀绿（MG）为一种常见酸碱指示剂，其在pH小于0.2时为黄色，pH大于1.8时为蓝绿色（$\lambda_{max}=620nm$），在pH=4.0的弱酸性介质中，KIO_4氧化MG并使之褪色的速度较慢，而当有痕量的Mn^{2+}存在时，其褪色速度大为增加。其反应历程为：

$$IO_4^- + 2Mn^{2+} + 2H^+ = IO_3^- + 2Mn(\text{Ⅲ}) + H_2O$$

$$Mn(\text{Ⅲ}) + MG(\text{绿色}) = Mn^{2+} + MG(\text{无色})$$

MG褪色的速度与Mn^{2+}量有关。经实践证明，NTA（氨三乙酸）的存在可进一步提高灵敏度，在固定时间条件下，Mn^{2+}量在0～400ng/25cm³范围内与$\lg\frac{A_0}{A}$成线性关系（A_0、A分别为非催化反应的吸光度和催化反应的吸光度）。

试样中，少量的Fe^{3+}等杂质离子的干扰可用NaF予以消除。

三、仪器与试剂

1. 仪器　722分光光度计。

2. 试剂　0.1mol·dm⁻³ HAc-0.1mol·dm⁻³ NaAc缓冲液（pH=4.0），孔雀绿溶液（1.32×10^{-4} mol·dm⁻³水溶液），KIO_4溶液（7.0×10^{-3} mol·dm⁻³），5% EDTA溶液，NTA溶液（7.0×10^{-3} mol·m⁻³，并以1mol·dm⁻³ NaOH中和至pH=5～8），NaF溶液（0.04%），锰标准贮备液（含Mn^{2+} 1.00g·dm⁻³），锰工作液（含Mn^{2+} 0.100μg·cm⁻³，临用时以1.00g·dm⁻³锰标准溶液稀释配制）。

四、分析步骤

1. 工作曲线的制作

在25cm³比色管中，依次加入锰工作液（0.100μg·cm⁻³）0.00cm³、1.00cm³、2.00cm³、3.00cm³、4.00cm³、5.00cm³，pH=4.0的HAc-NaAc缓冲液3cm³，0.04% NaF 1cm³，NTA 2cm³，KIO_4 1cm³，MG 1cm³，并以H_2O稀释至刻度，摇匀，计时，在室温下反应30min（或45℃水浴中12min），取出后，立即加入1滴5% EDTA，摇匀，以中止反应，用1cm比色皿，并以H_2O为参比，在波长620nm条件下，测出各溶液吸光度。以$\lg\frac{A_0}{A}$为纵坐标，Mn^{2+}量为横坐标，做工作曲线。

2. 样品的测定

称取发样 0.2g 于 $100cm^3$ 烧杯中，加入 HNO_3-$HClO_4$（1∶4）$10cm^3$，于沸水浴上加热 1h，然后在电炉上加热蒸发至近干（温度不可过高，应控制电炉丝不见红，否则失水过快，易碳化）。取下烧杯，冷却后，转移到 $50cm^3$ 容量瓶中，用 NaOH 中和至 pH＝6～8 后，用 H_2O 稀释至刻度。

取上述试液 $5cm^3$ 于 $25cm^3$ 比色管中，加入 pH＝4.0 的 HAc-NaAc 缓冲溶液 $3cm^3$，以下操作同工作曲线制作。测得 $A_{试}$，并求算 $\lg\dfrac{A_0}{A}$，在工作曲线上求出人发中 Mn 的含量。

五、思考题

1. 实验证明，孔雀绿与反应速率成假一级反应，试推导 $\lg\dfrac{A_0}{A}$-c_{Mn} 呈线性关系。

2. 0.100$\mu g \cdot cm^{-3}$ 的 Mn^{2+} 标准溶液为什么须临用时配制？

3. 催化光度法与一般分光光度法有什么不同？

实验四十三　硫酸铜中铜含量的测定

一、目的要求

掌握碘量法测定铜的原理、方法和操作技能。

二、实验原理

在一定酸度及过量的 KI 存在下，Cu^{2+} 能氧化 I^- 定量析出 I_2，析出的 I_2 用 $Na_2S_2O_3$ 标准溶液滴定，根据 $Na_2S_2O_3$ 标液用量即可计算 Cu 的含量。反应如下：

$$2Cu^{2+} + 4I^- \Longrightarrow 2CuI\downarrow + I_2 \quad (\text{过量 KI 存在下}: I_2 + I^- = I_3^-) \tag{5-1}$$

$$2S_2O_3^{2-} + I_2 \Longrightarrow S_4O_6^{2-} + 2I^- \quad (\text{或 } 2S_2O_3^{2-} + I_3^- = S_4O_6^{2-} + 3I^-) \tag{5-2}$$

由于反应(5-1) 是可逆的，所以必须加入适当过量的 KI，促使反应右移，实际上达到完全。

CuI 强烈吸附 I_3^- 使结果偏低，为了减少吸附，可在近终点时加入 KSCN，使 CuI 沉淀（$K_{sp}^{\ominus}=5.06\times10^{-12}$）转化为溶解度更小的 CuSCN 沉淀（$K_{sp}^{\ominus}=4.8\times10^{-15}$）。在转化过程中不但释放出被吸附的 I_2，而且再生出 I^-，能促使反应（5-1）进行完全。

$$CuI + (\text{吸附的})I_2 + SCN^- \Longrightarrow CuSCN\downarrow + I^- + I_2$$

但 KSCN 只能在近终点时加入，若过早加入，SCN^- 可能还原 Cu^{2+} 使结果偏低：

$$6Cu^{2+} + 4H_2O + 7SCN^- \Longrightarrow 6CuSCN\downarrow + SO_4^{2-} + HCN + 7H^+$$

为防止铜盐水解，反应必须在酸性溶液中进行，酸度过低会使结果偏低，而且反应缓慢，终点难观察。若酸度过高，则 I^- 易被空气氧化成 I_2，使结果偏高。

三、试剂

硫酸铜（试样），1mol·dm^{-3} $Na_2S_2O_3$ 溶液（见实验十一），1∶1 HAc 溶液（1 体积冰醋酸与 1 体积水混合），20％ KI 溶液（称 KI 200g，溶于 $800cm^3$ 水中），10％ KSCN 溶液（称 KSCN 100g，溶于 $900cm^3$ 水中），2％淀粉溶液。

四、测定步骤

精确称取硫酸铜三份（每份质量约 0.5～0.7g），置于 $250cm^3$ 锥形瓶中，加 1∶1 HAc $8cm^3$ 及水 $50cm^3$ 使之溶解，加入 20％KI 溶液 $10cm^3$，立即用 $Na_2S_2O_3$ 标准溶液滴定至浅黄色，然后加入 $5cm^3$ 0.2%的淀粉指示剂，继续滴定至浅蓝紫色，再加 $10cm^3$ 10% KSCN 溶液，摇动 1min，再用 $Na_2S_2O_3$ 标准溶液滴定至蓝紫色恰好消失为终点（CuSCN 为白色，但由于吸附微量 I_2，所以终点往往呈米色）。

五、数据记录及结果计算（列式计算）

$w(Cu)=$

六、思考题

1. $CuSO_4 \cdot 5H_2O$ 易溶于水，为什么在溶解时要加 HAc？是否可用 HCl 代替？

2. 已知 $\varphi^{\ominus}_{Cu^{2+}/Cu^+}=0.158V$，$\varphi^{\ominus}_{I_3^-/I^-}=0.54V$，为什么在本法中 Cu^{2+} 能将 I^- 氧化成 I_2？

3. 加入 KSCN 的作用是什么？如果在 $Na_2S_2O_3$ 开始滴定前加入，会产生什么影响？

实验四十四　氟离子选择电极测定饮用水中 F^- 含量

一、目的要求

1. 比较标准曲线法和标准加入法的实验结果，验证前者测定的是离子活度或浓度（极稀溶液中），后者测定的是总浓度。

2. 了解并初步掌握离子选择性电极作指示电极的检测技能。

二、方法原理

根据国务院环保法的水质标准规定，饮用水中氟浓度不得超过 $1.0mg \cdot dm^{-3}$，适宜的氟浓度是 $0.5 \sim 1.0mg \cdot dm^{-3}$。在 $10^0 \sim 10^{-6} mol \cdot dm^{-3}$ 范围内，氟离子选择电极的电极电位与 pF 成线性关系。所以通过测量待测电池的电动势即可测定 F^- 活度或浓度。

待测电池电动势：

$Hg, Hg_2Cl_2|KCl(饱和)||试液|LaF_3|NaCl(0.01mol \cdot dm^{-3}), NaCl(0.1mol \cdot dm^{-3})|AgCl, Ag$

甘汞电极　　　　膜　　　　氟离子选择电极

$$E=\varphi_{F^-选择电极}-\varphi_{Hg_2Cl_2/Hg}$$

$$=\varphi_{AgCl/Ag}+K-\frac{2.303RT}{nF}\lg\alpha_{F^-}-\varphi_{Hg_2Cl_2/Hg}$$

$$=\varphi_{AgCl/Ag}+K-\varphi_{Hg_2Cl_2/Hg}-\frac{2.303RT}{nF}\lg\alpha_{F^-}$$

即

$$E=K'(常数)-\frac{2.303RT}{nF}\lg\alpha_{F^-}$$

式中，E 为待测电动势；K'为决定于氟离子选择电极的内参比电极、电极膜及外参比电极电位；α_{F^-} 为 F^- 的活度。

三、仪器与试剂

1. 每组所需仪器与试剂（两人一组）

（1）仪器

pHS-3 型酸度计	1 台	$50cm^3$ 聚乙烯塑料杯	11 只
电磁搅拌器	1 台	$50cm^3$ 滴定管、滴定台	各 1 只
搅拌磁子	1 粒	洗瓶	1 个
$50cm^3$ 容量瓶	10 只	氟离子选择电极	1 支

232 型甘汞电极	1 支	洗耳球	1 个
塑料镊子	1 只	小块滤纸	若干
$10cm^3$吸量管	1 支		

（2）试剂　F^-标准溶液（$10\mu g \cdot cm^{-3}$）$500cm^3$。

2. 公用仪器与试剂：

（1）仪器

$50cm^3$滴定管	1 支	滴定台	1 只
$1.00cm^3$移液管	1 支	移液管架	1 只

（2）试剂

氟离子标准溶液（$100\mu g \cdot cm^{-3}$）（准确称取于 110～120℃干燥 2h 并冷却的分析纯 NaF 0.221g，溶于蒸馏水，转入$1000cm^3$容量瓶中，稀释至刻度，贮于聚乙烯瓶中），总离子强度调节缓冲液［于$1000cm^3$烧杯中加$500cm^3$水、$57cm^3$冰醋酸、58g 氯化钠、12g 柠檬酸钠（$Na_3C_6H_5O_7 \cdot 2H_2O$），搅拌使溶解。将烧杯放在冷水浴中，缓缓加入$6mol \cdot dm^{-3}$ NaOH 溶液至 pH 在 5.0～5.5 之间（用 pH 计指示），冷却，用水稀释到$1000cm^3$］，饮用水样品（$10000cm^3$），饱和 KCl（$500cm^3$）。

四、测定步骤

1. 根据 pHS-3 型酸度计操作规程调整仪器

（1）开启电源（即按下“－mV”按键），约预热 30min，待定位稳定即可调整仪器。

（2）调零：将分挡开关指“0”挡，旋动“零调”使指针指于刻度正中（即“－1.0”处）。

（3）校正刻度值：分挡开关指“校正”，旋动校正调节器使指针指于满刻度（即“－2.0”处）。

2. 安装与洗涤电极

讯号输入前，电动势读数示值应定于“0”mV，此步骤可通过定位来调节：将分挡开关指“0”，电极插孔内不插电极，按下“读数”开关，旋动定位调节器使指针指“0”mV。

将氟离子选择电极及甘汞电极夹入电极夹（必须摘去电极的橡皮套），甘汞电极接“＋”，氟离子选择电极接“－”，并将电极浸入去离子水中，按下“读数”开关，开启搅拌器，洗涤电极至电动势示值在－240mV 以上，即可停止洗涤，待用。

3. 测定

（1）标准曲线法　用吸量管吸取$10\mu g \cdot cm^{-3}$的氟标准液$0.00cm^3$、$0.20cm^3$、$0.40cm^3$、$0.60cm^3$、$1.00cm^3$、$2.00cm^3$、$4.00cm^3$、$6.00cm^3$、$10.00cm^3$，分别置于$50cm^3$容量瓶中，逐个加入总离子强度调节缓冲液$10cm^3$，用水稀释至刻度，摇匀。即得氟离子浓度分别为：$0.00mg \cdot cm^{-3}$、$0.04mg \cdot cm^{-3}$、$0.08mg \cdot cm^{-3}$、$0.12mg \cdot cm^{-3}$、$0.20mg \cdot cm^{-3}$、$0.40mg \cdot cm^{-3}$、$0.80mg \cdot cm^{-3}$、$1.20mg \cdot cm^{-3}$、$2.00mg \cdot cm^{-3}$。将氟标准系列分别转入$50cm^3$塑料杯中，在电磁搅拌器搅拌下由低浓度到高浓度进行测定，读取平衡电动势，记录数据。

取饮用水样品$25.00cm^3$于$50cm^3$容量瓶中，加$10cm^3$总离子强度调节缓冲液，稀释至刻度摇匀，全部转移到预先干燥的塑料杯中，在与标准系列相同条件下测定E_x。

数据记录与结果计算：

水样电动势E_x＝____________。

在半对数坐标纸上做 mV-［F^-］图，即得标准曲线。

在标准曲线上查得E_x，A＝____________，所对应氟浓度：

$$氟(mg \cdot dm^{-3})=A\times\frac{50}{25}$$

(2) 标准加入法　于 $50cm^3$ 容量瓶中加 25.00cm^3 水样，加总离子强度调节缓冲液 $10cm^3$，用水稀释到刻度，摇匀，全部倒入预先干燥的塑料杯中，测得电动势 E_1（同 E_x）。

在已经测得 E_1 的溶液中准确加入 1.00cm^3 浓度为 $100\mu g \cdot cm^{-3}$ 的氟标准液，继续测得 E_2。用下式计算氟含量。

E_1____________；E_2____________。

$$氟(mg \cdot dm^{-3})=\Delta c(10^{\Delta E/S}-1)$$

$$\Delta E=E_2-E_1$$

$$\Delta c=(c_{标}/V_{标})/V_{样}$$

测定完毕，洗涤电极，关闭电源，洗净仪器，清洁台面，实验结束。

五、思考题

1. 测定 F^- 的浓度为什么要从低浓度开始到高浓度？测定标准曲线电动势后，测未知水样电动势，为什么要重新洗涤电极？

2. 标准曲线法在测定电动势时，可用少量溶液洗涤烧杯和电极，但在标准加入法中，则不能用溶液润洗，为什么？

3. 测定电动势全过程中，搅拌速度必须保持不变，为什么？

实验四十五　水中化学需氧量（COD）的测定（高锰酸钾法）

一、实验目的

1. 掌握酸性高锰酸钾法测定水中 COD 的方法。

2. 了解测定 COD 的意义。

二、实验原理与技能

1. 实验原理

化学需氧量（COD）系指用适当氧化剂处理水样时，水样中需氧污染物所消耗的氧化剂的量，通常以相应的氧含量（单位为 $mg \cdot dm^{-3}$）来表示。COD 是表示水体或污水污染程度的重要综合性指标之一，是环境保护和水质控制中经常需要测定的项目。COD 值越高，说明水体污染越严重。COD 的测定分为酸性高锰酸钾法、碱性高锰酸钾法和重铬酸钾法，本实验采用酸性高锰酸钾法。

在酸性条件下，向被测水样中定量加入高锰酸钾溶液，加热水样，使高锰酸钾与水样中有机污染物充分反应，过量的高锰酸钾则加入一定量的草酸钠还原，最后用高锰酸钾溶液返滴过量的草酸钠，由此计算出水样的耗氧量。反应方程式：

$$2MnO_4^- + 5C_2O_4^{2-} + 16H^+ \rightleftharpoons 2Mn^{2+} + 10CO_2\uparrow + 8H_2O$$

2. 实验技能

练习氧化还原返滴定法的操作。

三、主要仪器与试剂

1. 仪器　滴定管，电炉，锥形瓶。

2. 试剂　0.013$mol \cdot dm^{-3}$ 草酸钠标准溶液（准确称取基准物质 $Na_2C_2O_4$ 0.429g 左右溶于少量的蒸馏水中，定量转移至 $250cm^3$ 容量瓶中，稀释至刻度，摇匀，计算其浓度），

0.005mol·dm^{-3}高锰酸钾溶液，硫酸（1∶2），硝酸银溶液（w=0.10）。

四、实验内容

取适量水样于250cm^3锥形瓶中，用蒸馏水稀释至100cm^3，加硫酸（1∶2）10cm^3，再加入w=0.10的硝酸银溶液5cm^3，以除去水样中的Cl^-（当水样中Cl^-浓度很小时，可以不加硝酸银），摇匀后准确加入0.005mol·dm^{-3}高锰酸钾溶液10.00cm^3（V_1），将锥形瓶置于沸水浴中加热30min，氧化需氧污染物。稍冷后（约80℃）加0.013mol·dm^{-3}草酸钠标准溶液10.00cm^3，摇匀（此时溶液应为无色），在70～80℃的水浴中用0.005mol·dm^{-3}高锰酸钾溶液滴定至微红色，30s内不褪色即为终点，记录高锰酸钾溶液的用量V_2。

在250cm^3锥形瓶中加入蒸馏水100cm^3和1∶2硫酸10cm^3，移入0.013mol·dm^{-3}草酸钠标准溶液10.00cm^3，摇匀，在70～80℃的水浴中，用0.005mol·dm^{-3}高锰酸钾溶液滴定至溶液呈微红色，30s内不褪色即为终点，记录高锰酸钾溶液的用量V_3。

在250cm^3锥形瓶中加入蒸馏水100cm^3和1∶2硫酸10cm^3，在70～80℃下，用0.005mol·dm^{-3}高锰酸钾溶液滴定至溶液呈微红色，30s内不褪色即为终点，记录高锰酸钾溶液的用量V_4。

按下式计算化学需氧量COD（Mn）。

$$\mathrm{COD(Mn)}=\frac{[(V_1+V_2-V_4)f-10.00]\times c(\mathrm{Na_2C_2O_4})\times 16.00\times 1000}{V_s}$$

式中，$f=10.00/(V_3-V_4)$，即每毫升高锰酸钾相当于f cm^3草酸钠标准溶液；V_s为水样体积；16.00为氧的相对原子质量。

五、注意事项

1. 水样量根据在沸水浴中加热反应30min后，应剩下加入量一半以上的0.005mol·dm^{-3}高锰酸钾溶液的量来确定。

2. 废水中有机物种类繁多，但对于主要含烃类、脂肪、蛋白质以及挥发性物质（如乙醇、丙酮等）的生活污水和工业废水，其中的有机物大多数可以氧化90%以上，但吡啶、甘氨酸等有些有机物则难以氧化，因此，在实际测定中，氧化剂种类、浓度和氧化条件等对测定结果均有影响，所以必须严格按规定操作步骤进行分析，并在报告结果时注明所用的方法。

3. 本实验在加热氧化有机污染物时，完全敞开，如果废水中易挥发性化合物含量较高时，应使用回流冷凝装置加热，否则结果将偏低。

4. 水样中Cl^-在酸性高锰酸钾中能被氧化，使结果偏高。

5. 实验中最好用含酸性高锰酸钾的蒸馏水重新蒸馏所得的二次蒸馏水。

六、思考题

1. 哪些因素影响COD测定的结果，为什么？

2. 可以采用哪些方法避免废水中Cl^-对测定结果的影响？

实验四十六　EDTA标准溶液的配制与标定

一、实验目的

1. 掌握EDTA标准溶液的配制和标定方法。

2. 学会判断配位滴定的终点。

3. 了解缓冲溶液的应用。

二、基本原理

配位滴定中通常使用的配位剂是乙二胺四乙酸的二钠盐（$Na_2H_2Y \cdot 2H_2O$），其水溶液的 pH 为 4.8 左右，若 pH 值偏低，应该用 NaOH 溶液中和到 pH＝5 左右，以免溶液配制后有乙二胺四乙酸析出。

EDTA 能与大多数金属离子形成 1∶1 的稳定配合物，因此可以用含有这些金属离子的基准物，在一定酸度下，选择适当指示剂来标定 EDTA 溶液的浓度。

标定 EDTA 溶液的基准物常用的有 Zn、Cu、Pb、$CaCO_3$、$MgSO_4 \cdot 7H_2O$ 等。用 Zn 作基准物可以用铬黑 T（EBT）作指示剂，在 $NH_3 \cdot H_2O$-NH_4Cl 缓冲溶液（pH＝10）中进行标定，其反应如下：

滴定前
$$\underset{\text{(纯蓝色)}}{Zn^{2+} + In^{3-}} = \underset{\text{(酒红色)}}{ZnIn^-}$$

式中，In^{3-} 为金属指示剂。

滴定开始至终点前
$$Zn^{2+} + Y^{4-} = ZnY^{2-}$$

终点时
$$\underset{\text{(酒红色)}}{ZnIn^-} + Y^{4-} = ZnY^{2-} + \underset{\text{(纯蓝色)}}{In^{3-}}$$

所以，终点时溶液从酒红色变为纯蓝色。

用 Zn 作基准物也可用二甲酚橙为指示剂，六亚甲基四胺作缓冲剂，在 pH＝5～6 进行标定。两种标定方法所得的结果稍有差异。通常选用的标定条件应尽可能与被测物的测定条件相近，以减少误差。

三、仪器与药品

1. 仪器　分析天平，滴定管（碱式），移液管（25.00cm^3），容量瓶（250cm^3）。

2. 药品　$NH_3 \cdot H_2O$-NH_4Cl 缓冲溶液（pH＝10）（取 6.75g NH_4Cl 溶液于 20cm^3 水中，加入 57cm^3 15$mol \cdot dm^{-3}$ $NH_3 \cdot H_2O$，用水稀释到 100cm^3），铬黑 T 指示剂，纯 ZnO，EDTA 二钠盐（A. R.），6$mol \cdot dm^{-3}$ HCl 溶液，6$mol \cdot dm^{-3}$ 氨水。

四、实验内容

1. 0.01$mol \cdot dm^{-3}$ EDTA 溶液的配制　称取 1.9g EDTA 二钠盐，溶于 500cm^3 水中，必要时可温热以加快溶解（若有残渣可过滤除去）。

2. 0.01$mol \cdot dm^{-3}$ Zn^{2+} 标准溶液的配制　将 ZnO 在 800℃灼烧至恒重，干燥器中冷却。准确称取 ZnO 0.20～0.25g，置于 100cm^3 小烧杯中，加 5cm^3 6$mol \cdot dm^{-3}$ HCl 溶液，盖上表面皿，使 ZnO 完全溶解。吹洗表面皿及杯壁，小心转移于 250cm^3 容量瓶中，用水稀释至刻度标线，摇匀。计算 Zn^{2+} 标准溶液的浓度（$c_{Zn^{2+}}$）。

3. EDTA 溶液浓度的标定　用 25cm^3 移液管吸取 Zn^{2+} 标准溶液置于 250cm^3 锥形瓶中，逐滴加入 6$mol \cdot dm^{-3}$ $NH_3 \cdot H_2O$，同时不断摇动直至开始出现白色 $Zn(OH)_2$ 沉淀。再加 5cm^3 $NH_3 \cdot H_2O$-NH_4Cl 缓冲溶液、50cm^3 水和少量固体铬黑 T，用 EDTA 标准溶液滴定至溶液由酒红色变为纯蓝色即为终点。记下 EDTA 溶液的用量 V_{EDTA}（cm^3）。重复一次，计算 EDTA 的浓度（c_{EDTA}）。

五、思考题

1. 在配位滴定中，指示剂应具备什么条件？

2. 本实验用什么方法调节 pH 值？

3. 若在调节溶液 pH＝10 的操作中，加入很多 $NH_3 \cdot H_2O$ 后仍不见白色沉淀出现是何原因？应如何避免？

实验四十七　葡萄糖含量的测定（碘量法）

一、实验目的

通过葡萄糖含量的测定，掌握间接碘量法的原理及其操作。

二、基本原理

碘与 NaOH 作用能生成 NaIO（次碘酸钠），而 $C_6H_{12}O_6$（葡萄糖）能定量地被氧化。在酸性条件下，未与 $C_6H_{12}O_6$ 作用的可转变成 I_2 析出，因此只要用 $Na_2S_2O_3$ 标准溶液滴定析出的 I_2，便可计算出 $C_6H_{12}O_6$ 的含量。以上各步可用反应方程式表示如下：

1. I_2 与 NaOH 作用

$$I_2+2NaOH \xlongequal{} NaIO+NaI+H_2O$$

2. $C_6H_{12}O_6$ 与 NaIO 定量作用

$$C_6H_{12}O_6+NaIO \xlongequal{} C_6H_{12}O_7+NaI$$

3. 总反应

$$I_2+2NaOH+C_6H_{12}O_6 \xlongequal{} C_6H_{12}O_7+2NaI+H_2O$$

4. $C_6H_{12}O_6$ 作用完后，剩下的 NaIO 在碱性条件下发生歧化反应

$$3NaIO \xlongequal{} NaIO_3+2NaI$$

5. 歧化产物在酸性条件下进一步作用生成 I_2

$$NaIO_3+5NaI+6HCl \xlongequal{} 3I_2+6NaCl+3H_2O$$

6. 析出的 I_2 可用标准 $Na_2S_2O_3$ 溶液滴定

$$I_2+2Na_2S_2O_3 \xlongequal{} Na_2S_4O_6+2NaI$$

在这一系列的反应中，1mol 葡萄糖与 1mol NaIO 作用，而 1mol I_2 产生 1mol NaIO。因此，1mol 葡萄糖与 1mol I_2 相当。

本法可作为葡萄糖注射液中葡萄糖含量的测定用。葡萄糖注射液有 5%、10%、50%三种，本实验用 50%注射液稀释 100 倍作为待测溶液。

三、仪器与药品

1. 仪器　移液管（$25cm^3$），碘量瓶，滴定管（碱式）。

2. 药品　$0.05mol \cdot dm^{-3}$ I_2 标准溶液，$0.1mol \cdot dm^{-3}$ $Na_2S_2O_3$ 标准溶液，$2mol \cdot dm^{-3}$ NaOH 溶液，$6mol \cdot dm^{-3}$ HCl 溶液，50%葡萄糖注射液，0.2%淀粉指示剂。

四、实验内容

用移液管吸取 $25.00cm^3$ 待测溶液置于碘量瓶中，准确加入 $25.00cm^3$ I_2 标准溶液。一边摇动，一边慢慢加入 $2mol \cdot dm^{-3}$ NaOH 溶液，直至溶液呈纯淡黄色[1]（加碱速度不能过快，否则过量 NaIO 来不及氧化 $C_6H_{12}O_6$ 而歧化为不与葡萄糖反应的 $NaIO_3$ 和 NaI，使测定结果偏低）。将碘量瓶加塞放置 10～15min 后，加 $2cm^3$ $6mol \cdot dm^{-3}$ HCl 溶液使成酸性，立即用 $Na_2S_2O_3$ 溶液滴定至溶液呈淡黄色时，加入 $2cm^3$ 淀粉指示剂，继续滴加到蓝色消失为止。记录滴定读数。

重复滴定一次，并按下式计算葡萄糖的含量（以 $g \cdot dm^{-3}$ 表示）。

$$\rho_{C_6H_{12}O_6}(g \cdot dm^{-3})=\frac{\left(c_{I_2}V_{I_2}-\frac{1}{2}c_{Na_2S_2O_3}V_{Na_2S_2O_3}\right)\times\frac{M_{C_6H_{12}O_6}}{1000}}{25.00}\times 1000$$

[1] 这一步骤对结果影响较大，必须仔细操作和观察。

五、思考题

1. 碘量法主要的误差来源有哪些？如何避免？

2. 试说明碘量法为什么既可以测定还原性物质，又可以测定氧化性物质？测定时应如何控制溶液的酸碱性？为什么？

3. 计算式中“$\frac{1}{2}c_{Na_2S_2O_3}V_{Na_2S_2O_3}$”代表什么意义？

实验四十八　铵盐中含氮量的测定（甲醛法）

一、实验目的

1. 掌握甲醛法测定铵盐中含氮量的原理。

2. 学会用酸碱滴定法间接测定氮肥中的含氮量。

二、实验原理与技能

1. 实验原理

由于 $NH_3 \cdot H_2O$ 的 $K_b^{\ominus}=1.8\times10^{-5}$，它的共轭酸 NH_4^+ 的 $K_a^{\ominus}=5.6\times10^{-10}$，所以铵盐中的氮含量不能用标准碱直接滴定，但可用间接法来测定。

硫酸铵的测定常用甲醛法，NH_4^+ 与 HCHO 迅速反应而生成等物质的量的酸［H^+ 和质子化的六亚甲基四胺盐（$K_a^{\ominus}=7.1\times10^{-6}$）］，其反应式为：

$$4NH_4^+ + 6HCHO = (CH_2)_6N_4H^+ + 3H^+ + 6H_2O$$

生成的酸可用酚酞作指示剂，用标准 NaOH 溶液滴定。

甲醛法也可以用于测定有机化合物中的氮，但需将样品预处理，使其转化为铵盐后再进行测定。

2. 实验技能

中性 HCHO 溶液的配制：甲醛中常含有微量的酸，应事先除去。其方法如下：取原瓶装甲醛上层清液于烧杯中，用水稀释 1 倍，加 1～2 滴酚酞指示剂，用 $0.1000mol \cdot dm^{-3}$ 的 NaOH 标准溶液滴定至甲醛溶液呈现淡粉红色。

三、主要仪器与试剂

1. 仪器　碱式滴定管，移液管（$20cm^3$），分析天平。

2. 试剂　$0.1000mol \cdot dm^{-3}$ NaOH 标准溶液，HCHO，$(NH_4)_2SO_4$，酚酞指示剂。

四、实验内容

准确称取 0.18g 左右 $(NH_4)_2SO_4$ 试样三份，分别置于 250mL 的锥形瓶中，加 50mL 水溶解，加入 $10cm^3$ 20%的中性甲醛溶液、1 滴酚酞指示剂，充分摇匀后，静置 1min，使反应完全，最后用 $0.1000mol \cdot dm^{-3}$ NaOH 标准溶液滴定至粉红色。按下式计算氮的质量分数：

$$w_N=\frac{c_{NaOH}V_{NaOH}M_N}{1000m_{样}}\times100\%$$

五、思考题

1. 本实验为什么用酚酞作指示剂，能否用甲基橙为指示剂？

2. $(NH_4)_2SO_4$ 能否用标准碱直接滴定？为什么？

3. 能否用甲醛法来测定 NH_4NO_3、NH_4Cl 和 NH_4HCO_3 中的氮含量？

实验四十九　醇同系物的气相色谱分离及含量测定

一、目的要求

1. 了解气相色谱仪的基本结构、分析流程、检测原理及操作方法。

2. 初步掌握色谱的进样技术。

3. 掌握利用保留时间定性及归一化法定量的分析方法。

二、基本原理

气相色谱是一种广泛、实用、快速的分析技术，在化工、医药、食品、环境等领域广泛应用。其主要由载气系统、进样系统、色谱柱、检测器、记录系统等五个部分组成，其中色谱柱和检测器是色谱分析仪的关键部件，混合物能否被分离取决于色谱柱，分离后的组分能否灵敏地被准确检测出来，取决于检测器。

气相色谱在使用过程中可以实现物质的定性分析及定量分析。定性分析的主要依据是：在气相色谱条件不变的情况下，每一可气化物质都有各自确定的保留值，故可用保留值进行定性分析，对于多组分混合物，若色谱峰均能分开，则可以将各峰的保留值与混合物中各组分相应的标准样品在相同条件所测定的保留值进行对照，这是气相色谱最常用的定性分析方法。

气相色谱的定量分析依据是：被分析组分的量或其在载气中的浓度与检测器的响应信号成正比，即物质的量正比于色谱峰面积。色谱峰面积是色谱定量分析的基础，它是流经检测器的载气中组分含量瞬时变化所反映出来的曲线下的面积。峰面积可以由计算机加色谱工作站来直接求得。但是，由于检测器对分析组分的响应情况不一样，所以要想得到准确的定量分析结果，首先必须准确地测量峰面积，求出色谱信号强度与各物质质量的关系因子（即校正因子 f_i，同时也要正确地选用定量计算方法来进行数据处理。一般来说，待测组分的校正因子不能直接得到，通常用相对校正因子（f_i'）来代替。常选择标准物，其 $f_s=1.0$，则组分的相对校正因子为：

$$f_i'=\frac{m_iA_s}{m_sA_i}$$

当样品中各组分都能出峰时，采用归一化法既方便又准确，进样量大小对结果影响较小，归一化法定量计算方法：

$$w_i=\frac{f_i'A_i}{f_1'A_1+f_2'A_2+\cdots+f_n'A_n}$$

式中　A_i ——样品中某组分 i 的峰面积；

f_i' ——样品中某组分 i 的相对校正因子；

w_i ——样品中某组分 i 的质量分数。

三、试剂、仪器及实验条件

1. 试剂　乙醇、正丙醇、正丁醇、异丁醇标准标样各一瓶，乙醇、正丙醇、正丁醇、异丁醇混合试样一瓶（混合样品用标准样品按一定比例配制）。

2. 仪器　微量进样器（1μL），色谱仪（天美 GC－7890Ⅱ），色谱柱（天美白酒分析柱，不锈钢填充柱 2m×3mm×2mm）。

3. 实验条件　柱温 80℃，气化温度 150℃，FID 检测器 150℃，载气（N_2）流速

$40cm^3 \cdot min^{-1}$，H_2流速 $35cm^3 \cdot min^{-1}$，空气流速 $300cm^3 \cdot min^{-1}$。

四、实验内容

1. 仪器调节

(1) 按规程开启气体发生器。若使用的气源为钢瓶，则开启载气钢瓶阀，此时高压表头示出钢瓶压力（注意：必须在关闭减压阀的情况下开启钢瓶阀），然后慢慢打开（推进）“减压阀”至低压表头示出所需压力。

(2) 旋动“稳压阀”调节载气流速，至流量计上显示约 $40cm^3 \cdot min^{-1}$的流速。

(3) 开启顺序：色谱仪电源开关，通过控制面板设置层析室、气化室、检测室温度，使之加热升温至所设温度。

(4) 按照步骤 (2) 调节空气及 H_2至实验所需流量，通过控制面板“FIRE”点火（若检测器点火不成功，则可适当增加 H_2流量，待点火完成后调回所需流量）。

(5) 打开工作站，待基线走直方可进样。

2. 进样及结果分析

(1) 乙醇、正丙醇、正丁醇、异丁醇标准样品分析：取 1μL 微量进样器分别取乙醇、正丙醇、正丁醇、异丁醇纯标样各 0.1μL 进样，调节工作站操作软件，观察色谱图出峰情况，待色谱峰记录完整后，分别记录各组分进样后所得色谱图的保留时间。

(2) 混合样品分析：用 1μL 微量进样器取混合样品 0.3μL 进样，调节工作站操作软件，观察色谱图出峰情况，待色谱峰记录完整后，记录各色谱峰的保留时间、峰高、峰面积等参数。

(3) 根据所记录的标准样品及混合样品的分析结果，对混合样品中各个峰进行定性，并结合峰面积和相对校正因子进行定量计算。

3. 关闭仪器及整理

(1) 关闭色谱仪：调节 H_2流量开关至“0”，熄灭 FID 检测器火焰，然后调节色谱仪控制面板，将层析室、气化室、检测室温度设为常温（如：30℃），待其温度降至所设温度后，依次关闭气源和仪器电源。

(2) 整理样品及微量进样器：将微量进样器用适当溶剂进行洗涤，标准样品及混合样品整理后放回样品室，根据实验情况，做好仪器使用登记。

五、数据记录及结果计算

六、思考题

1. 在实验中为什么要先开气路？又为什么要升温、恒温、再准确调节载气流速？

2. 色谱定性依据是什么？归一化法定量必须满足什么条件？

实验五十　气相色谱法测定白酒中乙醇的含量

一、实验目的

1. 学习气相色谱法测定含水样品中的 C_2H_5OH 含量。

2. 学习和熟悉氢火焰检测器的调试及使用方法。

3. 学习和掌握色谱内标定量方法。

二、实验原理

内标法是一种准确而应用广泛的定量分析方法，操作条件和进样量不必严格控制，限制条件较少。当样品中组分不能全部流出色谱柱，某些组分在检测器上无信号或只需测定样品中的个别组分时，可采用内标法。

内标法就是将准确称量的纯物质作为内标物，加到准确称取的样品中，根据内标物的质量 m_s 与样品的质量 m 及相应的峰面积 A 求出待测组分的含量。为方便起见，求相对校正因子时，常以内标物作为标准物，则 $f_s=1.0$。选用内标物时需满足下列条件：①内标物应是样品中不存在的物质；②内标物应与待测组分的色谱峰分开，并尽量靠近；③内标物的量应接近待测物的含量；④内标物与样品互溶。

待测组分质量 m_i 与内标物质量 m_s 之比等于相应的峰面积之比。

$$\frac{m_i}{m_s}=\frac{A_i f_i}{A_s f_s}$$

$$m_i=\frac{A_i f_i}{A_s f_s}m_s$$

$$w=\frac{m_i}{m}=\frac{A_i f_i m_s}{A_s f_s m}$$

或

$$\rho=\frac{m_i}{V}=\frac{A_i f_i m_s}{A_s f_s V}$$

式中 f_i、f_s——i 组分和内标物 s 的相对质量校正因子；

A_i、A_s——i 组分和内标物 s 的峰面积；

V——待测样品体积。

本实验样品中 C_2H_5OH 的含量可用内标法定量，以无水 n-C_3H_7OH 为内标物符合以上条件。

三、主要仪器和试剂

1. 仪器　7890Ⅱ气相色谱仪，氢火焰检测器（FID），色谱柱 2m×3mm，微量进样器（1μL），容量瓶（50cm^3），吸量管（2cm^3、5cm^3）。

2. 试剂　固定液［聚乙二醇 20000（简称 PEG20M）］，载体［上海试剂厂 102 白色载体（60～80 目）（液载比 10%）］，无水 C_2H_5OH（A. R.），无水 n-C_3H_7OH（A. R.），食用酒，酊剂待测样品。

四、实验内容

1. 色谱操作条件

柱温 90℃，气化室温度 150℃，检测器温度 130℃，N_2（载气）流速 40cm^3 · min^{-1}，H_2 流速 35cm^3 · min^{-1}，空气流速 400cm^3 · min^{-1}。

2. 标准溶液的测定

准确移取 2.50cm^3 无水 C_2H_5OH 和 2.50cm^3 无水 n-C_3H_7OH 于 250cm^3 容量瓶中，用蒸馏水稀释至刻度，摇匀。用微量进样器吸取 0.5μL 标准溶液，注入色谱仪内，记录各峰的保留时间 t_R，测量各峰的峰高及半峰宽，求以 n-C_3H_7OH 为标准的相对校正因子。

3. 样品溶液的测定

准确移取 1.00cm^3 酒样及 2.50cm^3 无水 n-C_3H_7OH（内标物）于 250cm^3 容量瓶中，加水稀释至刻度，摇匀。用微量进样器吸取 0.5μL 样品溶液注入色谱仪内，记录各峰的保留时间 t_R，以标准溶液与样品溶液的 t_R 对照，定性样品中的醇，利用工作站测定 C_2H_5OH、n-C_3H_7OH 的峰高及峰面积，求样品中 C_2H_5OH 的含量。

筛（60～80 目）。

四、色谱条件

1. 色谱柱　5A 分子筛固体吸附剂；

2. 载气及其流速　H_2，$90cm^3 \cdot min^{-1}$；

3. 柱温　室温；

4. 气化室、检测室温度　室温；

5. 桥电流　180mA；

6. 衰减　“1”挡。

五、基本操作

1. 载气流量的测定

用橡胶管将皂膜流量计与热导池检测器出口相连接，用手指轻轻捏住皂膜流量计下端的橡皮头，使皂液液面上升至载气出口，同时皂液产生皂膜，沿刻度管不断上升。气流速度恰好等于单位时间里皂膜上升的高度。

用秒表记下皂膜通过刻度管一定体积所需的时间，即可求出载气的流量，以 $cm^3 \cdot min^{-1}$ 为单位表示。

2. 保留时间的测定

（1）洗进样器　用 $1cm^3$ 进样器抽取少量气样，再排出去，如此重复 3～4 次，以便将进样器洗干净。

（2）取样　洗净进样器应立即抽取气样，多抽取一些，将多余部分排出，保留所需要的体积。

（3）进样　取样后应马上进样，将进样器针头插入进样口橡胶垫，并迅速将活塞推到底，同时启动工作站进样按钮，进样动作要快，注入后应立即将进样器针头拨出。

进样开始至工作站记录的信号出现色谱峰的峰尖时，这段时间即为该组分的保留时间。

六、实验内容

1. 载气的压力与流量关系曲线的绘制

现在的气相色谱仪普遍直接采用稳流阀代替流量计，7890Ⅱ气相色谱仪就属此列。调节稳流阀旋钮，测定各次稳流阀圈数与流量并记录于实验报告本。绘制方法如下：

打开气源，调分压使压力约为 0.245MPa 左右，打开室内氢气总开关，调节仪器上载气压力，调节使柱前压力表约为 0.245MPa。

将载气出口排气管取下，用弹簧夹夹住，载气出口换上皂膜流量计入气口橡胶管。每改变一次稳流阀圈数，测量一次载气流量。当测定的流量达到 $120cm^3 \cdot min^{-1}$ 时即可停止测定。

按照上述方法分别测定两个稳流阀圈数与流量的关系。测定结束后，应摘下皂膜流量计的橡皮管，接上两个通往室外的橡皮管。

根据测得的数据，以稳流阀圈数为纵坐标，载气流量为横坐标，在普通坐标纸上画出稳流阀圈数-流量关系曲线。

2. 色谱条件的调节

（1）调载气流量　参照稳流阀圈数-流量关系曲线，调节稳流阀圈数，使其所对应的载气流量约为 $90cm^3 \cdot min^{-1}$。

（2）桥电流设置约为 180mA，稳定 10min 再调一次。

（3）打开工作站，待基线走直后，可根据进样口的位置（有两个）将选择旋钮再转至“测量”挡（也有两个，要与进样口一致），即可测定氧、氮保留时间。

3. 氧、氮保留时间的测定

用 $1cm^3$ 进样器从纯氧球胆出口的乳胶管处取样 $0.1cm^3$，进样后由色谱工作站记录保留时间。重复测定 3～4 次，取平均值作为氧在 5A 分子筛柱上的保留时间。

以同样方法从纯氮气球胆中取 $0.3cm^3$，进样，记录保留时间，重复测定 3～4 次，取平均值作为氮在 5A 分子筛柱上的保留时间。要求同一组分几次测得的保留时间彼此相差不得超过 2s。

必须注意：柱内压力较大，进样时应一手夹住针管及针头，另一手按住玻璃活塞，防止将活塞顶出来掉在地上摔碎。

4. 空气中氧、氮含量的测定

用 $1cm^3$ 进样器取 $0.4cm^3$ 空气，注入进样口，记录各组分的保留时间，并与氧、氮保留时间对照，判断两个色谱峰所代表的组分，即哪个是氧峰，哪个是氮峰。

利用色谱工作站显示记录氧、氮两个组分的峰高和半峰宽，并计算出它们各自的含量。

5. 关仪器

先将桥电流调至最小，再关电源开关；待电源器温度降到室温（即用载气吹一定时间），关掉仪器中载气入口的压力调节阀，使压力表指针回零后再将转子流量计的针形阀关好，最后关钢瓶减压阀和实验室内总气路开关，拉下电源总闸。

注：由于氧、氮的校正因子彼此接近，计算公式中已经约去；空气中其它组分含量很少，可忽略不计，故可将工作站设置成峰面积归一化法，读取氧、氮含量。打印报告。

七、注意事项

1. 氢气是易燃易爆气体，为了保证安全，实验室内不准用明火，不能穿带钉子的鞋，除用皂膜流量计测流量外，热导池检测器出口氢气必须用橡胶管导出室外，并保持室内空气流通。

2. 在未通载气之前，绝对不准打开热导池检测器电器单元的电源开关，给桥路供电。

八、思考题

1. 色谱归一化法定量有何特点？使用该方法应具备什么条件？

2. 为什么可以利用色谱峰的保留值进行色谱定性分析？

第六章　基础综合实验

实验五十三　高品位无机颜料的制备与成分测定

一、实验目的

1. 了解钛白副产物提纯制备硫酸亚铁的方法；

2. 了解用亚铁盐制备氧化铁黄的原理和方法；

3. 掌握 Mn^{2+}、Ti^{4+} 等杂质的去除及定量分析；

4. 掌握无机化学制备的一些基本方法。

二、实验原理

氧化铁黄又称羟基铁（简称铁黄）。分子式为 $Fe_2O_3 \cdot H_2O$ 或 FeO(OH)，呈黄色粉末状，是化学性质比较稳定的碱性氧化物。不溶于碱，而微溶于酸，在热浓盐酸中可完全溶解。热稳定性较差，加热至 150～200℃时开始脱水，当温度升至 270～300℃时迅速脱水变为铁红（Fe_2O_3）。铁黄无毒，具有良好的颜料性能，在涂料中使用时遮盖力强，故应用广泛。常作为着色剂用于墙面粉饰、马赛克地面、水泥制品、油墨、橡胶以及造纸等。此外，铁黄还可作为生产铁红、铁黑、铁棕以及铁绿的原料；医药上做药片的糖衣着色以及在化妆品、绘图中也有应用。

本实验制取铁黄采用湿法亚铁盐氧化法。硫酸亚铁是硫酸法制钛白的副产物。生产 1t 钛白，副产 3～4t 七水硫酸亚铁，这成为了硫酸法制钛白工业沉重的负担。许多国家研究其综合利用，用它生产氧化铁颜料取得成功。在我国，生产氧化铁红、铁黄主要以废铁皮为原料，用钛白副产物硫酸亚铁生产则少有研究。因此，研究以钛白副产物硫酸亚铁为原料生产氧化铁颜料具有重要的经济意义和实用价值。但是由于硫酸法钛白副产物绿矾中通常含有钛、锰、铝、镁、钙、钒等金属离子的化合物，如果不提纯直接使用则会显著影响产品的色光和吸油量等性能，如果绿矾用于生产普通氧化铁颜料，则首先要求水不溶物在 0.3%以下，如果含量过高，杂质混杂于氧化铁颜料中，使色泽暗淡。因此，要制备高品位的铁系颜料，在使用前必须进行提纯。

1. 除杂原理

以沸水溶样，使钛发生水解，以沉淀的形式沉降于溶液底部，沸水溶样较常温溶解加热的优越性在于：

① 可以利用溶解吸热控制温度而避免因温度过高引起铁的水解；

② 由于沸水中不含溶解氧，可避免 $Fe(OH)_3$ 的生成；

③ 在 pH 值 1.2 时 TiO_2 本身呈严重的聚集状态，生成极小的沉淀，不易滤去，因此，加入适量的氢氧化钠沉淀剂和聚丙烯酰胺絮凝剂，使 Mn^{2+}、Al^{3+}、Mg^{2+} 等也随之沉淀。

有机絮凝剂的絮凝原理为：一般有机絮凝剂为大分子化合物，有很多极性基团，对悬浮的固体表面有很高的亲和力。吸附着固体颗粒的悬浮体彼此连接，把细分散的微粒子网罗起来，形成大的聚凝体而迅速沉降。

2. 制备铁黄的原理及方法

除空气参加氧化外，用氯酸钾作为主要的氧化剂，制备过程如下。

（1）晶种的形成　铁黄是晶体结构。要得到它的结晶，必须先形成晶核，晶核长大成为晶种。晶种生成过程的条件决定着铁黄的颜色和质量，所以制备晶种是关键的一步。形成铁黄晶种的过程大致分成两步。

① 生成氢氧化亚铁胶体　在一定温度下，向硫酸亚铁溶液中加入碱液，立即有胶状氢氧化亚铁生成，由于氢氧化亚铁溶解度非常小，晶核生成的速度相当迅速。为使晶种粒子细小而均匀，反应要在充分搅拌下进行，溶液中要留有硫酸亚铁晶体。

② FeO(OH) 晶核的形成　要生成铁黄晶种，需将氢氧化亚铁进一步氧化，反应方程式如下：

$$4Fe(OH)_2 + O_2 = 4FeO(OH) + 2H_2O$$

由于铁(Ⅱ)氧化成铁(Ⅲ)是一个复杂的过程，反应温度和 pH 必须严格控制在规定范围内。此步温度控制在 20～25℃，调节溶液 pH 保持在 4～4.5。如果溶液的 pH 接近中性或略偏碱性，可得到由棕黄到棕黑，甚至黑色的一系列过渡色。pH＞9 则形成红棕色的铁红晶种。若 pH＞10 则又产生一系列过渡色相的铁氧化物，失去作为晶种的作用。

（2）铁黄的制备（氧化阶段）　氧化阶段的氧化剂主要为 $KClO_3$。另外，空气中的氧也参加氧化反应。氧化时必须升温，温度保持在 80～85℃，控制溶液的 pH 为 4～4.5。氧化过程的化学反应如下：

$$4FeSO_4 + O_2 + 6H_2O = 4FeO(OH) + 4H_2SO_4$$

$$6FeSO_4 + KClO_3 + 9H_2O = 6FeO(OH) + 6H_2SO_4 + KCl$$

氧化过程中，沉淀的颜色为灰绿—墨绿—红棕—淡黄（或赭黄色）。

三、仪器与试剂

1. 仪器　烧杯，锥形瓶，磁力搅拌器，恒温水浴槽，酸度计，蒸发皿，布氏漏斗，抽滤瓶，烘箱，马弗炉，分光光度计，酸式滴定管。

2. 试剂　$FeSO_4 \cdot 7H_2O$，$KClO_3$，NaOH($2mol \cdot dm^{-3}$)，H_2SO_4($3mol \cdot dm^{-3}$)，硫-磷混酸（1∶1），浓氨水，NH_4Cl（$2mol \cdot dm^{-3}$），H_2O_2（3%），$SnCl_2$（$100g \cdot dm^{-3}$），$HgCl_2$（饱和溶液），高碘酸钾，二安替比林甲烷，二苯胺磺酸钠指示剂（0.2%）。

四、实验内容

1. 硫酸亚铁的提纯

（1）Ti^{4+} 的检验　该方法能检出限量 2μg 钛，最低浓度 40μg/g。方法是：取试液 4 滴置于离心试管中，加入浓氨水至溶液呈现碱性后，再多加 5 滴浓氨水。再加入 $2mol \cdot dm^{-3}$ NH_4Cl 5 滴，搅拌后离心分离，沉淀用水洗涤数次，然后将沉淀溶解于 3 滴 $6mol \cdot dm^{-3}$ H_2SO_4 中，再加 85% 的 H_3PO_4 1 滴和 3% 的 H_2O_2 4 滴，振荡后，溶液呈黄橙色，表明溶液中有钛。

（2）除 Ti^{4+}　原料按绿矾∶沸水＝1g∶2cm³ 的比例溶解，用浓硫酸调节溶液的 pH 值为 1～2，加入还原铁粉，加入量为绿矾质量的 11.5%，升温至 70℃进行水解，水解时间约为 1h，冷却至 40～50℃时加入聚丙烯酰胺，加入量为 $1mg \cdot dm^{-3}$，浓度为 0.02%。快速搅拌 10s，转速为 $300r \cdot min^{-1}$，慢速搅拌 15min，转速为 $50r \cdot min^{-1}$。

（3）除 Mn^{2+}　沉降选用的絮凝剂为聚丙烯酰胺，加入量为 $1mg \cdot dm^{-3}$，浓度为 0.02%，溶液温度为 40～50℃，先快速搅拌 10s，转速为 $300r \cdot min^{-1}$，再慢速搅拌 15min，转速为 $50r \cdot min^{-1}$。

2. 铁黄的制备

称取 $FeSO_4 \cdot 7H_2O$ 晶体 10g，加水 35cm³，磁力搅拌 10min，放置烘箱中 25℃恒温 10min。检验此时 pH，加入 2～3 滴 $3mol \cdot dm^{-3}$ 的 H_2SO_4，令溶液 pH<2，且溶液显淡蓝色。慢慢滴加 $2mol \cdot dm^{-3}$ NaOH，边加边搅拌至溶液 pH 为 2～3，停止加碱。观察过程中沉淀颜色的变化。另取 0.5g$KClO_3$倒入上述体系中，搅拌后检验体系的 pH，搅拌均匀。将烧杯放于 85℃恒温水浴槽中，边恒温边搅拌，并观测烧杯沉淀的颜色变化。持续 1h 左右，将产物进行减压抽滤，并用 60℃左右的去离子水反复冲洗，至溶液中基本无 SO_4^{2-} 为止。抽滤得黄色颜料，将其转入蒸发皿中，放入烘箱中 85℃恒温 12h，干燥后称量并计算产率。

3. 铁红的制备

将制得的铁黄样品在马弗炉中 300℃焙烧 4h。

4. 颜料的成分分析

(1) Fe 含量分析　精确称取 0.8g 样品，将试样置于 500cm³ 锥形瓶中，加盐酸 30cm³，加热使其完全溶解。为了促使试样溶解，在加热的同时可滴加 $100g \cdot dm^{-3}$ 氯化锡溶液，并继续加热至微沸，边搅拌边徐徐滴加 $100g \cdot dm^{-3}$ 氯化锡溶液直至溶液颜色刚变为无色，然后再过量一两滴，将烧瓶在流水中冷却至室温，加入 200cm³ 冷水稀释，随即加 15cm³ 饱和氯化汞强烈搅拌至出现微白色，经 1min，加 50cm³ 硫-磷酸混合溶液及加入 5～6 滴二苯胺磺酸钠指示剂，立即用 $c(1/6K_2Cr_2O_7)=0.1000mol \cdot dm^{-3}$ 的标准液滴定至溶液由暗绿色变为紫色即为终点，记下体积 V。滴定应在氯化汞溶液加完后不超过 3min 开始。颜料样品以 Fe_2O_3 质量分数表示，按下式计算：

$$w_{Fe_2O_3}=\frac{0.07984cV}{m}$$

(2) Mn^{2+} 的定量分析　在硫酸-磷酸介质中，用高碘酸盐将试验溶液中二价锰氧化成紫红色的高锰酸根离子，采用分光光度法，在波长 526nm 处测定其吸光度。

(3) Ti^{4+} 含量的定量分析　在酸性条件下，钛与二安替比林甲烷生成黄色配合物，采用分光光度法在波长 395nm 处测定其吸光度。

五、思考题

1. 制备铁黄过程中，为什么要先制备晶种，且晶种要求严格控制 pH？

2. 为何制得铁黄后干燥温度不能太高？

3. 简练且准确地归纳出由亚铁制备铁黄的原理及反应的条件。

4. 哪些杂质是影响颜料品质的主要原因？

实验五十四　过碳酸钠的合成和活性氧的化学分析

一、实验目的

1. 了解过氧键的性质，认识 H_2O_2溶液固化的原理，学习低温下合成过碳酸钠的方法。

2. 认识过碳酸钠的洗涤性和漂白性以及热稳定性（如有条件，可用差热分析法，确定热分解差热曲线）。

3. 测定过碳酸钠的活性氧含量（由 H_2O_2 含量确定）。

二、实验原理

过碳酸钠是一种固体放氧剂，为 Na_2CO_3 与 H_2O_2 的加合物($Na_2CO_3 \cdot 1.5H_2O_2 \cdot H_2O$)，

可作为纺织造纸等工业的漂白剂，精细化学品生产中作为消毒剂，洗涤剂的添加剂及金属表面处理剂的添加剂等。外观为白色结晶粉末，理论上活性氧的含量约为14%左右，相当于30%的H_2O_2溶液，比过硼酸钠（$NaBO_2 \cdot H_2O_2 \cdot 3H_2O$）活性氧含量11%要多3%。且合成过碳酸钠的原料易得而无毒性。

20℃时过碳酸钠在水中的溶解度约为14g。自动缓慢地放出氧气，在重金属离子催化作用下，加速放出氧气。在110℃左右分解：

$$Na_2CO_3 \cdot 1.5H_2O_2 \cdot H_2O \xrightarrow{110℃} Na_2CO_3 + 2.5H_2O + 0.75O_2$$

用Na_2CO_3或$Na_2CO_3 \cdot 10H_2O$以及H_2O_2为原料，在一定条件下可以合成$Na_2CO_3 \cdot nH_2O_2 \cdot mH_2O$（一般$n=1.5$，$m=1$）。合成方法有干法、喷雾法、溶剂法以及湿法（低温结晶法）等多种。本实验采用低温结晶法。反应过程如下：

Na_2CO_3水解 $CO_3^{2-} + H_2O \rightleftharpoons HCO_3^- + OH^-$

酸碱中和 $H_2O_2 + OH^- \rightleftharpoons HO_2^- + H_2O$

过氧键转移 $HCO_3^- + HO_2^- \rightleftharpoons HCO_4^- + OH^-$

低温下析出结晶：

$$2(NaHCO_4 \cdot H_2O) \longrightarrow Na_2CO_3 \cdot 1.5H_2O_2 + CO_2 + 1.5H_2O + 0.25O_2 \uparrow$$

−4℃左右析出$Na_2CO_3 \cdot 1.5H_2O_2 \cdot H_2O$晶体。

为了提高$Na_2CO_3 \cdot 1.5H_2O_2$的产量和析出速率，可以采用盐析法。由于NaCl溶解度基本不随温度降低而减小，在合成反应完成之后，加入适量的NaCl固体，即盐析法促进过碳酸钠晶体大量析出。母液可循环使用，实现污染“零排放”。

由于$Na_2CO_3 \cdot 1.5H_2O_2$易与有机物反应，因此它的晶体与母液不能通过滤纸加以分离，要用砂芯漏斗抽滤或离心分离法分离。

为了提高过碳酸钠的稳定性，在合成过程中应加入微量稳定剂如$MgSO_4$、Na_2SiO_3、$Na_4P_2O_7$等，也可以加入ETDA钠盐或柠檬酸钠盐作为配位剂，以掩蔽重金属离子，使它们失去催化H_2O_2分解的能力。同时产品中应尽量除去非结晶水。

三、仪器与试剂

1. 仪器　台秤，分析天平，温度计（−10～100℃），分液漏斗（50cm³），称量瓶，250cm³的碘量瓶（4个），烧杯100cm³、250cm³、400cm³，250cm³锥形瓶4个，量气管及大试管检测H_2O_2反应器1套，铁架台（含铁夹、铁圈、石棉网），含滴定台的酸碱滴定管各1支，量筒100cm³、10cm³各1个。

2. 试剂　工业碳酸钠固体（含结晶水），30%H_2O_2、NaCl固体（不含I^-或事先用H_2O_2处理过），$MgSO_4$固体（二级），Na_2SiO_3固体（二级），EDTA钠盐，固体柠檬酸钠固体，无水乙醇，pH试纸，澄清石灰水，H_3PO_4（二级）2mol·dm^{-3}，$K_2Cr_2O_7$（基准物质），KI固体（二级），淀粉（二级）（0.5%）。

四、实验步骤

1. 过碳酸钠的合成

称取碳酸钠50g，在盛有200cm³去离子水的250cm³烧杯中加热溶解、澄清、过滤，在冰柜中冷却到0℃，待用。

量取75cm³ 30%H_2O_2倒入400cm³烧杯中，在冰柜中冷却到0℃，在该烧杯中加入0.10g固体EDTA钠盐、0.25g固体$MgSO_4$、1g固体$Na_2SiO_3 \cdot 9H_2O$，放入磁转子，用

磁力搅拌器搅拌均匀，将 Na_2CO_3 溶液通过分液漏斗滴入盛有 H_2O_2 的烧杯中，边滴边搅拌，约 15min 之后滴加完毕，温度不超过 5℃，在冰柜中冷却到－5℃左右，边搅拌边缓缓加入固体 NaCl（约用 5min 时间加完）20g，此时大量晶体析出（盐析法）。20min 之后，从冰柜中取出 400cm^3 烧杯，用砂芯漏斗的减压抽滤设备抽滤分离，用澄清石灰水洗涤固体 2 次，用少量无水乙醇洗涤一次，抽干，得到晶状粉末 $Na_2CO_3 \cdot 1.5H_2O_2 \cdot H_2O$。母液可回收。

将产品 $Na_2CO_3 \cdot 1.5H_2O_2 \cdot H_2O$ 固体置于表面皿上，在低于 50℃的真空干燥器中烘干，得到白色粉末结晶，称量产品质量。工业生产上，母液可以回收，循环使用。

注意：在反应中尽可能避免引入重金属离子，否则产品的稳定性降低。烘干冷却之后，密闭放置于干燥处，受潮也影响热稳定性。

2. 过碳酸钠中 Na_2CO_3 含量与 H_2O_2 含量（活性氧）的测定

碳酸钠含量的测定符合混合碱测定原理，见实验《碳酸钠的制备及其总碱量的测定》。过氧化氢含量的测定主要有两种方法。

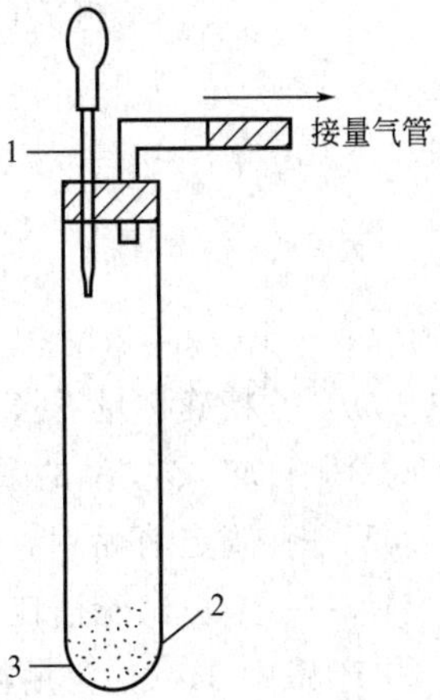

图 6-1　量气管法测 H_2O_2 含量装置

1—吸满水的滴管；2—滤纸包好的 MnO_2（微量）；3—产品（1.0000g）

（1）量气管粗测体积法

按图 6-1 中装置，在干燥大试管（试管可夹在铁支架的蝴蝶夹上）内装精确称量产品过碳酸钠 1.0000g，放入用滤纸包好的微量催化剂 MnO_2，并与量气管构成不漏气的密闭系统。将吸满水的滴管中的水挤入大试管中，反应立即进行：

$$4Na_2CO_3 \cdot 6H_2O_2 \cdot 4H_2O \xrightarrow{MnO_2} 4Na_2CO_3 + 10H_2O + 3O_2 \uparrow$$

反应完毕，待量气管液面达到平衡之后，记录读数，即为反应放出的氧气体积，可近似估计产品中 H_2O_2 的含量，理论值约为 30%，实际测定值低于理论值，一般为 20%左右。

$$w_{H_2O_2} = \frac{V_{O_2} M_{H_2O_2}}{22.4 m_{产品}}$$

$$w_{活性氧} = w_{H_2O_2} \times \frac{16}{34}$$

式中　V_{O_2}——量气管中氧气体积［换算成升，以升（L）计量］；

22.4——室温下 1mol O_2 占有的近似体积，$dm^3 \cdot mol^{-1}$；

$M_{H_2O_2}$——过氧化氢的摩尔质量，34.015$g \cdot mol^{-1}$；

$m_{产品}$——产品质量，g。

注：利用量气管，还可以观测产品的稳定性，确定产品的有效使用期。在干燥试管中加入固体产品 5g，与量气管构成密闭系统，经过天、周、月、年的时间，记录量气管液面变化情况，可粗略断定产品有效使用期限。一般有效期为 6 个月，才能作为产品使用。

（2）间接碘量法

① $c_{Na_2S_2O_3} = 0.10mol \cdot dm^{-3}$ 标准溶液的制备和标定　称取 26g $Na_2S_2O_3 \cdot 5H_2O$（或 16g 无水 $Na_2S_2O_3$）溶于 1000cm^3 纯水中，缓缓煮沸 10min，冷却，放置两周，过滤，备用。

准确称取 0.15g 基准物 $K_2Cr_2O_7$（准确到 0.0002g），需在 120℃烘干到恒重时称量。置于碘量瓶中，加 25cm³ 纯水、2g KI 及 20cm³ 2mol·dm⁻³ H_3PO_4溶液，摇匀之后，于暗处放置 10min，加 150cm³蒸馏水，用 0.10mol·dm⁻³的 $Na_2S_2O_3$溶液滴定。接近滴定终点时（溶液变成浅绿黄色），加 3cm³ 0.5%淀粉指示液继续滴定到溶液由蓝色变成亮绿色，就是滴定终点。记录读数，即为 $Na_2S_2O_3$的消耗体积（dm³）。同时进行空白试验，记录消耗 $Na_2S_2O_3$的体积（dm³）。用同样的方法平行测定另外 2 份。

$$Cr_2O_7^{2-} + 6I^- + 14H^+ \longrightarrow 2Cr^{3+} + 3I_2 + 7H_2O$$

$$3I_2 + 6S_2O_3^{2-} \longrightarrow 6I^- + 3S_4O_6^{2-}$$

$$n_{K_2Cr_2O_7} = \frac{1}{6} n_{Na_2S_2O_3}$$

$$c_{Na_2S_2O_3} = \frac{m_{K_2Cr_2O_7}}{(V - V_0) \times 49.03}$$

式中 m——精确称量 $K_2Cr_2O_7$ 的质量，g；

49.03——$M_{\frac{1}{6}K_2Cr_2O_7}$ 的摩尔质量，g·mol⁻¹；

V——滴定消耗 $Na_2S_2O_3$溶液的体积，dm³；

V_0——空白试验消耗 $Na_2S_2O_3$溶液的体积，dm³。

② 产品中 H_2O_2 含量测定　用减量法准确称取产品过碳酸钠 0.20～0.30g（准确到 0.0002g）4 份，分别放入碘量瓶中，取其中 1 份加入纯净水 100cm³（立即加入 2mol·dm⁻³ H_3PO_4 6cm³），再加入 2g KI 摇匀，置于暗处反应 10min，用 0.1000mol·dm⁻³ $Na_2S_2O_3$ 标准溶液滴定到浅黄色，加入 3cm³淀粉指示剂，继续滴定到蓝色消失为止，如 30s 内不恢复蓝色，说明已达终点。记录 $Na_2S_2O_3$ 用量（体积，dm³）并做空白试验，记录 $Na_2S_2O_3$ 的用量（体积，dm³）。

用同样方法，平行测定另外三份产品试样。相对偏差值小于 2%（由于 H_2O_2 与 I^- 的反应伴有副反应 $H_2O_2 \xrightarrow{I^-} H_2O + \frac{1}{2}O_2$，故测定值偏低）。

$$H_2O_2 + 2H^+ + 2I^- \longrightarrow I_2 + 2H_2O$$

$$I_2 + 2S_2O_3^{2-} \longrightarrow S_4O_6^{2-} + 2I^-$$

反应不可在碱性条件下进行，否则 I_2易发生歧化，由于产品 $Na_2CO_3 \cdot 1.5H_2O_2 \cdot H_2O$ 是碱性的，故要加入一定量 H_3PO_4，适当增加酸性介质，以阻止 I_2的歧化反应。

H_2O_2含量可用以下公式计算：

$$w_{H_2O_2} = \frac{c_{S_2O_3^{2-}} [V_{Na_2S_2O_3} - V_{0,Na_2S_2O_3}] M_{\frac{1}{2}H_2O_2}}{m_{产品}}$$

$$w_{活性氧} = w_{H_2O_2} \times \frac{16}{34}$$

式中 $c_{S_2O_3^{2-}}$——$Na_2S_2O_3$ 标准溶液浓度，mol·dm⁻³；

V——滴定消耗 $Na_2S_2O_3$ 体积，L；

V_0——空白试验消耗 $Na_2S_2O_3$ 体积，L；

$M_{\frac{1}{2}H_2O_2}$——$\frac{1}{2}H_2O_2$ 的摩尔质量（17.01g·mol⁻¹）；

$m_{产品}$——精确称量的产品质量，g。

3. $Na_2CO_3 \cdot 1.5H_2O_2 \cdot H_2O$ 的漂白消毒洗涤性能

在小烧杯中放入沾有油污的天然次等棉花 1g，加入 $5cm^3$ H_2O，振荡或搅拌反应体系 10min，与天然次等棉花对比色泽。$Na_2CO_3 \cdot 1.5H_2O_2 \cdot H_2O$ 是无磷无毒漂白洗涤剂一种配方的添加剂。

五、思考题

1. 根据分子轨道理论计算 O_2^+、O_2、O_2^{2-} 的键级。结合氧元素的电极电势图，了解 H_2O_2 的性质。

2. 根据实验原理，在制备 $Na_2CO_3 \cdot 1.5H_2O_2 \cdot H_2O$ 过程中，应注意掌握好哪些操作条件？

3. 试分析 $Na_2CO_3 \cdot 1.5H_2O_2 \cdot H_2O$ 具有洗涤、漂白与消毒作用的原因。

4. 如何测定 $Na_2CO_3 \cdot 1.5H_2O_2 \cdot H_2O$ 中 H_2O_2 的含量。分析测定结果成败的原因。

5. 为何不能像测定 CaO_2 含量那样，用 $KMnO_4$ 标准溶液来确定？

六、参考文献

1. 吕希伦. 无机过氧化合物化学. 北京：科学出版社，1987.

2. 天津化工研究院. 无机盐工业手册（下）. 北京：化学工业出版社，1981.

实验五十五　含锌药物的制备及含量测定

一、实验目的

1. 学会根据不同的制备要求选择工艺路线。

2. 掌握制备含 Zn 药物的原理和方法。

3. 进一步熟悉过滤、蒸发、结晶、焙烧、滴定等基本操作。

二、实验原理

1. $ZnSO_4 \cdot 7H_2O$ 的性质及制备原理

Zn 的化合物 $ZnSO_4 \cdot 7H_2O$、ZnO、$Zn(Ac)_2$ 等均具有药物作用。$ZnSO_4 \cdot 7H_2O$ 系无色透明、结晶状粉末，晶形为棱柱状或细针状或颗粒状，易溶于水（$1g/0.6cm^3$）或甘油（$1g/2.5cm^3$），不溶于酒精。医学上 $ZnSO_4 \cdot 7H_2O$ 为内服催吐剂，外用可配制滴眼液（0.1%～1%），利用其收敛性可防止沙眼。在制药工业上，硫酸锌是制备其他含锌药物的原料。

$ZnSO_4 \cdot 7H_2O$ 的制备方法很多。工业上可用闪锌矿为原料，在空气中燃烧氧化成硫酸锌，然后热水提取而得。在制药业上考虑药用的特点，可由粗 ZnO（或闪锌矿焙烧的矿粉）与 H_2SO_4 作用制得硫酸锌溶液：

$$ZnO + H_2SO_4 = ZnSO_4 + H_2O$$

此时 $ZnSO_4$ 溶液含 Fe^{2+}、Mn^{2+}、Cd^{2+}、Ni^{2+} 等杂质，须除杂。

（1）$KMnO_4$ 氧化法除 Fe^{2+}、Mn^{2+}

$$MnO_4^- + 3Fe^{2+} + 7H_2O = 3Fe(OH)_3 \downarrow + MnO_2 + 5H^+$$

$$2MnO_4^- + 3Mn^{2+} + 2H_2O = 5MnO_2 + 4H^+$$

（2）Zn 粉置换法除 Cd^{2+}、Ni^{2+}

$$CdSO_4 + Zn = ZnSO_4 + Cd$$

$$NiSO_4 + Zn \xlongequal{\quad} ZnSO_4 + Ni$$

除杂后的精制 $ZnSO_4$ 溶液经浓缩、结晶得 $ZnSO_4 \cdot 7H_2O$。

2. ZnO 的性质及制备原理

ZnO 系白色或淡黄色、无晶形柔软的细微粉末，在潮湿空气中能缓缓吸收水分及二氧化碳变为碱式碳酸锌。它不溶于水或酒精，但易溶于稀酸、氢氧化钠溶液。

ZnO 系一缓和的收敛消毒药，其粉剂、洗剂、糊剂或软膏等，广泛用于湿疹、癣等皮肤病的治疗。工业用的 ZnO 是在强热时使锌蒸气进入耐火砖室中并与空气混合，即燃烧成氧化锌：

$$2Zn + O_2 \xlongequal{\quad} 2ZnO$$

其产品常含铅、砷等杂质，不得供药用。

药用 ZnO 的制备是硫酸锌溶液中加 Na_2CO_3 溶液碱化产生碱式碳酸锌沉淀，经 250～300℃灼烧即得细粉状 ZnO，反应式如下：

$$3ZnSO_4 + 3Na_2CO_3 + 4H_2O \xlongequal{\quad} ZnCO_3 \cdot 2Zn(OH)_2 \cdot 2H_2O \downarrow + 3Na_2SO_4 + 2CO_2 \uparrow$$

$$ZnCO_3 \cdot 2Zn(OH)_2 \cdot 2H_2O \xlongequal{250 \sim 300℃} 3ZnO + CO_2 \uparrow + 4H_2O \uparrow$$

3. $(CH_3COO)_2Zn \cdot 2H_2O$ 的性质及制备原理

醋酸锌 $(CH_3COO)_2Zn \cdot 2H_2O$ 系白色、六边、单斜片状晶体，有珠光，微具醋酸臭气。它溶于水（$1g/5cm^3$）、沸水（$1g/1.6cm^3$）及沸醇（$1g/1cm^3$），其水溶液对石蕊试纸呈中性或微酸性。0.1%～0.5%的醋酸锌溶液可作洗眼剂，外用为收敛及缓和的消毒药。醋酸锌的制备可由纯氧化锌与稀醋酸加热至沸，过滤结晶而得：

$$2CH_3COOH + ZnO \xlongequal{\quad} (CH_3COO)_2Zn + H_2O$$

三、试剂

粗 ZnO，纯 Zn 粉，铬黑 T，H_2SO_4($2mol \cdot dm^{-3}$)，H_2SO_4($3mol \cdot dm^{-3}$)，HAc($3mol \cdot dm^{-3}$)，HCl($6mol \cdot dm^{-3}$)，饱和 H_2S，$NH_3 \cdot H_2O$($6mol \cdot dm^{-3}$)，$KMnO_4$($0.5mol \cdot dm^{-3}$)，Na_2CO_3($0.5mol \cdot dm^{-3}$)，$NH_3 \cdot H_2O$-NH_4Cl 缓冲溶液（pH=10）。

四、实验方法

1. $ZnSO_4 \cdot 7H_2O$ 的制备

(1) $ZnSO_4$溶液制备　称取市售粗 ZnO（或闪锌矿焙烧所得的矿粉）30g 放在 $200cm^3$ 烧杯中，加入 $2mol \cdot dm^{-3}$ H_2SO_4 150～$180cm^3$，在不断搅拌下，加热至 90℃，并保持该温度下使之溶解，同时用 ZnO 调节溶液的 pH≈4，趁热减压过滤，滤液置于 $200cm^3$ 烧杯中。

(2) 氧化除 Fe^{2+}、Mn^{2+} 杂质　将上面滤液加热至 80～90℃后，滴加 $0.5mol \cdot dm^{-3}$ $KMnO_4$ 至微红时停止加入，继续加热至溶液为无色，并控制溶液 pH=4，趁热减压过滤，弃去残渣。滤液置于 $200cm^3$ 烧杯中。

(3) 置换除 Cd^{2+}、Ni^{2+} 杂质　将除去 Fe^{2+}、Mn^{2+} 杂质的滤液加热至 80℃左右，在不断搅拌下分批加入 1g 纯锌粉，反应 10min 后．检查溶液中 Cd^{2+}、Ni^{2+} 是否除尽（如何检查?），如未除尽，可补加少量锌粉，直至 Cd^{2+}、Ni^{2+} 杂质除尽为止，冷却减压过滤，滤液置于 $200cm^3$ 烧杯中。

(4) $ZnSO_4 \cdot 7H_2O$ 结晶　量取精制后的 $ZnSO_4$ 母液 $\frac{1}{3}$ 于 $100cm^3$ 烧杯中，滴加 $3mol \cdot dm^{-3}$ H_2SO_4 调节至溶液的 pH≈1，将溶液转移至洁净的蒸发皿中，水浴加热蒸发至液面出现晶

膜后，停止加热，冷却结晶，减压过滤，晶体用滤纸吸干后称量，计算产率。

2. ZnO 的制备

量取剩余精制 $ZnSO_4$ 母液于 $150cm^3$ 烧杯中，慢慢加入 $0.5mol \cdot dm^{-3}$ Na_2CO_3 溶液，边加边搅拌，并使 pH≈6.8 为止，随后加热煮沸 15min，使沉淀呈颗粒状析出，倾去上层清液，并反复用热水洗涤至无 SO_4^{2-} 后，滤干沉淀，并于 50℃烘干。

将上述碱式碳酸锌沉淀放置坩埚（或蒸发皿）中，于 250～300℃煅烧并不断搅拌，制取出反应物少许，投入稀酸中而无气泡发生时，停止加热，放置冷却，得细粉状白色 ZnO 产品，称量，计算产率。

3. $(CH_3COO)_2Zn \cdot 2H_2O$ 的制备

称取粗 ZnO 3g 于 $100cm^3$ 烧杯中，加入 $3mol \cdot dm^{-3}$ HAc 溶液 $20cm^3$，搅拌均匀后，加热至沸，趁热过滤，静置、结晶，得粗制品。粗制品加水少量使其溶解后再结晶，得精制品，吸干后称量，计算产率。

4. ZnO 含量测定

称取 ZnO 试样（产品）0.15～0.2g 于 $250cm^3$ 烧杯中，加 $6mol \cdot dm^{-3}$ HCl 溶液 $3cm^3$，微热溶解后，定量转移入 $250cm^3$ 容量瓶中，加水稀释至刻度，摇匀，用移液管吸取锌试样溶液 $25cm^3$ 于 $250cm^3$ 锥形瓶中，滴加氨水至出现白色沉淀，再加 $10cm^3$ pH＝10 的 $NH_3 \cdot H_2O$-NH_4Cl缓冲溶液，加水 $20cm^3$，加入铬黑 T 指示剂少许，用 $0.01mol \cdot dm^{-3}$ EDTA 标准溶液滴定至溶液由酒红色恰变为蓝色，即达终点。根据消耗的 EDTA 标准溶液的体积，计算 ZnO 的含量。

五、注意事项

1. 粗 ZnO（商业品）中常含有硫酸铅等杂质，由于硫酸铅不溶于稀 H_2SO_4，故可除去硫酸铅。

2. 碱式碳酸锌沉淀开始加热时，呈熔融状，不断搅拌至粉状后，逐渐升高温度，但不要超过 300℃，否则 ZnO 分子黏结后，不易再分散，冷却后成黄白色细粉，并夹有砂砾状的颗粒。

3. 醋酸锌溶液受热后，易部分水解并析出碱式醋酸锌（白色沉淀）：

$$2(CH_3COO)_2Zn + 2H_2O \xlongequal{} Zn(OH)_2 \cdot (CH_3COO)_2Zn\downarrow + 2CH_3COOH$$

为了防止上述反应的产生，加入的 HAc 应适当过量，保持滤液呈酸性（pH≈4）。

4. 干燥 $(CH_3COO)_2Zn \cdot 2H_2O$ 成品时，不宜加热，以免部分产品失去结晶水。

六、思考题

1. 预习思考

（1）在精制 $ZnSO_4$ 溶液过程中，为什么要把可能存在的 Fe^{2+} 氧化成为 Fe^{3+}？为什么选用 $KMnO_4$ 作氧化剂，还可选用什么氧化剂？

（2）在氧化除 Fe^{3+} 过程中为什么要控制溶液的 pH≈4？如何调节溶液的 pH 值？pH 值过高、过低对本实验有何影响？

（3）在氧化除铁和用锌粉除重金属离子的操作过程中为什么要加热至 80～90℃，温度过高、过低有何影响？

（4）碱式醋酸锌沉淀焙烧后，取出少许投入稀酸中无气泡发生，说明了什么？

（5）在 $ZnSO_4$ 溶液中加入 Na_2CO_3 使沉淀呈颗粒状析出后，为什么反复洗涤该沉淀至无

SO_4^{2-}？SO_4^{2-}的存在会有什么影响？

2. 进一步思考

（1）试设计用其他方法分析 ZnO 的含量。

（2）试设计以闪锌矿与重晶石（$BaSO_4$）为原料制取常用涂料（油漆）填充剂锌钡白（$BaSO_4 \cdot ZnS$）。

（3）谈谈你对整个综合实验的认识和体会。

实验五十六　三草酸合铁(Ⅲ）酸钾的合成及组成测定

一、实验目的

1. 通过学习三草酸合铁(Ⅲ）酸钾的合成方法，掌握无机制备的一般方法。

2. 学习用 $KMnO_4$法测定 $C_2O_4^{2-}$ 与 Fe^{3+}的原理和方法。

3. 综合训练无机合成、滴定分析的基本操作，掌握确定化合物组成的原理和方法。

二、实验原理

三草酸合铁(Ⅲ）酸钾即 $K_3[Fe(C_2O_4)_3] \cdot 3H_2O$，为绿色单斜晶体，溶于水，难溶于乙醇。110℃下失去三分子结晶水而成为 $K_3[Fe(C_2O_4)_3]$，230℃时分解。该配合物对光敏感，光照下即发生分解。

三草酸合铁(Ⅲ）酸钾是制备负载型活性铁催化剂的主要原料，也是一些有机反应很好的催化剂，因而具有工业生产价值。

目前，合成三草酸合铁(Ⅲ）酸钾的工艺路线有多种：例如可以铁为原料制得硫酸亚铁铵，加草酸钾制得草酸亚铁后，经氧化制得三草酸合铁(Ⅲ）酸钾；或以硫酸铁与草酸钾为原料直接合成三草酸合铁(Ⅲ）酸钾；亦可以三氯化铁或硫酸铁与草酸钾直接合成三草酸合铁(Ⅲ）酸钾。

本实验采用硫酸亚铁加草酸钾形成草酸亚铁经氧化结晶得三草酸合铁(Ⅲ）酸钾，其反应式如下：

$$Fe^{2+} + C_2O_4^{2-} + 2H_2O = FeC_2O_4 \cdot 2H_2O\downarrow \text{(黄色)}$$

$$2(FeC_2O_4 \cdot 2H_2O) + H_2O_2 + H_2C_2O_4 + 3K_2C_2O_4 = 2\{K_3[Fe(C_2O_4)_3] \cdot 3H_2O\}$$

用 $KMnO_4$法测定三草酸合铁(Ⅲ）酸钾中 Fe^{3+}的含量和 $C_2O_4^{2-}$ 含量，并可确定 Fe^{3+}和 $C_2O_4^{2-}$ 配位比。

在酸性介质中，用 $KMnO_4$标准溶液滴定试液中的 $C_2O_4^{2-}$，根据 $KMnO_4$消耗量可直接计算出 $C_2O_4^{2-}$ 的含量，其滴定反应式为：

$$5C_2O_4^{2-} + 2MnO_4^- + 16H^+ = 10CO_2 + 2Mn^{2+} + 8H_2O$$

测铁时，用 $SnCl_2$-$TiCl_3$联合还原法，先将 Fe^{3+}还原为 Fe^{2+}，然后在酸性介质中，用 $KMnO_4$标准溶液滴定试液中 Fe^{3+}和 $C_2O_4^{2-}$ 总量，根据 $KMnO_4$标准溶液的消耗量，可计算出 Fe^{3+}的含量，其滴定反应式为：

$$5Fe^{2+} + MnO_4^- + 8H^+ = 5Fe^{3+} + Mn^{2+} + 4H_2O$$

最后，根据 $n_{Fe^{3+}} : n_{C_2O_4^{2-}} = \frac{w_{Fe^{3+}}}{55.8} : \frac{w_{C_2O_4^{2-}}}{88.0}$，可确定 Fe^{3+}和 $C_2O_4^{2-}$ 的配位比。

三、仪器与试剂

1. 仪器　电子天平，分析天平，烧杯（$100cm^3$，$250cm^3$），量筒（$10cm^3$，$100cm^3$），长颈漏斗，布氏漏斗，抽滤瓶，表面皿，称量瓶，干燥器，烘箱，锥形瓶（$250cm^3$），酸式滴定管（$50cm^3$）。

2. 试剂　$FeSO_4(s)$，$H_2SO_4(1mol \cdot dm^{-3})$，$H_2C_2O_4(1mol \cdot dm^{-3})$，饱和 $K_2C_2O_4$ 溶液，3% H_2O_2 溶液，$MnSO_4$ 滴定液，$HCl(6mol \cdot dm^{-3})$，15% $SnCl_2$ 溶液，2.5% Na_2WO_4 溶液，6% $TiCl_3$ 溶液，0.4% $CuSO_4$ 溶液，$KMnO_4$ 标准溶液（$0.01mol \cdot dm^{-3}$，自行配制和标定）。

四、实验方法

1. 三草酸合铁(Ⅲ) 酸钾的制备

(1) 溶解　在电子天平上称取 4.0g $FeSO_4 \cdot 7H_2O$ 晶体，放入 $250cm^3$ 烧杯中，加入 $1mol \cdot dm^{-3}$ H_2SO_4 $1cm^3$，再加入 H_2O $15cm^3$，加热使其溶解。

(2) 沉淀　在上述溶液中加入 $1mol \cdot dm^{-3}$ $H_2C_2O_4$ $20cm^3$，搅拌并加热煮沸，使形成 $FeC_2O_4 \cdot 2H_2O$ 黄色沉淀，用倾析法洗涤该沉淀 3 次，每次使用 $25cm^3$ H_2O 去除可溶性杂质。

(3) 氧化　在上述沉淀中加入 $10cm^3$ 饱和 $K_2C_2O_4$ 溶液，水浴加热至 40℃，滴加 3% H_2O_2 溶液 $20cm^3$，不断搅拌溶液并维持温度在 40℃ 左右，使 Fe(Ⅱ) 充分氧化为 Fe(Ⅲ)。滴加完后，加热溶液至沸以去除过量的 H_2O_2。

(4) 生成配合物　保持上述沉淀近沸状态，先加入 $1mol \cdot dm^{-3}$ $H_2C_2O_4$ $7cm^3$，然后趁热滴加 $1mol \cdot dm^{-3}$ $H_2C_2O_4$ $1 \sim 2cm^3$ 使沉淀溶解，溶液的 pH 值保持在 4～5，此时溶液呈翠绿色，趁热将溶液过滤到一个 $150cm^3$ 烧杯中，并使滤液控制在 $30cm^3$ 左右，冷却，放置过夜，结晶，抽滤至干即得三草酸合铁(Ⅲ) 酸钾晶体。称量，计算产率，并将晶体置于干燥器内避光保存。

2. 三草酸合铁(Ⅲ) 酸钾组成的测定

(1) 称量　称取已干燥的三草酸合铁(Ⅲ) 酸钾 1～1.5g 于 $250cm^3$ 烧杯中，加 H_2O 溶解，定量转移至 $250cm^3$ 容量瓶中，稀释至刻度，摇匀，待测。

(2) $C_2O_4^{2-}$ 的测定　分别从容量瓶中吸取 3 份 $25.00cm^3$ 试液于锥形瓶中。加入 $MnSO_4$ 滴定液 $5cm^3$ 及 $1mol \cdot dm^{-3}$ H_2SO_4 $5cm^3$，加热至 75～80℃（即液面冒水蒸气），用 $0.01mol \cdot dm^{-3}$ $KMnO_4$ 标准溶液滴定至微红色即为终点，记下 $KMnO_4$ 体积，计算 $C_2O_4^{2-}$ 含量。

(3) Fe^{3+} 的测定　分别从容量瓶中吸取 3 份 $25.00cm^3$ 试液于锥形瓶中，加入 $6mol \cdot dm^{-3}$ HCl $10cm^3$，加热至 70～80℃，此时溶液为深黄色，然后趁热滴加 $SnCl_2$ 至淡黄色，此时大部分 Fe^{3+} 已被还原为 Fe^{2+}，继续加入 2.5% Na_2WO_4 $1cm^3$，滴加 $TiCl_3$ 至溶液出现蓝色，再过量一滴，保证溶液中 Fe^{3+} 完全被还原。加入 0.4% $CuSO_4$ 溶液 2 滴作催化剂，加 H_2O $20cm^3$，冷却振荡直至蓝色褪去，以氧化过量的 $TiCl_3$。

Fe^{3+} 还原后，继续加入 $MnSO_4$ 滴定液 $10cm^3$，用 $KMnO_4$ 滴定约 $4cm^3$ 后，加热溶液至 75～80℃，随后继续滴定至溶液呈微红即为终点，记下消耗 $KMnO_4$ 体积，计算 Fe^{3+} 的含量。

五、注意事项

1. 氧化 $FeC_2O_4 \cdot 2H_2O$ 时，氧化温度不能太高（保持在 40℃），以免 H_2O_2 分解，同

时需不断搅拌，使 Fe^{2+} 充分被氧化。

2. 配位过程中，$H_2C_2O_4$应逐滴加入，并保持在沸点附近，这样使过量草酸分解。

3. $KMnO_4$滴定 $C_2O_4^{2-}$ 时，升温以加快滴定反应速率，但温度不能越过 85℃，否则草酸易分解：

$$H_2C_2O_4 \xlongequal{} H_2O + CO_2 + CO\uparrow$$

4. $KMnO_4$滴定 Fe^{2+} 或 $C_2O_4^{2-}$ 时，滴定速度不能太快，否则部分 $KMnO_4$在热溶液中按下式分解：

$$4KMnO_4 + 2H_2SO_4 \xlongequal{} 4MnO_2 + 2K_2SO_4 + 2H_2O + 3O_2\uparrow$$

5. $MnSO_4$滴定液不同于 $MnSO_4$溶液。它是 $MnSO_4$、H_2SO_4和 H_3PO_4的混合液，其配制方法为：称取 45g $MnSO_4$溶于 $500cm^3$ 水中，缓慢加入浓 H_2SO_4 $130cm^3$，再加入浓 H_3PO_4（85%）$300cm^3$，加水稀释至 $1dm^3$。

6. 还原 Fe^{3+} 时，须注意 $SnCl_2$的加入量，一般以加入至溶液呈淡黄色为宜，以免过量。

六、思考题

1. 试比较讨论 4 种制备三草酸合铁(Ⅲ）酸钾工艺路线的优、缺点。
2. 如何提高产品的质量？如何提高产量？
3. $MnSO_4$滴定液的作用是什么？
4. $SnCl_2$还原剂加过量后有何影响？怎样补救？
5. 在合成的最后一步能否用蒸干溶液的办法来提高产量？为什么？
6. 根据三草酸合铁(Ⅲ）酸钾的性质，应如何保存该化合物？

实验五十七　含铬废水的处理

方法Ⅰ　化学还原处理含铬废水

一、目的要求

1. 了解化学还原法处理含铬废水的原理和方法。
2. 学习用目视比色法或分光光度法测定废水中 Cr(Ⅵ）的含量。

二、基本原理

Cr 是高毒性元素之一。废水中的 Cr 以六价 Cr(Ⅵ）（$Cr_2O_7^{2-}$）和 Cr(Ⅲ）形式存在。其中 Cr(Ⅵ）毒性最大，对皮肤有刺激性，可致溃烂，进入呼吸道会引起发炎或溃疡，饮用了含 Cr(Ⅵ）废水会导致贫血、神经炎等，Cr(Ⅵ）还是一种致癌物质。所以国家规定废水中 Cr(Ⅵ）的排放标准应小于 $0.5mg \cdot dm^{-3}$。Cr(Ⅲ）的毒性比 Cr(Ⅵ）低 100 倍，因此，含 Cr 废水处理的基本原则是将 Cr(Ⅵ）还原为 Cr(Ⅲ)，然后尽可能将 Cr(Ⅲ）除去。

处理含铬废水的方法很多，如离子交换法、电解法、电渗法、化学还原法等。化学还原法简单易行、设备投资小。它又可分为铁粉还原法、铁氧体法等。本实验采用铁氧体法。所谓铁氧体法，是指具有磁性的 Fe_3O_4 中的部分 Fe，被其它 +2 价或 +3 价金属离子（如 Cr^{3+} 等）所取代而形成的以 Fe 为主体的复合氧化物。铁氧体法就是使废水中的 $Cr_2O_7^{2-}$ 或 CrO_4^{2-} 在酸性条件下与过量的 $FeSO_4$ 作用生成 Cr^{3+} 和 Fe^{3+}，反应式为：

$$Cr_2O_7^{2-} + 6Fe^{2+} + 14H^+ \xlongequal{} 2Cr^{3+} + 6Fe^{3+} + 7H_2O$$

$$CrO_4^{2-}+3Fe^{2+}+8H^+ \xlongequal{} Cr^{3+}+3Fe^{3+}+4H_2O$$

反应完后，加入碱溶液，使废水 pH 值升至 8～10，控制适当温度，使 Cr^{3+}、Fe^{3+}、Fe^{2+} 转变为沉淀：

$$Fe^{2+}+2OH^- \xlongequal{} Fe(OH)_2(s)$$

$$Fe^{3+}+3OH^- \xlongequal{} Fe(OH)_3(s)$$

$$Cr^{3+}+3OH^- \xlongequal{} Cr(OH)_3(s)$$

加入少量的 H_2O_2 使部分 Fe^{2+} 氧化为 Fe^{3+}，当二者的氢氧化物的比例为 1∶2 左右时，可生成组成类似于 $Fe_3O_4 \cdot xH_2O$ 的磁性氧化物（铁氧体），其组成可写成 $Fe^{2+} \cdot Fe^{3+}[Fe^{3+}O_4] \cdot xH_2O$，其中部分 Fe^{3+} 可被 Cr^{3+} 取代，使 Cr^{3+} 成为铁氧体的组分而沉淀出来，反应原理可表示为：

$$Fe^{3+}+Fe^{2+}+Cr^{3+}+OH^- \longrightarrow Fe^{2+} \cdot Fe^{3+}[Fe_{1-y}^{3+}Cr_y^{3+}O_4] \cdot xH_2O(s)$$

沉淀物经脱水处理可得到铁氧体。含 Cr 铁氧体是一种磁性材料，可用在电子工业上。因此铁氧体法处理含 Cr 废水不仅效果好、投资少、设备简单、沉渣量少、化学性稳定，还具有废物利用的意义。

为了检查废水处理的结果，必须测定废水样品和经处理后的试液中的 Cr(Ⅵ）含量。测定 Cr(Ⅵ）的方法很多，本实验采用比色法。在酸性介质中，Cr(Ⅵ）与二苯碳酰二肼（DPC）生成红紫色配合物，且颜色深度与 Cr(Ⅵ）含量成正比，把样品溶液的颜色与标准系列的颜色比较（目视或分光光度法测量），便可确定试样中 Cr(Ⅵ）的含量。本法很灵敏，最低检出浓度可达 $0.01mg \cdot dm^{-3}$。Fe^{3+} 的存在会产生干扰，因其与显色剂 DPC 生成黄色或黄紫色化合物而产生干扰，可以加入 H_3PO_4 使 Fe^{3+} 生成无色 $Fe(PO_4)_3^{6-}$ 而排除干扰，显色反应式可表示为：

$$2HCrO_4^-+3H_4R+6H^+ \xlongequal{} Cr(HR)_2^+ + H_2R+Cr^{3+}+8H_2O$$

式中，H_4R 为 DPC；H_2R 为 DPO（二苯偶氮碳酰肼）。

这样测得的只是样品中 Cr(Ⅵ）的含量，倘要测定总 Cr 量，须先将样品中的 Cr(Ⅲ）用强氧化剂如 $KMnO_4$ 等氧化为 Cr(Ⅵ)，然后再进行测定。

三、药品

酸：$H_2SO_4(3mol \cdot dm^{-3})$，混合酸❶；碱：$NaOH(6mol \cdot dm^{-3})$；盐：$FeSO_4 \cdot 7H_2O$（10%）；其它：过氧化氢（3%），二苯碳酰二肼（DPC）溶液❷，pH 试纸，铬（Ⅵ）贮备液❸（$0.1mgCr \cdot cm^{-3}$），含铬废水❹。

四、实验内容

1. 含 Cr(Ⅵ）废水的处理

（1）取 $50cm^3$ 含 Cr(Ⅵ）废水于 $250cm^3$ 烧杯中，用 $2mol \cdot dm^{-3}$ NaOH 或 $3mol \cdot dm^{-3}$ H_2SO_4 调节，使溶液 pH 值约为 2，然后在不断搅拌下加入 10% $FeSO_4$ 溶液，直至溶液由浅黄色变为黄绿色为止（为什么?），大约需要 $FeSO_4$ 溶液 10～$15cm^3$，以使废水中按质量计

---

❶ H_2SO_4∶H_3PO_4∶H_2O=15∶15∶70（体积比）。

❷ 0.1g DPC 溶于 $50cm^3$ 95%的乙醇中，加入 $200cm^3$ 10%（体积比）的 H_2SO_4 即可。注意低温、避光保存，溶液应无色，若呈现微红色则不能使用。

❸ 将分析纯 $K_2Cr_2O_7$ 在 110～120℃烘干 2h，准确称取 0.2828g，溶解于蒸馏水中，定容 $1000cm^3$ 即可。

❹ 若无工业含铬废水，可按下法配制：取 1.5g K_2CrO_7 溶于 $1000cm^3$ 自来水中［此溶液含 Cr(Ⅵ）为 $0.53mol \cdot dm^{-3}$］即可。

Cr(Ⅵ)∶$FeSO_4 \cdot 7H_2O$＝1∶(16～30)。

(2) 往烧杯中继续滴加 6mol·dm^{-3} 的 NaOH，调节 pH＝8～9，然后将溶液加热到 70℃左右，使 Fe^{2+}、Fe^{3+}、Cr^{3+} 形成氢氧化物沉淀，沉淀应为墨绿色。

(3) 在不断搅拌下滴加 3% H_2O_2 5 滴左右，使沉淀刚好呈现棕色即止，再充分搅拌后冷却静置。

(4) 用倾析法将上层清液倒入另一烧杯中以备测定残余 Cr(Ⅵ)，沉淀用蒸馏水洗涤数次（洗涤液弃去），以除去 Na^+、K^+、SO_4^{2-} 等离子。然后将装有沉淀的蒸发皿用小火加热，不时搅拌沉淀，直至蒸发至干，得到黑色铁氧体，用磁铁检查其磁性。

2. Cr(Ⅵ) 的测定

(1) Cr(Ⅵ) 标准液的配制　准确量取 10.00cm^3 Cr(Ⅵ) 贮备液于 100cm^3 容量瓶中，用蒸馏水稀释至刻度，此标准液含 Cr(Ⅵ) 0.01mg·cm^{-3}。

(2) 标准色阶（或工作曲线）的制备　取 4 支洁净的 25cm^3 比色管（或容量瓶），从 1 到 4 编上号，然后分别移取 0.00cm^3、0.20cm^3、0.50cm^3、1.00cm^3 的 Cr(Ⅵ) 标准溶液，依次加入比色管（或容量瓶）中，再加入 10 滴混合酸和 1.5cm^3 DPC 溶液，摇匀，用蒸馏水稀释至刻度，再摇匀，此即为标准色阶。若用分光光度法测定时，用蒸馏水调零，以空白（1 号）为参比，用 1cm^3 比色皿在 540nm 波长处测定吸光度（A），以 Cr(Ⅵ) 含量为横坐标做图，即得工作曲线。

(3) 含 Cr 废水中 Cr(Ⅵ) 的测定

① 取 1.00cm^3 含 Cr(Ⅵ) 废水放入 50cm^3 容量瓶中，加蒸馏水稀释至刻度，摇匀，得稀释后废水。

② 于 1 支 25cm^3 比色管（编号 5）中准确地加入 0.50cm^3 稀释后含 Cr(Ⅵ) 的废水，再加入 10 滴混合酸、1.5cm^3 DPC 溶液。用蒸馏水稀释至刻度，放置 10min，与标准色阶比较或测定吸光度。查工作曲线，求出 Cr(Ⅵ) 的含量。

(4) 净化后的废水中 Cr(Ⅵ) 的测定　取实验内容 1.（4）的上层清液（应澄清无悬浮物，否则应过滤）10cm^3 放入 25cm^3 的比色管中（编号 6)。以下操作同（3）②稀释后废水中含 Cr(Ⅵ) 的测定，求出 Cr(Ⅵ) 的含量。

(5) 数据记录和处理　为了操作省时，标准色阶（或工作曲线）的制备和试样中 Cr(Ⅵ)的测定可同步进行，即统一编号，同时显色、同时测量，记录数据。

将 5 号和 6 号的颜色与 1～4 号的颜色比较，以确定铬的浓度［注意：此时应换算为原试样每升含 Cr(Ⅵ) 的质量表示］。

五、预习要点

1. 阅读教材中有关氧化还原反应、溶度积部分的内容，了解实验中净化 Cr 所依据的基本化学原理和主要化学反应式。

2. 了解铁氧体的概念，结合实验了解其生成的条件。

3. 阅读第一章中有关 722 型分光光度计的工作原理和使用方法。

六、思考题

1. 处理含 Cr 废水时，加 $FeSO_4$ 前为何要先酸化到 pH 值约为 2？之后为什么又要加 NaOH 调节 pH＝8～10？

2. 为什么要加入 H_2O_2？如何估计 H_2O_2 的加入量？此过程中发生了什么反应？

3. 本实验所测定的 Cr 的化学形态是什么？

方法Ⅱ　光催化法处理含铬废水

一、实验目的

利用半导体氧化物光催化原理来处理含铬(Ⅵ)废液，并加入廉价光催化辅助剂，直接以太阳光为光源，对含铬废水进行多次处理，使六价铬光催化还原为三价铬。

二、实验原理

光催化本身就意味着光化学与催化剂二者的有机结合，因此光和催化剂是引发和促进光催化氧化反应的必要条件。半导体材料之所以能作为催化剂，是由其本身光催化特性所决定的。根据定义，半导体粒子含有能带结构，通常情况下是由一个充满电子的低能价带结构和一个空的高能导带构成的，它们之间由禁带分开。当能量大于或等于禁带宽度的光照射半导体时，其在能带上的电子 e_{cd}^- 被激发，越过禁带进入导带，同时在价带上产生相应的空穴。

$$TiO_2(ZnO,WO_3)+h\nu \longrightarrow e_{cd}^- + h_{vb}^+$$

光产生的空穴 h_{vb}^+ 具有很强的得电子能力，可夺取半导体颗粒表面有机物或溶剂中的电子，使原本不吸光的物质被活化，而电子受体则可以通过接受表面上的电子被还原。

$$Cr(\mathrm{VI})+e_{cd}^- \longrightarrow Cr(\mathrm{III})$$

三、仪器与试剂

722 型分光光度计，磁力恒温搅拌器；所用化学试剂均为分析纯或化学纯，水为一次蒸馏水，废液为实验溶液。

四、实验方法

在 $250cm^3$ 烧杯中加入一定量光催化剂（ZnO、TiO_2、WO_3 等）粉末，然后加入实验溶液 $100cm^3$；在太阳光照射下磁力搅拌一定时间，过滤回收催化剂粉末。该滤液为处理后废水，用分光光度计测定铬含量。计算去除率。

设计实验步骤，完成光催化最佳酸度、催化剂最佳用量、不同光照条件、不同时间、不同催化剂对六价铬去除率的影响。对比处理效果和光催化剂重复利用等实验项目，得出处理的最佳实验方案，指导实践。

五、思考题

1. 铬在自然界中以怎样的形式存在？
2. 含铬废水存在的形式是什么，主要危害是什么？
3. 一般常见的含铬废水处理方法是什么？列举两个。
4. 国家标准的含铬废水排放量是多少？
5. 光催化法处理含铬废水的要点是什么？
6. 确定水中铬含量的方法有哪些？简述分光光度法测定铬含量的要点。

实验五十八　蛋壳中 Ca、Mg 含量的测定

方法Ⅰ　配位滴定法测定蛋壳中 Ca、Mg 总量

一、实验目的

1. 进一步巩固掌握配合滴定分析的方法与原理。

2. 学习使用配合掩蔽排除干扰离子影响的方法。

3. 练习对实物试样中某组分含量测定的一般步骤。

二、实验原理

鸡蛋壳的主要成分为$CaCO_3$，其次为$MgCO_3$、蛋白质、色素以及少量的Fe、Al。

在pH=10时，用铬黑T作指示剂，EDTA可直接测量Ca^{2+}、Mg^{2+}总量。为提高配合选择性，在pH=10时，加入掩蔽剂三乙醇胺使之与Fe^{3+}、Al^{3+}等离子生成更稳定的配合物，以排除它们对Ca^{2+}、Mg^{2+}测量的干扰。

三、试剂

$6mol \cdot dm^{-3}$ HCl，铬黑T指示剂，1∶2三乙醇胺水溶液，$NH_4Cl\text{-}NH_3 \cdot H_2O$缓冲溶液（pH=10），$0.01mol \cdot dm^{-3}$ EDTA标准溶液。

四、实验步骤

1. 蛋壳预处理。先将蛋壳洗净，加水煮沸5～10min，去除蛋壳内表层的蛋白薄膜，然后把蛋壳放于蒸发皿中用小火烤干，研成粉末。

2. 自己拟定蛋壳称量范围的实验方案。

3. Ca^{2+}、Mg^{2+}总量的测定。准确称取一定量的蛋壳粉末，小心滴加$6mol \cdot dm^{-3}$ HCl $4\sim5cm^3$，微火加热至完全溶解（少量蛋白膜不溶），冷却，转移至$250cm^3$容量瓶，稀释至接近刻度线，若有泡沫，滴加2～3滴95%乙醇，泡沫消除后，滴加水至刻度线，摇匀。

吸取试液$25cm^3$，置于$250cm^3$锥形瓶中，分别加去离子水$20cm^3$、三乙醇胺$5cm^3$，摇匀。再加$NH_4Cl\text{-}NH_3 \cdot H_2O$缓冲溶液$10cm^3$，摇匀。放入少许铬黑T指示剂，用EDTA标准溶液滴定至溶液由酒红色恰好变为纯蓝色，即达终点，根据EDTA消耗的体积计算Ca^{2+}、Mg^{2+}总量，以CaO的含量表示。

五、思考题

1. 如何确定蛋壳粉末的称量范围（提示：先粗略确定蛋壳粉中钙、镁含量，再估算蛋壳粉的称量范围）。

2. 蛋壳粉溶解稀释时加95%乙醇为何可以消除泡沫？

3. 试列出求钙、镁总量的计算式（以CaO含量表示）。

方法Ⅱ　酸碱滴定法测定蛋壳中CaO的含量

一、实验目的

1. 学习用酸碱滴定方法测定$CaCO_3$的原理及指示剂选择。

2. 巩固滴定分析基本操作。

二、实验原理

蛋壳中的碳酸盐能与HCl发生反应：

$$CaCO_3 + 2H^+ = Ca^{2+} + CO_2\uparrow + H_2O$$

过量的酸可用标准NaOH溶液回滴，根据实际与$CaCO_3$反应的标准盐酸体积求得蛋壳中CaO含量，以CaO的质量分数表示。

三、试剂

浓HCl（A.R.），NaOH（A.R.），0.1%甲基橙。

四、实验方法

1. $0.5mol \cdot dm^{-3}$ NaOH的配制　称10g NaOH固体于小烧杯中。加水溶解后移至试

剂瓶中，用蒸馏水稀释至 500cm^3，加橡皮塞，摇匀。

2. 0.5mol·dm^{-3} HCl 的配制　用量筒量取浓盐酸 21cm^3 于 500cm^3 试剂瓶中，用蒸馏水稀释至 500cm^3，加盖，摇匀。

3. 酸碱标定　准确称取基准物无水 Na_2CO_3 0.55～0.65g 3 份于锥形瓶中，分别加入 50cm^3 煮沸去 CO_2 并冷却的去离子水，溶解后加入 1～2 滴甲基橙指示剂，用以上配制的 HCl 溶液滴定至橙色为终点。计算 HCl 溶液的准确浓度。再用该标准溶液标定 NaOH 溶液的浓度。

4. CaO 含量的测定　准确称取经预处理的蛋壳 0.3g（精确到 0.1mg）左右，于 3 个锥形瓶内，用酸式滴定管逐滴加入已标定好的 HCl 标准溶液 40cm^3 左右（需精确读数），小火加热溶解，冷却，加甲基橙指示剂 1～2 滴，以 NaOH 标准溶液回滴至橙黄色。

五、实验结果

按滴定分析记录格式做表格，记录数据，按下式计算 w_{CaO}（质量分数）：

$$w_{CaO}=\frac{(c_{HCl}V_{HCl}-c_{NaOH}V_{NaOH})\times\frac{56.08}{2000}}{m}\times100\%$$

式中，m 是蛋壳样品的质量。

六、注意事项

1. 蛋壳中钙主要以 $CaCO_3$ 形式存在，同时也有 $MgCO_3$，因此以 CaO 含量表示 Ca、Mg 总量。

2. 由于酸较稀，溶解时需加热一定时间，试样中有不溶物，如蛋白质之类，但不影响测定。

七、思考题

1. 蛋壳称样量应依据什么估算？

2. 蛋壳溶解时应注意什么？

3. 为什么说 w_{CaO} 是表示 Ca 与 Mg 的总量？

方法Ⅲ　高锰酸钾法测定蛋壳中 CaO 的含量

一、实验目的

1. 学习间接氧化还原法测定 CaO 的含量。

2. 巩固沉淀分离、过滤洗涤与滴定分析基本操作。

二、实验原理

利用蛋壳中的 Ca^{2+} 与草酸盐形成难溶的草酸盐沉淀，将沉淀经过滤、洗涤、分离后溶解，用高锰酸钾法测定 $C_2O_4^{2-}$ 含量，换算出 CaO 的含量，反应如下：

$$Ca^{2+}+C_2O_4^{2-}=\!=\!=CaC_2O_4\downarrow$$

$$CaC_2O_4+H_2SO_4=\!=\!=CaSO_4+H_2C_2O_4$$

$$5H_2C_2O_4+2MnO_4^-+6H^+=\!=\!=2Mn^{2+}+10CO_2\uparrow+8H_2O$$

某些金属离子（Ba^{2+}、Sr^{2+}、Mg^{2+}、Pb^{2+}、Cd^{2+}等）与 $C_2O_4^{2-}$ 能形成沉淀，对测定 Ca^{2+} 有干扰。

三、试剂

$KMnO_4$（0.01mol·dm^{-3}），2.5%（$(NH_4)_2C_2O_4$），10% $NH_3\cdot H_2O$，浓盐酸，H_2SO_4

($1mol \cdot dm^{-3}$)，1∶1 HCl，0.2%甲基橙，$AgNO_3$($0.1mol \cdot dm^{-3}$)。

四、实验方法

准确称取蛋壳粉两份（每份含钙约 0.025g），分别放在 250cm^3烧杯中，加1∶1 HCl 3cm^3，加 H_2O 20cm^3，加热溶解，若有不溶解蛋白质，可过滤之。滤液置于烧杯中，然后加入 5%草酸铵溶液 50cm^3，若出现沉淀，再滴加浓 HCl 使之溶解，然后加热至 70～80℃，加入 2～3 滴甲基橙，溶液呈红色，逐滴加入 10%氨水，不断搅拌，直至变黄并有氨味逸出为止。将溶液放置陈化（或在水浴上加热 30min 陈化），沉淀经过滤洗涤，直至无 Cl^-。然后，将带有沉淀的滤纸铺在先前用来进行沉淀的烧杯内壁上，用 $1mol \cdot dm^{-3}$ H_2SO_4 50cm^3把沉淀由滤纸洗入烧杯中，再用洗瓶吹洗 1～2 次。然后，稀释溶液至体积约为 100cm^3，加热至 70～80℃，用 $KMnO_4$标准溶液滴定至溶液呈浅红色为终点，再把滤纸推入溶液中，滴加 $KMnO_4$至浅红色在 30s 内不消失为止。计算 CaO 的质量分数。

五、实验结果

按定量分析格式画表格，记录数据，计算 w_{CaO}，相对偏差要求小于 0.3%。

六、思考题

1. 用 $(NH_4)_2C_2O_4$沉淀 Ca^{2+}，为什么要先在酸性溶液中加入沉淀剂，然后在 70～80℃时滴加氨水至甲基橙变黄，使 CaC_2O_4沉淀？

2. 为什么沉淀要洗至无 Cl^- 为止？

3. 如果将带有 CaC_2O_4沉淀的滤纸一起投入烧杯，以硫酸处理后再用 $KMnO_4$滴定，这样操作对结果有什么影响？

4. 试比较三种方法测定蛋壳中 CaO 含量的优、缺点？

实验五十九　茶叶中微量元素的鉴定与定量测定

一、实验目的

1. 了解并掌握鉴定茶叶中某些化学元素的方法。
2. 学会选择合适的化学分析方法。
3. 掌握配位滴定法测茶叶中钙、镁含量的方法和原理。
4. 掌握分光光度法测茶叶中微量铁的方法。
5. 提高综合运用知识的能力。

二、实验原理

茶叶属植物类，为有机体，主要由 C、H、N、O 等元素组成，其中含有 Fe、Al、Ca、Mg 等微量金属元素。

本实验的目的是从茶叶中定性鉴定 Fe、Al、Ca、Mg 等元素，并对 Fe、Ca、Mg 进行定量测定。

茶叶需先进行“干灰化”。“干灰化”即试样在空气中置于蒸发皿或坩埚中加热，把有机物经氧化分解而烧成灰烬。这一方法特别适用于生物和食品的预处理。灰化后，经酸溶解，即可逐级进行分析。

铁、铝混合液中 Fe^{3+} 对 Al^{3+} 的鉴定有干扰。利用 Al^{3+} 的两性，加入过量的碱，使 Al^{3+}转化为 AlO_2^- 留在溶液中，Fe^{3+}则生成 $Fe(OH)_3$沉淀，经分离去除后，消除了干扰。

钙、镁混合液中，Ca^{2+} 和 Mg^{2+} 的鉴定互不干扰，可直接鉴定，不必分离。

铁、铝、钙、镁的特征反应式如下：

$$Fe^{3+} + n\text{KSCN(饱和)} \longrightarrow Fe(SCN)_n^{3-n}\text{(血红色)} + nK^+$$

$$Al^{3+} + \text{铝试剂} + OH^- \longrightarrow \text{红色絮状沉淀}$$

$$Mg^{2+} + \text{镁试剂} + OH^- \longrightarrow \text{天蓝色沉淀}$$

$$Ca^{2+} + C_2O_4^{2-} \xrightarrow{HAc} CaC_2O_4\text{(白色沉淀)}$$

根据上述特征反应的实验现象，可分别鉴定出 Fe、Al、Ca、Mg 4 个元素。钙、镁含量的测定，可采用配位滴定法。在 pH＝10 的条件下，以铬黑 T 为指示剂，EDTA 为标准溶液，直接滴定可测得 Ca、Mg 总量。若欲测 Ca、Mg 各自的含量，可在 pH＞12.5 时，使 Mg^{2+} 生成氢氧化物沉淀，以钙指示剂、EDTA 标准溶液滴定 Ca^{2+}，然后用差减法即得 Mg^{2+} 的含量。

Fe^{3+}、Al^{3+} 的存在会干扰 Ca^{2+}、Mg^{2+} 的测定，分析时，可用三乙醇胺掩蔽 Fe^{3+} 与 Al^{3+}。

茶叶中铁含量较低，可用分光光度法测定。在 pH＝2～9 的条件下，Fe^{2+} 与邻二氮菲能生成稳定的橙红色配合物，反应式如下：

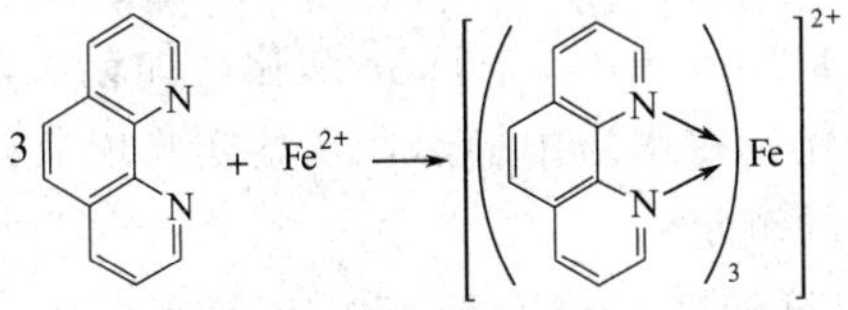

该配合物的 $\lg K_{稳} = 21.3$，摩尔吸收系数 $\varepsilon_{530} = 1.10 \times 10^4 dm^3 \cdot mol^{-1} \cdot cm^{-1}$。

在显色前，用盐酸羟胺把 Fe^{3+} 还原成 Fe^{2+}，其反应式如下：

$$4Fe^{3+} + 2(NH_2 \cdot OH) = 4Fe^{2+} + H_2O + 4H^+ + N_2O$$

显色时溶液的酸度过高（pH＜2），反应进行较慢；若酸度过低，则 Fe^{2+} 水解，影响显色。

三、仪器与试剂

1. 仪器　煤气灯，研钵，蒸发皿，称量瓶，电子天平，分析天平，中速定量滤纸，长颈漏斗，250cm^3 容量瓶，50cm^3 容量瓶，250cm^3 锥形瓶，50cm^3 酸式滴定管，1cm 比色皿，5cm^3、10cm^3 吸量管，722 型分光光度计。

2. 试剂　1%铬黑 T，HCl（6$mol \cdot dm^{-3}$），HAc（2$mol \cdot dm^{-3}$），NaOH（6$mol \cdot dm^{-3}$），$NH_3 \cdot H_2O$（6$mol \cdot dm^{-3}$），$(NH_4)_2C_2O_4$（0.25$mol \cdot dm^{-3}$），0.01$mol \cdot dm^{-3}$ EDTA（自配并标定），饱和 KSCN 溶液，Fe^{3+} 标准溶液（0.01$mol \cdot dm^{-3}$），铝试剂，镁试剂，25%三乙醇胺水溶液，NH_4Cl-$NH_3 \cdot H_2O$ 缓冲溶液（pH＝10），HAc-NaAc 缓冲溶液（pH＝4.6），0.1%邻二氮菲水溶液，1%盐酸羟胺水溶液。

四、实验方法

1. 茶叶的灰化和试液的制备

取在 100～105℃下烘干的茶叶 7～8g 于研钵中捣成细末，转移至称量瓶中，称出称量瓶和茶叶的质量之和，然后将茶叶末全部倒入蒸发皿中，再称空称量瓶的质量，差减得蒸发皿中茶叶的准确质量。

将盛有茶叶末的蒸发皿加热，使茶叶灰化（在通风橱中进行），然后升高温度，使其完全灰化，冷却后，加 6mol · dm^{-3} HCl 10cm^3 于蒸发皿中，搅拌溶解（可能有少量不溶物），将溶液完全转移至 150cm^3烧杯中，加水 20cm^3，再加 6mol · dm^{-3} NH_3 · H_2O 适量，控制溶液 pH 值为 6～7，使产生沉淀，并置于沸水浴中加热 30min，过滤，然后洗涤烧杯和滤纸。滤液加入 250cm^3容量瓶，并稀释至刻度，摇匀，贴上标签，标明为 Ca^{2+}、Mg^{2+} 试液（1#），待测。

另取 250cm^3容量瓶放置在一支长颈漏斗下，用 6mol · dm^{-3} HCl 10cm^3重新溶解滤纸上的沉淀，并少量多次地洗涤滤纸。完毕后，稀释容量瓶中滤液至刻度线，摇匀，贴标签，标明为 Fe^{3+} 试液（2#），待测。

2. Fe、Al、Ca、Mg 元素的鉴定

从 1# 试液的容量瓶中倒出试液 1cm^3 于洁净试管中，然后从试管中取试液 2 滴于点滴板上，加镁试剂 1 滴，再加 6mol · dm^{-3} NaOH 碱化，观察现象，作出判断。

从上述试管中再取试液 2～3 滴于另一试管中。加入 1～2 滴 2mol · dm^{-3} HAc 酸化，再加 2 滴 0.25mol · dm^{-3} $(NH_4)_2C_2O_4$，观察实验现象，作出判断。

从 2# 试液的容量瓶中倒出试液 1cm^3 于干净试管中，然后从试管中取试液 2 滴于点滴板上，加 1 滴饱和 KSCN，根据实验现象，作出判断。

在上述试管剩余的试液中加 6mol · dm^{-3} NaOH，直至白色沉淀溶解为止，离心分离，取上层清液于另一试管中，加 2mol · dm^{-3} HAc 酸化，加铝试剂 3～4 滴，放置片刻后，加 6mol · dm^{-3} NH_3 · H_2O 碱化，在水浴中加热，观察实验现象，作出判断。

3. 茶叶中 Ca、Mg 总量的测定

从 1# 容量瓶中准确吸取试液 25cm^3 置于 250cm^3 锥形瓶中，加入三乙醇胺 5cm^3，再加入 NH_4Cl-NH_3 · H_2O 缓冲溶液 10cm^3，摇匀，最后加入铬黑 T 指示剂少许，用 0.01mol · dm^{-3} EDTA 标准溶液滴定至溶液由紫红色恰好变为纯蓝色，即达终点，根据 EDTA 的消耗量，计算茶叶中 Ca、Mg 的总量，并以 MgO 的质量分数表示。

4. 茶叶中 Fe 含量的测量

（1）邻二氮菲亚铁吸收曲线的绘制　用吸量管吸取铁标准溶液 0cm^3、2.0cm^3、4.0cm^3，分别注入 50cm^3 容量瓶中，各加入 5cm^3 盐酸羟胺溶液，摇匀，再加入 5cm^3 HAc-NaAc 缓冲溶液和 5cm^3 邻二氮菲溶液，用蒸馏水稀释至刻度，摇匀。放置 10min，用 3cm 的比色皿，以试剂空白溶液为参比溶液，在 722 型分光光度计中，在波长 420～600nm 间分别测定其吸光度，以波长为横坐标，吸光度为纵坐标，绘制邻二氮菲亚铁的吸收曲线，并确定最大吸收峰的波长，以此为测量波长。

（2）标准曲线的绘制　用吸量管分别吸取铁的标准溶液 0cm^3、1.0cm^3、2.0cm^3、3.0cm^3、4.0cm^3、5.0cm^3、6.0cm^3 于 7 只 50cm^3 容量瓶中，依次分别加入 5.0cm^3 盐酸羟胺、5.0cm^3 HAc-NaAc 缓冲溶液、5.0cm^3 邻二氮菲，用蒸馏水稀释至刻度，摇匀，放置 10min。用 3cm 的比色皿，以空白溶液为参比溶液，在最佳吸收波长处用分光光度计分别测其吸光度。以 50cm^3 溶液中铁含量为横坐标，相应的吸光度为纵坐标，绘制邻二氮菲亚铁的标准曲线。

（3）茶叶中 Fe 含量的测定　用吸量管从 2# 容量瓶中吸取试液 2.5cm^3 于 50cm^3 容量瓶中，依次加入 5.0cm^3 盐酸羟胺、5.0cm^3 HAc-NaAc 缓冲溶液、5.0cm^3 邻二氮菲，用水稀释至刻度，摇匀，放置 10min。以空白溶液为参比溶液，在同一波长处测其吸光度，从标准曲线上求出 50cm^3 容量瓶中 Fe 的含量，并换算出茶叶中 Fe 的含量，以 Fe_2O_3 的质量分数表示。

五、注意事项

1. 茶叶尽量捣碎，利于灰化。

2. 灰化应彻底，若酸溶后发现有未灰化物，应定量过滤，将未灰化的重新灰化。

3. 茶叶灰化后，酸溶解速度较慢时可小火略加热，定量转移要完全。

4. 测 Fe 时，使用的吸量管较多，应插在所吸的溶液中，以免搞错。

5. 1# 250cm^3容量瓶试液用于分析 Ca、Mg 元素，2# 250cm^3容量瓶用于分析 Fe、Al 元素，不要混淆。

六、思考题

1. 预习思考

(1) 应如何选择灰化的温度?

(2) 鉴定 Ca^{2+}时，Mg^{2+}为什么不干扰?

(3) 测定钙镁含量时加入三乙醇胺的作用是什么?

(4) 邻二氮菲分光光度法测铁的作用原理是什么? 用该法测得的铁含量是否为茶叶中的亚铁含量? 为什么?

(5) 如何确定邻二氮菲显色剂的用量?

2. 进一步思考

(1) 欲测该茶叶中 Al 含量，应如何设计方案?

(2) 试讨论为什么 pH=6～7 时，能将 Fe^{3+}、Al^{3+}与 Ca^{2+}、Mg^{2+}分离完全。

(3) 通过本实验，你在分析问题和解决问题方面有何收获? 请谈谈你的体会。

实验六十　抗贫血药物硫酸亚铁（$FeSO_4 \cdot 7H_2O$）的制备与分析

一、目的要求

1. 了解无机药物的一般制备方法。

2. 了解无机药物的常用检测指标与检测方法。

二、基本原理

硫酸亚铁（ferrous sulfate）为抗贫血药，用于缺铁性贫血的治疗。本品含铁约 20%。口服后，以+2 价铁离子形式主要从十二指肠吸收进血液中后，立即被氧化成高铁，并与血浆中转铁蛋白 β_1结合为血浆铁。血浆铁以转铁蛋白为载体，转运到肌体各贮铁组织，供骨髓造血使用。

铁屑与稀硫酸反应可制备硫酸亚铁：

$$Fe + H_2SO_4 = FeSO_4 + H_2\uparrow$$

从水溶液中结晶一般为 $FeSO_4 \cdot 7H_2O$。由于 $FeSO_4$中的 Fe^{2+}具有还原性，在酸性条件下，可与高锰酸钾发生如下反应：

$$10FeSO_4 + 2KMnO_4 + 8H_2SO_4 = 5Fe_2(SO_4)_3 + K_2SO_4 + 2MnSO_4 + 8H_2O$$

故利用已知准确浓度的 $KMnO_4$溶液测定产品中 $FeSO_4$的含量，微过量的 MnO_4^-使溶液呈现粉红色，指示终点。

三、仪器与药品

1. 仪器　电子天平，布氏漏斗，吸滤瓶，循环水泵，蒸发皿，烧杯，酒精灯，滴定管，碘量瓶等。

2. 药品　硫酸，高锰酸钾标准溶液（0.02mol·dm^{-3}），铁屑，硝酸铅，硝酸，硫代乙酰胺，醋酸-醋酸钠缓冲液（pH＝3.5），抗坏血酸，三氧化二砷，氢氧化钠，碘化钾，锌，氯化亚锡等。

四、实验内容

1. 铁屑表面油污的去除

称取 2g 铁屑，放入 100cm^3 小烧杯中，加入 15cm^3 10％ Na_2CO_3 溶液，小火加热约 10min，用倾析法除去碱液，用水把铁屑冲洗干净，备用。

2. 硫酸亚铁的制备

在盛有 2g 铁屑的小烧杯中倒入 15cm^3 3mol·dm^{-3} H_2SO_4 溶液，盖上表面皿，放在石棉网上用小火加热，使铁屑和 H_2SO_4 反应直至不再有气泡冒出为止（约需 30min），在加热过程中应添加少量水，以补充被蒸发的水分，这样做可以防止 $FeSO_4$ 结晶出来。趁热减压抽滤，滤液立即转移到蒸发皿中，此时溶液的 pH 值应在 1 左右。小火加热蒸发至 5cm^3 左右，冷却至大量晶体析出，进行减压过滤，并用少量无水乙醇淋洗晶体，尽量抽干后，再用滤纸吸干水分，称其质量，计算产率。

3. 产品中各项指标的检查

（1）酸度　取本品 0.5g，加入 10cm^3 煮沸且冷却的蒸馏水溶解后，用精密 pH 试纸测定。

（2）碱式硫酸盐（50％水溶液）　取本品 1.0g，加入新煮沸且冷却的蒸馏水 2cm^3 左右，溶解后观察浑浊度（略浑浊）。

（3）重金属

① 标准铅溶液的制备（此项工作由实验室准备）　称取硝酸铅 0.159g，置 1000cm^3 容量瓶中，加硝酸 5cm^3 与水 50cm^3 溶解后，用水稀释到刻度，摇匀，作贮备液。临用前，精密量取贮备液 10cm^3，置 100cm^3 容量瓶中，加水稀释到刻度，即得每 1cm^3 相当于 10μg 的 Pb。

② 检查　取 25cm^3 纳氏比色管两支，用吸量管量取上述标准铅溶液 1cm^3 于甲管中。称取样品 0.5g 于乙管中，各加水 20cm^3 溶解后，加入醋酸-醋酸钠（pH＝3.5）缓冲溶液 2cm^3、抗坏血酸 0.5g，摇匀，加水稀释到标线。再在甲、乙两管中分别加入硫代乙酰胺试液（5％）各 2cm^3，摇匀，放置 5min，同置白纸上，自上向下透视，比较甲、乙两管颜色的深浅。

（4）砷含量的测定

① 碘化钾溶液（150g·dm^{-3}）　贮存于棕色瓶中。

② 酸性氯化亚锡溶液　称取 40g 氯化亚锡（$SnCl_2 \cdot H_2O$），加 6mol·dm^{-3} 盐酸溶解并稀释至 100cm^3，加入数颗金属锡粒。

③ 醋酸铅棉花　用醋酸铅溶液（100g·dm^{-3}）浸透脱脂棉后，压除多余溶液，并使疏松，在 100℃ 以下干燥后，贮存于玻璃瓶中。

④ 二乙基二硫代氨基甲酸银-三乙醇胺-三氯甲烷溶液　称取 0.25g 二乙基二硫代氨基甲酸银[$(C_2H_5)_2NCS_2Ag$]，置于研钵中，加少量三氯甲烷研磨。移入 100cm^3 量筒中，加入 1.8g 三乙醇胺，再用三氯甲烷分次洗涤研钵，洗液一并移入量筒中，再用三氯甲烷稀释至 100cm^3，放置过夜，滤入棕色瓶中贮存。

⑤ 砷标准溶液　准确称取0.1320g在硫酸干燥器中干燥过的或在100℃干燥2h的三氧化二砷，加$5cm^3$氢氧化钠溶液（$200g\cdot dm^{-3}$），溶解后加$25cm^3$硫酸（$1mol\cdot dm^{-3}$），移入$1000cm^3$容量瓶中，加新煮沸冷却的水稀释至刻度，贮存于棕色玻璃瓶中，此溶液每毫升相当于0.10mg砷。

⑥ 砷标准使用液　吸取$1.0cm^3$砷标准溶液，置于$100cm^3$容量瓶中，加入$1cm^3$硫酸（$1mol\cdot dm^{-3}$），加水稀释至刻度，此溶液每毫升相当于1.0μg砷。

⑦ 限量法测砷　称取样品4.0g，试剂空白液及砷标准溶液$2cm^3$（含As $2mg\cdot dm^{-3}$），各加水至$40cm^3$，摇匀，再加$10cm^3$硫酸（1∶1），加$3cm^3$碘化钾溶液（$150g\cdot dm^{-3}$）、$0.5cm^3$酸性氯化亚锡溶液，混匀，静置15min，各加入3g无砷锌粒，立即分别塞上装有乙酸铅棉花的导气管，并使管尖端插入盛有$4cm^3$银盐溶液的离心管的液面下，在常温下反应5min后，取下离心管，加三氯甲烷补足$4cm^3$。比色测定样品的砷合格情况。

4. $FeSO_4\cdot 7H_2O$含量的测定

准确称取本品0.5g（准确至0.0001g），加$1mol\cdot dm^{-3}$硫酸溶液与新煮沸过的冷水各$15cm^3$，溶解后，立即用标准$KMnO_4$溶液（$0.02mol\cdot dm^{-3}$）滴定，到溶液显持续的粉红色。

$$w_{FeSO_4\cdot 7H_2O}=1.39\frac{cV}{m}\times 100\%$$

式中　c——$KMnO_4$标准溶液的浓度，$mol\cdot dm^{-3}$；

V——$KMnO_4$标准溶液的体积，cm^3；

m——试样质量，g。

五、思考题

1. 什么叫无机类药物？治贫血的无机类药物有哪些？
2. 治贫血药硫酸亚铁（$FeSO_4\cdot 7H_2O$）的制备方法有哪些，步骤如何？
3. 如何测定制备好的药物的酸度、浑浊度、重金属（砷、铅）的含量？
4. 产率与含量的测定、计算方法是什么？
5. 治贫血药硫酸亚铁（$FeSO_4\cdot 7H_2O$）的各项指标的国家标准怎样？《中华人民共和国药典》中有什么要求？

附　贫血药硫酸亚铁各项指标的国家标准：

名　称	含　量	酸度（5%水溶液）	碱式硫酸盐（50%水溶液）	重金属（以Pb计）	砷（As）
指　标	98.5%～104.0%	pH=3～4	极微的浑浊	$<20\mu g\cdot g^{-1}$	$<2\mu g\cdot g^{-1}$

实验六十一　食用醋中总酸度的测定

一、实验目的

1. 掌握食醋中总酸度测定的原理和方法。
2. 掌握指示剂的选择原则。

二、实验原理与技能

1. 实验原理

食醋中除水外的主要成分是 CH_3COOH（HAc，约合3%～5%），此外还有少量其他有机弱酸（H_nA）。它们与 NaOH 溶液的反应为：

$$NaOH + CH_3COOH \longrightarrow CH_3COONa + H_2O$$

$$nNaOH + H_nA \longrightarrow Na_nA + nH_2O$$

用 NaOH 标准溶液滴定时，只要 $K_a^{\ominus} \geqslant 10^{-7}$ 的弱酸都可以被滴定，因此测出的是总酸量。分析结果用含量最多的 HAc 来表示。由于是强碱滴定弱酸，滴定突跃在碱性范围内，终点的 pH 值在 8.7 左右，通常选用酚酞作指示剂。

2. 实验技能

熟练天平、移液管、容量瓶、滴定管的使用方法；练习滴定终点的判断、指示剂的选择方法。

三、主要仪器与试剂

1. 仪器　移液管（$10cm^3$、$25cm^3$），容量瓶（$250cm^3$），酸式滴定管（$50cm^3$），量筒。

2. 试剂　食醋，酚酞指示剂，NaOH 标准溶液（约 $0.06mol \cdot dm^{-3}$）。

四、实验内容

用移液管吸取 $25.00cm^3$ 食醋移入 $250cm^3$ 容量瓶中，用无 CO_2 的蒸馏水稀释至刻度，摇匀。用 $25cm^3$ 移液管移取已稀释的食醋 3 份，分别放入 $250cm^3$ 锥形瓶中，各加 2 滴指示剂，摇匀。用氢氧化钠标准溶液滴定至溶液呈粉红色，30s 内不褪色，即为滴定终点，根据氢氧化钠标准溶液的浓度和滴定时消耗的体积 V，可以计算出食醋的总酸度 ρ_{HAc}（单位为 $g \cdot dm^{-3}$）。

$$\rho_{HAc} = \frac{(cV)_{NaOH} M_{HAc}}{10.00 \times \frac{25.00}{100.00}}$$

五、注意事项

1. 食醋中 HAc 的浓度较大，且颜色较深，须稀释后测定。

2. 如食醋的颜色较深，经稀释或活性炭脱色后，颜色仍很明显，则终点无法判断。

3. 稀释食醋的蒸馏水应经过煮沸，除去 CO_2。

Chapter 7 Experiment in English

Experiment 62 The Claim, Identify and Washing of Glass Apparatus; The Weighing Practice of Electronic Balance

Objectives

1. To learn names, specification, usage and special attention-requiring issues of frequently used glassware.

2. To learn and practice washing and drying methods of frequently used glass apparatuses, as well as to grasp the usage knowledge of alcohol burner.

3. Grasp the use of electronic balance.

4. To learn the weighing by difference.

Experimental Procedures

1. Cleaning glassware

Cleanliness is extremely important in minimizing errors in the precision and accuracy of data. Therefore, glassware must be thoroughly cleaned before the experiment.

The proper method to clean glassware depends on what contaminant is present in the glassware. Table 1 lists different methods to clean glassware.

Table 1 Different methods to clean glassware

Contaminants	Methods
Water-soluble contaminants or dust	Tap water
Water-insoluble contaminants	Soap or detergent
MnO_2, rust	Concentrated hydrochloric acid, oxalate acid cleaning solution
Oil and organic contaminants	Alkaline solution such as Na_2CO_3 or NaOH, organic solvent, chromic acid cleaning solution, basic permanganate solution
Solid Na_2SO_4, $NaHSO_4$	Dissolve with hot water
Permanganate	Oxalate acid
Sulfur	Boiled lime water
Contaminants in porcelain mortar	Grind salt in mortar, and rinse with water
Cuvette contaminated by organics	HCl-ethanol(1 : 2, vol/vol)
Silver or copper stain	Nitric acid
Iodine stain	Soak with KI solution, and wash with warm diluted NaOH or $Na_2S_2O_3$ solution

The common cleaning solutions are as follows.

(1) Water

Water and a brush are used to wash away soluble contaminants and dust from glassware. Oil and organic contaminants can not be washed away with water.

(2) Cleaning powders or detergents

Most cleaning powders or detergents contain sodium carbonate or surfactant, so the oil on the glassware can be washed off.

(3) Chromic acid cleaning solution

$K_2Cr_2O_7$ dissolved in concentrated sulfuric acid is traditionally used for difficult cleaning tasks.

Clean glassware thoroughly with a small amount of chromic acid solution. Roll each rinse around the entire inner surface of the glassware for a complete rinse. Then decant the solution back to its original reagent bottle. Rinse the glassware several times with water. Soaking the glassware in a chromic acid solution will obtain better results.

Pay attention to the following when using a chromic acid solution.

a. Eliminate the water in the glassware before using the chromic acid solution. This prevents chromic acid dilution.

b. The chromic acid solution can be used repeatedly until it turns green.

c. Never use a brush.

d. The chromic acid solution is very corrosive.

e. Cr(Ⅵ) is poisonous. Don' t discard it into the sink directly.

Dishwashing liquid used in the kitchen is a good cleaning solution for oil and contaminants. The chromic acid solution can be replaced by dishwashing liquid in the laboratory.

(4) Other cleaning solutions

Proper cleaning solutions should be used for different contaminants. For example, MnO_2 should be washed with $NaHSO_3$ or with an oxalate acid solution.

Once the glassware is thoroughly cleaned, first rinse several times with tap water and then once or twice with small amounts of deionized water.

The glassware is clean if no water droplets adhere to the cleaned area of the glassware after the final rinse.

2. Weighting

(1) Analytical balance

An analytical balance is an instrument that used to measure mass to a very high degree of precision. There are damped balance, electro-optic analytical balance, microbalance and electronic balance etc. These balances are different in structure and operating procedure. But they share the same principles. The most common used analytical balance is electronic balance now.

Operating procedure of electronic analytical balance is shown below.

① Clean the chamber and pan

• Open the chamber door and clear the chamber of any residue. Be very careful not to hit the pan.

• Use a soft brush to gently brush the pan.

② Level the balance

• In order to obtain accurate results, the unit must be level. Observe the leveling bubble at the rear right of the chamber. If the bubble is not resting entirely within the black circle, then the unit is not level.

• To level the balance, change the height of the two rear feet of the unit by adjusting the knurled black ring around each foot.

③ Tare the balance

• If you wish to tare the balance, place your empty vessel on the pan.

• Be sure all the enclosure doors are shut.

• Press the "T" bar. Wait for the display to read "0. 0000" .

④ Measure the samples

• Place your sample on the pan.

• Close all the doors of the enclosure.

• Record the measurement.

⑤ Turn power off and clean the chamber and pan

• When you finished, be courteous. Clean out the pan and chamber of any spills or residue.

• Close all chamber doors.

(2) Weighing methods

The preferred method is known as weighing by difference. This method assumes that the receiver flask has a large enough opening that there is minimal risk for spillage. The receiver flask need not be dry, so considerable time can be saved through not needing to dry glassware.

• Get a weighing bottle which contains the material you want to weigh out. Weigh the weighing bottle on the electronic balance and record the weight, W_1.

• Transfer material from the weighing bottle into a flask or whatever you want your material in. When transferring, use one hand to hold the weighing bottle slightly tilted while tapping the weighing bottle to allow a small amount of the material to come out.

• Weigh the weighing bottle again on the electronic balance and record the weight W_2. To get the weight, W, of your transferred material, use the following formula:

$$W = W_1 - W_2$$

• In accordance with the above steps repeat weighting.

3. Experiment data

Trial	1	2	3
The weight of the empty crucible			
The weight of weighing bottle and sample(before pouring)			
The weight of weighing bottle and sample(after pouring)			
The weight of sample			

Experiment 63 Determination of Molar Gas Constant

Objectives

1. To know the fundamental principles and method of determination of molar gas constant.

2. To be familiar with the calculation of Dalton' s partial pressure law and ideal

gas law.

3. To gain further insights into the technique of analytical balance and barometer; to learn measure technique of gas volume.

Principles

Ideal gas law equation can be expressed as follow:

$$pV=nRT=\frac{m}{M_G}RT \quad (1)$$

Where p is the pressure or partial pressure of gas (Pa); V is the volume of gas (m^3); n is the molar of gas (mol); R is molar gas constant ($Pa \cdot m^3 \cdot K^{-1} \cdot mol^{-1}$); T is the temperature of gas (K); m is the mass of gas (g); M_G is the molar mass of gas ($g \cdot mol^{-1}$).

According to equation (1), after measuring volume V, pressure p, molar n or mass m of the given gas at the given temperature, value of R can be got.

Magnesium of the given mass reacts with excessive dilute sulfuric acid at the given temperature and pressure in this experiment, hydrogen is collected by drain collection method, measure its volume, then the molar of hydrogen can be got. According to this, the value of R can be got. The related reaction and calculation formula are as follows:

$$\begin{array}{ccc} Mg(s)+H_2SO_4 & = & MgSO_4+H_2(g) \\ 1mol & & 1mol \\ \frac{m_{Mg}}{M_{Mg}} & & n=\frac{m_{Mg}}{M_{Mg}} \end{array} \quad (2)$$

Hydrogen collected is saturated by vapor. Partial pressure of hydrogen p_{H_2} can be got by all pressure p of mixed gas (the mixtures of hydrogen and vapor) subtracting the vapor pressure of water.

$$p_{H_2}=p-p_{H_2O} \quad (3)$$

Equation

(1) can be expressed as follow according to equation (2) and (3):

$$R=\frac{pV_{H_2}}{n_{H_2}T}=\frac{p_{H_2}V}{n_{H_2}T}=\frac{M_{Mg}p_{H_2}V}{m_{Mg}T} \quad (4)$$

p in equation (1) is atmosphere press. Pressure in tube shall be consistent with atmosphere press when measuring pressure using windpipe. p_{H_2O} at certain temperature can be got in handbook. V is the volume of hydrogen collected. It is noted that the value of V shall be read when windpipe tube is cooled down to room temperature because the volume of the hydrogen is influenced by temperature and the reaction of Mg and H^+ is an exothermic one. The mass of Mg, which shall be weighed after oxidation film of Mg surface scraped. The value of Mg mass shall be proved to be accurate. T is the value of temperature, which may be replaced by room temperature of laboratory.

We can know from the equation (4), the determination of R is actually through by determination of p_{H_2}, V, m_{Mg} and T. So accurate measurement of them is the key of this experiment.

Instruments, Reagents and Materials

Electronic balance, eudiometer (with level ball, $50cm^3$), barometer, hob stand (attached butterfly nip and iron circle), triangle filter, scissors, graduate cylinder ($10cm^3$), test tube with single bore stuff ($25cm^3$), magnesium rod, H_2SO_4 ($3mol \cdot dm^{-3}$), sand paper, latex, glycerol.

Experimental Procedures

1. Weigh 2 shares of magnesium rod with surface oxidation film scraped, whose mass varies at 0.030~0.035 g.

2. Assemble the apparatus as Fig. 3-1 (graduated flask replaced by alkali buret, level bottle is replaced by filter). Open the plug of test tube, affusion from filter to eudiometer till slightly under 0.00" scale, move the filter to drive up air bladder attaching in glue tube and windpipe wall, and the fill plug of test tube strictly.

3. Check if instrument leaks air by moving filter down some distance and fix it up using iron ring at certain position. If liquid surface of eudiometer slightly falls in the beginning , then maintain invariableness after 3~5min, which shows the instrument does not leak air. Otherwise you should check if the interface is rigor. Repeat the above trial to prevent leaking air after checking and adjusting. At last, move filter to original position.

4. Taking down the test tube to maintain liquid surface at "0.00" scale. Then add 6~8 mL H_2SO_4 to the test tube using another filter (note: no touching the test tube wall), slightly incline the test tube, dipping magnesium rod in glycerol, paste it at the top of the test tube wall to prevent magnesium rod touching H_2SO_4. Then check whether air is leaked after filling plug strictly in the best tube.

5. Moving the filter to the right of eudiometer so that both of liquid surface are at the same level, note down the data of the liquid surface in eudiometer. Then drive up the bottom of test tube slightly (not to unclamp the plug of the test tube) to make magnesium rod touch H_2SO_4. Water in the best tube will be pressed into filter due to hydrogen produced of the entering eudiometer. To prevent leaking for excessive pressure, funnel shall move under correspond to liquid surface fall in the tube in order to make liquid surface of tube and funnel kept at the same level.

6. Reading data

After magnesium rod fully reacts, wait for the test tube cool down to room temperature (about 10min), then move funnel so that liquid surface of the tube and filter are kept in the same level, record the data of liquid surface. Repeat reading data after 2~3min. If these data are equal, it proves the temperature of gas in the tube to be consistent with the room temperature.

Not down room temperature and atmospheric pressure.

Repeat the experiment using another share of magnesium rod.

Look up the vapor pressure of water at this temperature; calculate molar gas constant R and experiment errors.

Experimental Data

Trial	1	2
The mass of magnesium rod		
The data of the liquid surface in eudiometer before reaction		
The data of the liquid surface in eudiometer after reaction		

Questions

1. Why the exact values of p_{H_2}, V, m_{Mg} is the key to fulfill experiment successfully? How to measure them accurately in the experiment?

2. Try to analyze how those following factors will affect the experimental results.

(1) Air bladder doesn' t be drove up completely in eudiometer and glue tube.

(2) Surface oxidation film of magnesium rod is not scraped completely; magnesium rod is weighted with surface sweat stained by the finger not being scraped completely.

(3) magnesium rod touches H_2SO_4 at the top of the best tube wall before collecting hydrogen.

(4) Instrument leaks air in the process.

Experiment 64 Purification of Sodium Chloride

Objectives

1. To learn the principle and method of purifying sodium chloride.
2. To learn the operation of filtration, evaporation, concentration and crystallization.
3. To learn the methods of qualitative test for SO_4^{2-}, Ca^{2+} and Mg^{2+}.

Introduction

Sodium chloride, which is used as a chemical or medical reagent, is purified from crude salt. There are not only insoluble impurities in the crude salt, such as sediment, but also soluble impurities, such as Ca^{2+}, Mg^{2+}, K^+ and SO_4^{2-}. To remove Ca^{2+}, Mg^{2+} and SO_4^{2-}, add appropriate reagents to produce insoluble precipitates.

First, add $BaCl_2$ to the crude salt solution to remove SO_4^{2-}.

$$Ba^{2+} + SO_4^{2-} = BaSO \downarrow$$

Then, add Na_2CO_3 to remove Ca^{2+}, Mg^{2+} and excessive Ba^{2+}.

$$Ca^{2+} + CO_3^{2-} = CaCO_3 \downarrow$$

$$4\,Mg^{2+} + 5CO_3^{2-} + 2H_2O = Mg(OH)_2 \cdot 3MgCO_3 \downarrow + 2HCO_3^-$$

$$Ba^{2+} + CO_3^{2-} = BaCO_3 \downarrow$$

The excessive Na_2CO_3 can be neutralized with HCl. The low content soluble impurity K^+, having a different solubility from sodium chloride, can be removed by recrystallization. It will be retained in the solution when NaCl crystals form.

Apparatus and Chemicals

HCl(6mol·dm^{-3}), HAc(2mol·dm^{-3}), NaOH(6mol·dm^{-3}), $BaCl_2$ (0.5mol·dm^{-3}), Na_2CO_3 (saturated), $(NH_4)_2C_2O_4$ (saturated), magneson, pH test paper, crude salt.

Experimental Procedure

1. Dissolving crude salt

Weigh 10.0g of crude salt in a $250cm^3$ beaker, add 35mL of water, heat and stir to make it dissolve.

2. Removing SO_4^{2-}

Heat the above filtrate to boiling, and then add $BaCl_2$ solution while stirring until the precipitation is complete. After continuing to boil the mixture for several minutes, vacuum filter the mixture.

3. Removing Mg^{2+}, Ca^{2+} and Ba^{2+}

Heat the above filtrate to boiling. Add saturated Na_2CO_3 solution while stirring until the precipitation is complete. Add an additional $0.5cm^3$ of Na_2CO_3 solution, and continue heating for 5 minutes. Vacuum filter the mixture, and discard the precipitates.

4. Removing excessive CO_3^{2-}

Add $6mol \cdot dm^{-3}$ HCl to the solution, heat, and stir until the pH is about 2~3.

5. Concentration and crystallization

Transfer the above solution to an evaporating dish which is already weighed. Heat and evaporate until crystals form (The volume of the solution should be about a quarter of the original solution). Cool to room temperature, and vacuum filter the mixture. Transfer the crystals to the evaporating dish, and dry them with low heat. Cool the crystals to room temperature, weigh and calculate the yield.

6. Product purity analysis

Weigh 1.0g of crude salt and purified salt, respectively. Add $5cm^3$ of distilled water to dissolve each salt. Then perform the following qualitative analyses.

(1) SO_4^{2-} In two test tubes, transfer $1cm^3$ of crude salt solution and $1cm^3$ of purified salt solution, respectively. In each test tube, add two drops of $6mol \cdot dm^{-3}$ HCl and two drops $0.5mol \cdot dm^{-3}$ $BaCl_2$ solution. Compare the precipitates in the two test tubes.

(2) Ca^{2+} In two test tubes, transfer $1cm^3$ of crude salt solution and $1cm^3$ of purified salt solution, respectively. In each test tube, add $2mol \cdot dm^{-3}$ HAc, and 3~4 drops of saturated $(NH_4)_2C_2O_4$. Compare the white precipitates (CaC_2O_4) in the two tubes.

(3) Mg^{2+} In two test tubes, transfer $1cm^3$ of crude salt solution and $1cm^3$ of purified salt solution, respectively. In each test tube, add five drops of $6mol \cdot dm^{-3}$ NaOH and 2 drops of magneson. The blue precipitates confirm the presence of Mg^{2+}. Compare the blue precipitates in the test tubes.

Questions and Discussion

1. When removing Ca^{2+}, Mg^{2+} and SO_4^{2-}, why is $BaCl_2$ added first, and then Na_2CO_3 is added?

2. Why is the toxic $BaCl_2$ used to remove SO_4^{2-} instead of $CaCl_2$?

3. Can we use another soluble carbonate to replace Na_2CO_3 in order to remove Ca^{2+}, Mg^{2+} and Ba^{2+}?

4. When using HCl to remove CO_3^{2-}, why should the pH be adjusted to 2~3? Can we adjust the pH to 7?

Experiment 65 Determination of a Rate Law and Activation Energy

Objectives

1. To determine the effects of concentration, temperature and catalyst on the rate of a chemical reaction.

2. To determine the rate of the reaction between ammonium persulfate and potassium iodide, and to calculate the reation order and the activation energy

Introduction

The reaction of ammonium persulfate and potassium iodide is

$$S_2O_8^{2-} + 3I^- = 2SO_4^{2-} + I_3^- \quad (1)$$

The rate law for this reation is

$$v = k[S_2O_8^{2-}]^m[I^-]^n$$

Where v is the instantaneous rate, and k is the reaction rate constant. The superscripts m and n designate the order with respect to each reactant.

This experiment will determine the average rate ($\bar{v}$). If the change of concentration for $S_2O_8^{2-}$ is $\Delta[S_2O_8^{2-}]$ in a period of time (Δt), the average rate can be expressed as

$$\bar{v} = \Delta[S_2O_8^{2-}]/\Delta t$$

In this experiment, the concentration of reactant changes very little in a short period of time (Δt). So the average rate can be regarded as the approximate instananeous rate.

$$\Delta[S_2O_8^{2-}]/\Delta t \approx v = k[S_2O_8^{2-}]^m[I^-]^n$$

In order to determine the concentration of $S_2O_8^{2-}$, a constant known amount of $Na_2S_2O_3$ and starch solution are added before mixing KI with $(NH_4)_2S_2O_8$. Then two reactions, (1) and (2), occur at the same time.

$$2S_2O_3^{2-} + I_3^- = S_4O_6^{2-} + 3I^- \quad (2)$$

The rate of reaction (2) is very fast, so this reaction completes instantly. But reaction (1) is much slower than reaction (2). So the I_3^- produced by reaction (1) will react with $S_2O_3^{2-}$ instantly to form $S_4O_6^{2-}$ and I^-. Once all of the $S_2O_3^{2-}$ is used up, reaction (2) can no longer occur, and the I_3^- still being formed in reaction (1) will appear in the solution as deep blue because of the reaction between I_3^- and starch.

From reaction (1) and (2), we can find that each mole of $S_2O_3^{2-}$ used is equivalent to 1/2 mole of $S_2O_8^{2-}$ used.

$$\Delta[S_2O_8^{2-}] = \Delta[S_2O_3^{2-}]/2$$

In this experiment, the initial concentration of $Na_2S_2O_3$ is the same for each mixture. When the deep blue color appears, the $S_2O_3^{2-}$ is used up. So we would know $\Delta[S_2O_3^{2-}]$ and Δt, and further calculate $\Delta[S_2O_8^{2-}]$ and the average rate.

In logarithmic form, the rate law equation becomes

$$\lg v = m\lg[S_2O_8^{2-}] + n\lg[I^-] + \lg k$$

When $[I^-]$ is kept constant, a plot of $\lg v$ versus $\lg[S_2O_8^{2-}]$ produces a straight line with a slope equal to m. In the same way, a plot of $\lg v$ versus $\lg[I^-]$ produces a straight line with a slope equal to n when $[S_2O_8^{2-}]$ is kept constant.

Then the value of k, the reaction rate constant, can be calculated with the already known m, n, $[S_2O_8^{2-}]$, $[I^-]$ and v.

According to the Arrhenius equation,

$$\lg k = \frac{-E_a}{2.303RT} + A$$

where k——rate constant;

E_a——activation energy ($kJ \cdot mol^{-1}$);

R——gas constant ($R = 8.314 J \cdot K^{-1} \cdot mol^{-1}$);

T——thermodynamic temperature;

A——constant.

Determine the different k values at different temperatures. A plot of $\lg k$ versus $1/T$ produces a straight line with a slope of $(\frac{-E_a}{2.303R})$, so the activation energy can be calculated.

Apparatus and Chemicals

7 Beakers (100mL), large test tube, graduated cylinder, thermostatic waterbath, stopwatch, thermometer, $(NH_4)_2S_2O_8$ ($0.02 mol \cdot dm^{-3}$, freshly prepared), KI($0.02 mol \cdot dm^{-3}$), KNO_3 ($0.02 mol \cdot dm^{-3}$), $Na_2S_2O_3$ ($0.010 mol \cdot dm^{-3}$), $(NH_4)_2SO_4$ ($0.02 mol \cdot dm^{-3}$), $Cu(NO_3)_2$ ($0.02 mol \cdot dm^{-3}$), starch solution (0.2%, wt/wt).

Experimental Procedure

1. Effect of concentration on the reaction rate

According to the solution volumes of kinetic trial 1 in Table 1, mix KI, $Na_2S_2O_3$, and starch solution in a 100mL beaker. Place $(NH_4)_2S_2O_8$ in another beaker. The reaction begins when the $(NH_4)_2S_2O_8$ is added to the above mixture. Be prepared to start timing the reaction in seconds. Now rapidly add the $(NH_4)_2S_2O_8$ to the mixture in the beaker—START TIME. Swirl the mixture the deep blue color appears—STOP TIME. Record the time lapse and the temperature of the reaction mixture.

Repeat the remaining kinetic trials in Table 1. In order to keep the same total volume and ionic strength for each trial, KNO_3 solution and $(NH_4)_2SO_4$ solution are used.

Table 1 Reagent dosage

Kinetic trial		1	2	3	4	5
Solution /cm³	KI($0.02 mol \cdot dm^{-3}$)	8.0	8.0	8.0	4.0	2.0
	starch solution(0.2%)	2.0	2.0	2.0	2.0	2.0
	$Na_2S_2O_3$($0.010 mol \cdot dm^{-3}$)	2.0	2.0	2.0	2.0	2.0
	KNO_3($0.02 mol \cdot dm^{-3}$)	—	—	—	4.0	6.0
	$(NH_4)_2SO_4$($0.02 mol \cdot dm^{-3}$)	—	4.0	6.0	—	—
	$(NH_4)_2S_2O_8$($0.02 mol \cdot dm^{-3}$)	8.0	4.0	2.0	8.0	8.0

2. Effect of temperature on the reaction rate

According to the solution volumes of kinetic trial 3 in Table 1, mix KI, $Na_2S_2O_3$, and starch solution in a 100mL beaker. Place $(NH_4)_2S_2O_8$ in another beaker. Heat both beakers in thermostatic waterbath until 10℃ above room temperature. Then rapidly add the $(NH_4)_2S_2O_8$ to the mixture in the beaker until the deep blue color appears. Record the time lapse and the temperature of the reaction mixture. Repeat another trial at 20℃ above room temperature.

3. Effect of catalyst on the reaction rate

According to the solution volumes of kinetic trial 3 in Table 1, mix KI, $Na_2S_2O_3$, and starch solution in a 100mL beaker, and then add two drops of $Cu(NO_3)_2$ solution. Rapidly add the $(NH_4)_2S_2O_8$ to the mixture in the beaker until the deep blue color appears. Record the time lapse and the temperature of the reaction mixture.

Questions and Discussion

1. Why can the reaction rate be calculated by the time lapse from the beginning of the reaction till the deep blue color appears in the experiment? Do the reactions continue or cease when the deep blue color appears?

2. How will the following operations affect the results of the experiment?

① The graduated cylinders for different solutions are mixed up.

② $(NH_4)_2S_2O_8$ is added before KI solution.

③ Slowly adding $(NH_4)_2S_2O_8$ solution to the mixture.

3. How will it affect the results if the amount of $Na_2S_2O_3$ is too much or too little?

Experiment 66 Determination of Ionization Constant of Acetic Acid

Objectives

1. To understand the method of determining the ionization constant of a weak acid.
2. To further understand the concept of ionization equilibrium.
3. To learn how to use the pH meter.

Introduction

The ionization equilibrium of acetic acid is

$$HAc \rightleftharpoons H^+ + Ac^-$$

The ionization constant of acetic acid is expressed as

$$K_{HAc} = \frac{[H^+][Ac^-]}{[HAc]} \quad (1)$$

Suppose that the initial concentration of acetic acid is c, and the equilibrium concentration of H^+ equals that of Ac^-, that is $[H^+]=[Ac^-]=x$. So, equation (1) can be written as

$$K_{HAc} = \frac{x^2}{c-x}$$

At a certain temperature, if we prepare the acetic acid solution and determine the pH of this equilibrium solution, we can calculate the concentration of H^+ according to the formula, pH=$-\lg[H^+]$. Then, the ionization constant K can be calculated.

Apparatus and Chemicals

pH meter (pHS-3C), base buret ($50cm^3$), measuring flask ($50cm^3$), conical flask ($250cm^3$), suction pipet ($25cm^3$, $10cm^3$), HAc ($0.1mol \cdot dm^{-3}$)

Experimental Procedures

1. Preheat the pH meter for 30 minutes.

2. The concentration of HAc solution was determined with the standard solution of NaOH, phenolphthalein as indicator.

3. Prepare acetic acid solutions with different concentrations in three measuring flask according to Table 1.

Table 1 Experimental data

Trial	V_{HAc}/cm^3	V_{H_2O}/cm^3	$[HAc]/mol \cdot dm^{-3}$	pH	$[H^+]/mol \cdot dm^{-3}$	K	α
1	2.50	47.50					
2	5.00	45.00					
3	25.00	25.00					

The average of K is___.

Questions and Dicussion

1. How do you determine the ionization constant of HAc in this experiment?

2. What is the key to using the pH meter?

3. How do you prepare an acetic acid solution? How do you determine its ionization constant from the pH value?

Experiment 67 Preparation and Standardization of Hydrochloride Acid Solution

Objectives

1. Grasp the titration method of using sodium carbonate as the primary standard substance to standardize hydrochloride acid solution.

2. Acquaint with the methyl orange indicator.

Principles

Since the HCl is easy to volatilize, therefore the standard HCl solution can not be prepared directly. Solution of the approximate concentration should be made first and standardized with primary standard substance.

Anhydrous sodium carbonate is a suitable chemical for preparing a standard solution (as a primary standard). The molarity of the given hydrochloric acid can be found by titrating it against the standard sodium carbonate solution prepared. The reactions are:

$$2HCl + Na_2CO_3 \longrightarrow 2NaCl + H_2CO_3$$

Methyl orange indicator is used as the indicator. The color changes from yellow to orange red at the end point.

Equipment and Reagents

acid burette, flask, volumetric cylinder (100cm^3, 10cm^3), reagent bottle, Na_2CO_3 (primary standard reagent), HCl (36%~38%, relative density is 1.18), methyl orange indicator.

Experimental Procedures

(1) Preparation of 0.1mol·dm^{-3} hydrochloride acid solution: Dilute appropriate 9cm^3 of 36% to 38% HCl to 1dm^3 with carbonate-free distilled water and mixed well.

(2) Standardization of 0.1mol·dm^{-3} hydrochloride acid solution: weigh accurately about 0.12g of Na_2CO_3 (previously dried to constant weight at 270~290℃) in a 250cm^3 flask. Dissolve it with 50cm^3 of distilled water. Add 1cm^3 of methyl orange indicator. Titrate it with standard HCl solution until the color changes from yellow to orange. Heat the solution to boiling for 2min, cool and continue the titration until the orange is no longer fade away.

Repeat twice.

Data Analysis

Data record and analysis:

Measurement	1	2	3
m_1/g			
m_2/g			
$m_{Na_2CO_3}$/g			
V_0/cm^3			
V_1/cm^3			
$V_{HCl}=(V_1-V_0)$/cm^3			
c_{HCl}/mol·dm^{-3}			
Means/mol·dm^{-3}			
Relative average deviation/%			

Related formula:

$$c_{HCl}=\frac{2m_{Na_2CO_3}}{V_{HCl}\times\frac{M_{Na_2CO_3}}{1000}} \qquad M_{Na_2CO_3}=106.0\text{g}\cdot\text{mol}^{-1}$$

Notes

1. Na_2CO_3 should be measured quickly because it's easy to absorb water.

2. The pH changes inconspicuously when it is close to the end point. Thus, the solution need to be boiled for 2min and then cooled to room temperature (or shaking by swirling for 2min). Go on titrating it slowly to orange.

3. Be careful not to spill when boiling or shaking.

Questions

1. Should all the flasks for the titration be dried before they are used? Should the distilled water used be accurately measured?

2. Why must the solution be boiled or shaken when close to the end point? And why do we have to cool it before titrating it to the end point?

Experiment 68　Preparation and Standardization
of Sodium Hydroxide Solution

Objectives

1. Grasp the titration using basic burette.

2. Grasp the determination of the end point.

3. Acquaint with weighing by difference.

4. Acquaint with the method of preparation and standardization of solutions with primary standard substances.

Principles

It is not convenient to weigh solid NaOH, because it is hygroscopic. Another reason why NaOH can not be used as a primary standard is the presence of carbon dioxide. Therefore, we must use a primary standard to determine the sodium hydroxide concentration.

The primary standard that is often used for standardizing sodium hydroxide solutions is potassium hydrogen phthalate, KHP. KHP is most commonly used to standardize sodium hydroxide solution as it's readily available in purity of 99.95%, nonhygroscopic and it has a high equivalent weight.

KHP is a monoprotic acid (HA), so one mol of KHP reacts quantitatively with one mole of NaOH. The titration reaction is below:

$$
\begin{array}{c}
\text{COOH} \\
\text{COOK}
\end{array}
+ \text{NaOH} \longrightarrow
\begin{array}{c}
\text{COONa} \\
\text{COOK}
\end{array}
+ H_2O
$$

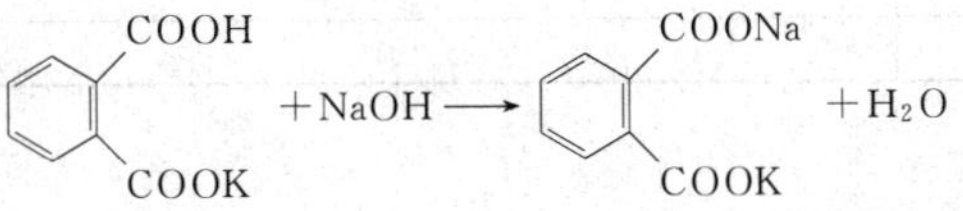

Phenolphthalein indicator is used as the solution is weak acidic at the stoichiometric point

Equipment and Reagents

basic burette, flask, volumetric flask, beaker, reagent bottle, rubber stopper, potassium hydrogen phthalate (primary standard), sodium hydroxide, phenolphthalein indicator (0.1% alcoholic solution).

Experimental Procedures

1. Preparation of $0.1 mol \cdot dm^{-3}$ sodium hydroxide solution: Weigh about 4.4g of NaOH, dissolve it in the freshly boiled and cooled distilled water and dilute it to $1000 cm^3$. Transfer it to a rubber-stopped bottle.

2. Standardization of $0.1 mol \cdot dm^{-3}$ sodium hydroxide solution: Weigh accurately by difference KHP (dried at $105 \sim 110 ℃$) into $250 cm^3$ flasks. Sample weights should be 0.45g for the primary standard.

Dissolve the KHP samples by swirling in $50 cm^3$ of water. Warming may be necessary. It is essential that the samples dissolve completely, even a few small particles remaining can cause a serious titration error.

Add 1 drop of phenolphthalein indicator and titrate with the sodium hydroxide solution to the first permanent pink color, which should persist not less than thirty seconds or so.

Repeat twice.

Data Analysis

An example for the method of weighing by difference.

The KHP in the weighing bottle is weighed m_1 and then portion is removed. Reweigh the leftover and write down the weight as m_2. Form the difference, the weight of the sample, KHP, is obtained. The weight of the next sample can be obtained by repeating the process.

The following table is a demonstration of the weighing by difference method.

Sample	1	2	3
m_1/g	18.5253	18.0723	17.6162
m_2/g	18.0723	17.6162	17.1641
m_{KHP}/g	0.4490	0.4561	0.4521

Date record and analysis:

Measurement	1	2	3
m_1/g			
m_2/g			
m_{KHP}/g			
V_0/cm^3			
V_1/cm^3			
$V_{NaOH}=(V_1-V_0)/cm^3$			
$c_{NaOH}/mol \cdot dm^{-3}$			
Means/$mol \cdot dm^{-3}$			
Relative average deviation/%			

Related formula:

$$c_{NaOH}=\frac{m_{KHP}}{V_{NaOH}\times M_{KHP}\times 10^{-3}} \qquad M_{KHP}=204.2g \cdot mol^{-1}$$

Notes

1. We should use freshly boiled and cooled distilled water to prepare all of the solution in this experiment. Boiling drives off CO_2 (g) and dramatically reduces the bicarbonate concentration.

2. Rinse the burette with sodium hydroxide solution three times before filling the burette with sodium hydroxide solution.

3. Get rid of the air bubbles from the tip of the burette if there is any.

Questions

1. Is it necessary for the volume of water used to dissolve KHP to be accurately measured?

2. Can we use the methyl orange as an indicator in the titration?

3. If you weigh out 0.8004g KHP, given the fact that you have only a $50cm^3$ buret, will you exceed this volume using $0.0800mol \cdot dm^{-3}$ NaOH titrant?

附　录

附录1　国际单位制（SI）和我国的法定计量单位

1. 国际单位制基本单位

量的名称	单位名称	单位符号	量的名称	单位名称	单位符号
长度	米	m	热力学温度	开尔文	K
质量	千克	kg	物质的量	摩[尔]	mol
时间	秒	s	光强度	坎德拉	cd
电流	安培	A			

2. 国际单位制导出单位（部分）

量的名称	单位名称	单位符号	量的名称	单位名称	单位符号
面积	平方米	m^2	电量、电荷	库仑	C
体积	立方米	m^3	电势、电压、电动势	伏特	V
压力	帕斯卡	Pa	摄氏温度	摄氏度	℃
能、功、热量	焦耳	J			

3. 国际单位制词冠（部分）

倍　数	中文符号	国际符号	倍　数	中文符号	国际符号
10^1	十	da	10^{-1}	分	d
10^2	百	h	10^{-2}	厘	c
10^3	千	k	10^{-3}	毫	m
10^6	兆	M	10^{-6}	微	μ
10^9	吉	G	10^{-9}	纳	n
10^{12}	太	T	10^{-12}	皮	p

4. 我国的法定计量单位（部分）

量的名称	单位名称	单位符号	量的名称	单位名称	单位符号
时间	分 [小]时 天(日)	min h d	能	电子伏特	eV
体积	升 毫升	dm^3(L) cm^3(mL)	质量	吨	t

5. 基本物理常数

物　理　量	数　　值	单　　位
摩尔气体常数 R	8.3143(12)	$J \cdot mol^{-1} \cdot K^{-1}$
阿伏伽德罗常数 N_A	$6.02252(28) \times 10^{23}$	mol^{-1}
光在真空中的速度 c	$2.997925(3) \times 10^8$	$m \cdot s^{-1}$
普朗克常数 h	$6.6256(5) \times 10^{-34}$	$J \cdot s$
元电荷 e	$1.60210(7) \times 10^{-19}$	C 或 $J \cdot V^{-1}$
法拉第常数 $F = N_A e$	96487.0(16)	$C \cdot mol^{-1}$ 或 $J \cdot V^{-1} \cdot mol^{-1}$
热力学温度 $T = t + T_0$	$T_0 = 273.15$	K

6. 本书使用的一些常用量的符号与名称

符号	名称	符号	名称	符号	名称
A	活度	N_A	阿伏加德罗常数	E_a	活化能
A_i	电子亲和能	p	压力	φ	电极电势
c	物质的量浓度	Q	热量、电量、反应熵	α	副反应系数、极化率
d_i	偏差	r	粒子半径	β	累积平衡常数
D_i	键解离能	s	标准偏差	γ	活度系数
G	吉布斯函数	S	熵、溶解度	Δ	分裂能
H	焓	T	热力学温度、滴定度	θ	键角
I	离子强度、电离能	U	热力学能、晶格能	μ	真值、键矩、磁矩、偶极矩
K	速率常数	V	体积	ρ	密度
K	平衡常数	w	质量分数	ζ	反应进度
m	质量	W	功	σ	屏蔽常数
M	摩尔质量	x_B	摩尔分数、电负性	E	电动势
N	物质的量	$Y_{l,m}$	原子轨道的角度分布	ψ	波函数、原子(分子)轨道

附录2 常见化合物的摩尔质量

化合物	摩尔质量/g·mol^{-1}	化合物	摩尔质量/g·mol^{-1}
$AgBr$	187.77	$C_2H_2(COOH)_2$(丁二烯酸)	116.07
$AgCl$	143.32	CaO	56.08
$AgCN$	133.89	$CaCO_3$	100.09
$AgSCN$	165.95	CaC_2O_4	128.10
Ag_2CrO_4	331.73	$CaCl_2$	110.99
AgI	234.77	$CaCl_2 \cdot 6H_2O$	219.08
$AgNO_3$	169.87	$Ca(NO_3)_2 \cdot 4H_2O$	236.15
$AlCl_3$	133.34	$Ca(OH)_2$	74.09
$AlCl_3 \cdot 6H_2O$	241.43	$Ca_3(PO_4)_2$	310.18
$Al(NO_3)_3$	213.00	$CaSO_4$	136.14
$Al(NO_3)_3 \cdot 9H_2O$	375.13	$CdCO_3$	172.42
Al_2O_3	101.96	$CdCl_2$	183.32
$Al(OH)_3$	78.00	CdS	144.47
$Al_2(SO_4)_3$	342.14	$Ce(SO_4)_2$	332.24
$Al_2(SO_4)_3 \cdot 18H_2O$	666.41	$Ce(SO_4)_2 \cdot 4H_2O$	404.30
As_2O_3	197.84	CH_3COONH_4	77.08
As_2O_5	229.84	$CoCl_2$	129.84
As_2S_3	246.02	$CoCl_2 \cdot 6H_2O$	237.93
$BaCO_3$	197.34	$Co(NO_3)_2$	182.94
BaC_2O_4	225.35	$Co(NO_3)_2 \cdot 6H_2O$	291.03
$BaCl_2$	208.24	CoS	90.99
$BaCl_2 \cdot 2H_2O$	244.27	$CoSO_4$	154.99
$BaCrO_4$	253.32	$CoSO_4 \cdot 7H_2O$	281.10
BaO	153.33	$CO(NH_2)_2$	60.06
$Ba(OH)_2$	171.34	$CrCl_3$	158.35
$BaSO_4$	233.39	$CrCl_3 \cdot 6H_2O$	266.45
$BiCl_3$	315.34	$Cr(NO_3)_3$	238.01
$BiOCl$	260.43	Cr_2O_3	151.99
CO_2	44.01	$CuCl$	98.999
CH_3COOH	60.05	$CuCl_2$	134.45
$C_6H_8O_7 \cdot H_2O$(柠檬酸)	210.14	$Cu(NO_3)_2$	187.56
$C_4H_6O_6$(酒石酸)	150.09	$Cu(NO_3)_2 \cdot 3H_2O$	241.60
C_6H_5OH	94.11	CuO	79.545

续表

化合物	摩尔质量/g·mol⁻¹	化合物	摩尔质量/g·mol⁻¹
Cu_2O	143.09	KCl	74.55
CuS	95.61	$KClO_3$	122.55
$CuSO_4$	159.60	$KClO_4$	138.55
$CuSO_4 \cdot 5H_2O$	249.68	KCN	65.12
$FeCl_2$	126.75	$KSCN$	97.18
$FeCl_2 \cdot 4H_2O$	198.81	K_2CO_3	138.21
$FeCl_3$	162.21	K_2CrO_4	194.19
$FeCl_3 \cdot 6H_2O$	270.30	$K_2Cr_2O_7$	294.18
$FeNH_4(SO_4)_2 \cdot 12H_2O$	482.18	$K_3Fe(CN)_6$	329.25
$Fe(NO_3)_3$	241.86	$K_4Fe(CN)_6$	368.35
$Fe(NO_3)_3 \cdot 9H_2O$	404.00	$KFe(SO_4)_2 \cdot 12H_2O$	503.24
FeO	71.846	$KHC_4H_4O_6$	188.18
Fe_2O_3	159.69	$KHSO_4$	136.16
Fe_3O_4	231.54	KI	166.00
$Fe(OH)_3$	106.87	KIO_3	214.00
FeS	87.91	$KMnO_4$	158.03
$FeSO_4$	151.90	$KNaC_4H_4O_6 \cdot 4H_2O$	282.22
$FeSO_4 \cdot 7H_2O$	278.01	KNO_3	101.10
$FeSO_4 \cdot (NH_4)_2SO_4 \cdot 6H_2O$	392.13	KNO_2	85.10
H_3AsO_3	125.94	K_2O	94.20
H_3AsO_4	141.94	KOH	56.11
H_3BO_3	61.83	K_2SO_4	174.25
HBr	80.91	$MgCO_3$	84.31
HCN	27.03	$MgCl_2$	95.21
$HCOOH$	46.03	$MgCl_2 \cdot 6H_2O$	203.30
H_2CO_3	62.03	$Mg(NO_3)_2 \cdot 6H_2O$	256.41
$H_2C_2O_4$	90.04	MgO	40.30
$H_2C_2O_4 \cdot 2H_2O$	126.07	$Mg(OH)_2$	58.32
HCl	36.46	$MgSO_4 \cdot 7H_2O$	246.47
HF	20.01	$MnCO_3$	114.95
HI	127.91	$MnCl_2 \cdot 4H_2O$	197.91
HIO_3	175.91	$Mn(NO_3)_2 \cdot 6H_2O$	287.04
HNO_3	63.013	MnO	70.94
HNO_2	47.01	MnO_2	86.94
H_2O	18.02	MnS	87.00
H_2O_2	34.02	$MnSO_4$	151.00
H_3PO_4	97.99	$MnSO_4 \cdot 4H_2O$	223.06
H_2S	34.08	NO	30.01
H_2SO_3	82.07	NO_2	46.01
H_2SO_4	98.07	NH_3	17.03
$HgCl_2$	271.50	NH_4Cl	53.49
Hg_2Cl_2	472.09	$(NH_4)_2CO_3$	96.09
HgI_2	454.40	$(NH_4)_2C_2O_4$	124.10
$Hg_2(NO_3)_2$	525.19	$(NH_4)_2SCN$	76.12
$Hg_2(NO_3)_2 \cdot 2H_2O$	561.22	NH_4HCO_3	79.06
$Hg(NO_3)_2$	324.60	$(NH_4)_2MoO_4$	196.01
HgO	216.59	NH_4NO_3	80.04
HgS	232.65	$(NH_4)_2S$	68.14
$HgSO_4$	296.65	$(NH_4)_2SO_4$	132.13
$KAl(SO_4)_2 \cdot 12H_2O$	474.38	Na_3AsO_3	191.89
KBr	119.00	$Na_2B_4O_7$	201.22
$KBrO_3$	167.00	$Na_2B_4O_7 \cdot 10H_2O$	381.37

续表

化合物	摩尔质量/$g \cdot mol^{-1}$	化合物	摩尔质量/$g \cdot mol^{-1}$
$NaBiO_3$	279.97	$PbCl_2$	278.10
$NaCN$	49.01	$PbCrO_4$	323.20
$NaSCN$	81.07	$Pb(CH_3COO)_2$	325.30
Na_2CO_3	105.99	$Pb(CH_3COO)_2 \cdot 3H_2O$	379.30
$Na_2CO_3 \cdot 10H_2O$	286.14	PbI_2	461.00
NaC_2O_4	134.00	$Pb(NO_3)_2$	331.20
CH_3COONa	82.03	PbO	223.20
$CH_3COONa \cdot 3H_2O$	136.08	PbO_2	239.20
$NaCl$	58.44	PbS	239.30
$NaClO$	74.44	$PbSO_4$	303.30
$NaHCO_3$	84.01	SO_3	80.06
$Na_2HPO_4 \cdot 12H_2O$	358.14	SO_2	64.06
$Na_2H_2Y \cdot 2H_2O$	372.24	$SbCl_3$	228.11
$NaNO_2$	68.99	$SbCl_5$	299.02
$NaNO_3$	84.99	Sb_2O_3	291.50
Na_2O	61.98	Sb_2S_3	339.68
Na_2O_2	77.98	SiF_4	104.08
$NaOH$	39.997	SiO_2	60.08
Na_3PO_4	163.94	$SnCl_2$	189.62
Na_2S	78.04	$SnCl_2 \cdot 2H_2O$	225.65
$Na_2S \cdot 9H_2O$	240.18	$SnCl_4 \cdot 5H_2O$	350.60
Na_2SO_3	126.04	SnO_2	150.71
Na_2SO_4	142.04	SnS	150.78
$Na_2S_2O_3$	158.10	$SrCO_3$	147.63
$Na_2S_2O_3 \cdot 5H_2O$	248.17	$SrSO_4$	183.68
$NiCl_2 \cdot 6H_2O$	237.69	$ZnCO_3$	125.39
NiO	74.69	$ZnCl_2$	136.29
$Ni(NO_3)_2 \cdot 6H_2O$	290.79	$Zn(CH_3COO)_2$	183.47
NiS	90.75	$Zn(NO_3)_2$	189.39
$NiSO_4 \cdot 7H_2O$	280.85	ZnO	81.38
P_2O_5	141.94	ZnS	97.44
$PbCO_3$	267.20	$ZnSO_4$	161.44

附录 3　常见的酸碱指示剂

指示剂	变色范围 pH	颜色变化	pK_{HIn}	配制方法
百里酚蓝($1g \cdot dm^{-3}$)	1.2～2.8 8.0～9.6	红-黄 黄-蓝	1.6 8.9	0.1g 指示剂与 $4.3cm^3$ $0.05mol \cdot dm^{-3}$ NaOH 溶液一起摇匀，加水稀释成 $100cm^3$
甲基橙($1g \cdot dm^{-3}$)	3.1～4.4	红-黄	3.4	0.1g 甲基橙溶于 $100cm^3$ 热水
溴酚蓝($1g \cdot dm^{-3}$)	3.0～4.6	黄-紫蓝	4.1	0.1g 溴酚蓝与 $3cm^3$ $0.05mol \cdot dm^{-3}$ NaOH 溶液一起摇匀，加水稀释成 $100cm^3$
溴甲酚绿($1g \cdot dm^{-3}$)	3.8～5.4	黄-蓝	4.9	0.1g 指示剂与 $21cm^3$ $0.05mol \cdot dm^{-3}$ NaOH 溶液一起摇匀，加水稀释成 $100cm^3$
甲基红($1g \cdot dm^{-3}$)	4.4～6.2	红-黄	5.2	0.1g 甲基红溶于 $60cm^3$ 乙醇中，加水稀释成 $100cm^3$

续表

指　示　剂	变色范围 pH	颜 色 变 化	pK_{HIn}	配　制　方　法
中性红($1g\cdot dm^{-3}$)	6.8～8.0	红-黄橙	7.4	0.1g 中性红溶于 $60cm^3$ 乙醇中，加水稀释成 $100cm^3$
酚酞($10g\cdot dm^{-3}$)	8.2～10.0	无色-淡红	9.1	1g 酚酞溶于 $90cm^3$ 乙醇中，加水稀释成 $100cm^3$
百里酚酞($1g\cdot dm^{-3}$)	9.4～10.6	无色-蓝色	10.0	0.1g 指示剂溶于 $90cm^3$ 乙醇中，加水稀释成 $100cm^3$
茜素黄 R($1g\cdot dm^{-3}$)	1.9～3.3 10.1～12.1	红-黄		0.1g 茜素黄溶于 $100cm^3$ 水中
甲基红-溴甲酚绿	5.1	红-绿		3 份 $1g\cdot dm^{-3}$ 的溴甲酚绿乙醇溶液与 1 份 $2g\cdot dm^{-3}$ 的甲基红乙醇溶液混合
甲基红-百里酚蓝	8.3	黄-紫		1 份 $1g\cdot dm^{-3}$ 的甲酚红钠盐水溶液与 3 份 $1g\cdot dm^{-3}$ 的百里酚蓝钠盐水溶液混合
百里酚酞-茜素黄 R	10.2	黄-紫		0.1g 茜素黄和 0.2g 百里酚酞溶于 $100cm^3$ 乙醇中

附录 4　常见难溶电解质的溶度积（18～25℃）

物　质	溶度积常数 $K_{sp}^{\ominus}$	$pK_{sp}^{\ominus}$	物　质	溶度积常数 $K_{sp}^{\ominus}$	$pK_{sp}^{\ominus}$
AgBr	5.0×10^{-13}	12.30	BaC_2O_4	2.3×10^{-8}	7.64
$AgBrO_3$	5.3×10^{-5}	4.28	$BaCrO_4$	1.2×10^{-10}	9.93
AgCN	1.2×10^{-16}	15.92	BaF_2	1.0×10^{-6}	5.98
Ag_2CO_3	8.1×10^{-12}	11.09	$BaHPO_4$	3.2×10^{-7}	6.50
$Ag_2C_2O_4$	3.4×10^{-11}	10.46	$Ba(NO_3)_2$	4.5×10^{-3}	2.35
AgCl	1.8×10^{-10}	9.75	$Ba(OH)_2$	5.0×10^{-3}	2.30
Ag_2CrO_4	1.1×10^{-12}	11.95	$Ba_3(PO_4)_2$	3.4×10^{-23}	22.47
$Ag_2Cr_2O_7$	2.0×10^{-7}	6.70	$BaSO_3$	8.0×10^{-7}	6.10
AgI	8.3×10^{-17}	16.08	$BaSO_4$	1.1×10^{-10}	9.96
$AgIO_3$	3.0×10^{-8}	7.52	BaS_2O_3	1.6×10^{-5}	4.79
$AgNO_2$	6.0×10^{-4}	3.22	$BeCO_3\cdot4H_2O$	1.0×10^{-3}	3.00
AgOH	2.0×10^{-8}	7.71	$Be(OH)_2$(无定形)	1.6×10^{-22}	21.8
Ag_3PO_4	1.4×10^{-16}	15.84	BiI_3	8.1×10^{-19}	18.09
Ag_2S	6.3×10^{-50}	49.20	$Bi(OH)_3$	4.0×10^{-30}	30.40
AgSCN	1.0×10^{-12}	12.00	BiOBr	3.0×10^{-7}	6.52
Ag_2SO_3	1.5×10^{-14}	13.82	BiOCl	1.8×10^{-31}	30.75
Ag_2SO_4	1.4×10^{5}	4.84	$BiO(NO_2)$	4.9×10^{-7}	6.31
$Al(OH)_3$(无定形)	1.3×10^{-33}	32.90	$BiO(NO_3)$	2.8×10^{-3}	2.55
$AlPO_4$	6.3×10^{-19}	18.24	BiOOH	4.0×10^{-10}	9.40
Al_2S_3	2.0×10^{-7}	6.70	$BiPO_4$	1.3×10^{-23}	22.89
AuCl	2.0×10^{-13}	12.70	Bi_2S_3	1.0×10^{-97}	97.00
AuI	1.6×10^{-23}	22.80	$CaCO_3$	2.8×10^{-9}	8.54
$AuCl_3$	3.2×10^{-25}	24.50	$CaC_2O_4\cdot H_2O$	4.0×10^{-9}	8.40
AuI_3	1.0×10^{-46}	46.00	$CaCrO_4$	7.1×10^{-4}	3.15
$Au(OH)_3$	5.5×10^{-46}	45.26	CaF_2	2.7×10^{-11}	10.57
$BaCO_3$	5.1×10^{-9}	8.29	$CaHPO_4$	1.0×10^{-7}	7.00
$BaC_2O_4\cdot3.5H_2O$	1.6×10^{-7}	6.79	$Ca(OH)_2$	5.5×10^{-6}	5.26

续表

物质	溶度积常数 $K_{sp}^{\ominus}$	$pK_{sp}^{\ominus}$
$Ca_3(PO_4)_2$	2.0×10^{-29}	28.70
$CaSO_3$	6.8×10^{-8}	7.17
$CaSO_4$	9.1×10^{-6}	5.04
$Ca[SiF_6]$	8.1×10^{-4}	3.09
$CaSiO_3$	2.5×10^{-8}	7.60
$CdCO_3$	5.2×10^{-12}	11.28
$CdC_2O_4\cdot3H_2O$	9.1×10^{-8}	7.04
$Cd_3(PO_4)_2$	2.5×10^{-33}	32.60
CdS	8.0×10^{-27}	26.10
CeF_3	8.0×10^{-16}	15.10
CeO_2	8.0×10^{-37}	36.10
$Ce(OH)_3$	1.6×10^{-20}	19.80
$CePO_4$	1.0×10^{-23}	23.00
Ce_2S_3	6.0×10^{-11}	10.22
$CoCO_3$	1.4×10^{-13}	12.84
$CoHPO_4$	2.0×10^{-7}	6.70
$Co(OH)_2$(新制备)	1.6×10^{-15}	14.80
$Co(OH)_3$	1.6×10^{-44}	43.80
$Co_3(PO_4)_2$	2.0×10^{-35}	34.70
α-CoS	4.0×10^{-21}	20.40
β-CoS	2.0×10^{-25}	24.70
$Cr(OH)_2$	2.0×10^{-16}	15.70
CrF_3	6.6×10^{-11}	10.18
$Cr(OH)_3$	6.3×10^{-31}	30.20
$CuBr$	5.3×10^{-9}	8.28
$CuCl$	1.2×10^{-6}	5.92
$CuCN$	3.2×10^{-20}	19.49
CuI	1.1×10^{-12}	11.96
$CuOH$	1.0×10^{-14}	14.00
Cu_2S	2.5×10^{-48}	47.60
$CuSCN$	4.8×10^{-15}	14.32
$CuCO_3$	1.4×10^{-10}	9.86
CuC_2O_4	2.3×10^{-8}	7.64
$CuCrO_4$	3.6×10^{-6}	5.44
$Cu_2[Fe(CN)_6]$	1.3×10^{-16}	15.89
$Cu(IO_3)_2$	7.4×10^{-8}	7.13
$Cu(OH)_2$	2.2×10^{-20}	19.66
$Cu_3(PO_4)_2$	1.3×10^{-37}	36.9
CuS	6.3×10^{-36}	35.20
$FeCO_3$	3.2×10^{-11}	10.50
$Fe(OH)_2$	8.0×10^{-16}	15.10
FeS	6.3×10^{-18}	17.20
$Fe(OH)_3$	4.0×10^{-38}	37.40
$FePO_4$	1.3×10^{-22}	21.89
Hg_2Br_2	5.6×10^{-23}	22.24
$Hg_2(CN)_2$	5.0×10^{-40}	39.30
Hg_2CO_3	8.9×10^{-17}	16.05
$Hg_2C_2O_4$	2.0×10^{-13}	12.70
Hg_2Cl_2	1.3×10^{-18}	17.88
Hg_2I_2	4.5×10^{-29}	28.35

物质	溶度积常数 $K_{sp}^{\ominus}$	$pK_{sp}^{\ominus}$
$Hg_2(OH)_2$	2.0×10^{-24}	23.70
Hg_2S	1.0×10^{-47}	47.00
$Hg_2(SCN)_2$	2.0×10^{-20}	19.70
Hg_2SO_3	1.0×10^{-27}	27.00
Hg_2SO_4	7.4×10^{-7}	6.13
$Hg(OH)_2$	3.0×10^{-26}	25.52
HgS(红色)	4.0×10^{-53}	52.40
HgS(黑色)	1.6×10^{-52}	51.80
$K_2[PtCl_6]$	1.1×10^{-5}	4.96
K_2SiF_6	8.7×10^{-7}	6.06
Li_2CO_3	2.5×10^{-2}	1.60
LiF	3.8×10^{-3}	2.42
Li_3PO_4	3.2×10^{-9}	8.50
$MgCO_3$	3.5×10^{-8}	7.46
MgF_2	6.5×10^{-9}	8.19
$Mg(OH)_2$	1.8×10^{-11}	10.74
$MgSO_3$	3.2×10^{-3}	2.50
$MnCO_3$	1.8×10^{-11}	10.74
$Mn(OH)_2$	1.9×10^{-13}	12.72
MnS(无定形)	2.5×10^{-10}	9.60
MnS(晶状)	2.5×10^{-13}	12.60
Na_3AlF_6	4.0×10^{-10}	9.39
$NiCO_3$	6.6×10^{-9}	8.18
NiC_2O_4	4.0×10^{-10}	9.40
$Ni(OH)_2$(新制备)	2.0×10^{-15}	14.70
α-NiS	3.2×10^{-19}	18.50
β-NiS	1.0×10^{-24}	24.00
γ-NiS	2.0×10^{-26}	25.70
$PbAc_2$	1.8×10^{-3}	2.75
$PbBr_2$	4.0×10^{-5}	4.41
$PbCO_3$	7.4×10^{-14}	13.13
PbC_2O_4	4.8×10^{-10}	9.32
$PbCl_2$	1.6×10^{-5}	4.79
$PbCrO_4$	2.8×10^{-13}	12.55
PbF_2	2.7×10^{-8}	7.57
PbI_2	7.1×10^{-9}	8.15
$Pb(IO_3)_2$	3.2×10^{-13}	12.49
$Pb(OH)_2$	1.2×10^{-15}	14.93
PbOHBr	2.0×10^{-15}	14.70
PbOHCl	2.0×10^{-14}	13.70
$Pb_3(PO_4)_2$	8.0×10^{-43}	42.10
PbS	1.3×10^{-28}	27.90
$Pb(SCN)_2$	2.0×10^{-5}	4.70
$PbSO_4$	1.6×10^{-8}	7.79
PbS_2O_3	4.0×10^{-7}	6.40
$Pb(OH)_4$	3.2×10^{-66}	65.50
$Pd(OH)_2$	1.0×10^{-31}	31.00
$Sc(OH)_3$	8.0×10^{-31}	30.10
$Sn(OH)_2$	1.4×10^{-28}	27.85
SnS	1.0×10^{-25}	25.00
$Sn(OH)_4$	1.0×10^{-56}	56.00
$SrCO_3$	1.1×10^{-10}	9.96

续表

物质	溶度积常数 $K_{sp}^{\ominus}$	$pK_{sp}^{\ominus}$	物质	溶度积常数 $K_{sp}^{\ominus}$	$pK_{sp}^{\ominus}$
$SrC_2O_4H_2O$	1.6×10^{-7}	6.80	$ZnCO_3$	1.4×10^{-11}	10.84
$SrCrO_4$	2.2×10^{-5}	4.65	ZnC_2O_4	2.7×10^{-8}	7.56
SrF_2	2.5×10^{-9}	8.61	$Zn(OH)_2$	1.2×10^{-17}	16.92
$SrSO_3$	4.0×10^{-8}	7.40	α-ZnS	1.6×10^{-24}	23.80
$SrSO_4$	3.2×10^{-7}	6.49	β-ZnS	2.5×10^{-22}	21.60
$Ti(OH)_3$	1.0×10^{-40}	40.00			

附录5 弱酸弱碱在水溶液中的解离常数（25℃）

1. 弱酸的解离常数

物质	化学式	级数	$pK_i^{\ominus}$	物质	化学式	级数	$pK_i^{\ominus}$
铝酸	H_3AlO_3	1	11.2	硝酸	HNO_3		−1.34
亚砷酸	H_3AsO_3或$As(OH)_4$	1	9.22	过氧化氢	H_2O_2		11.65
砷酸	H_3AsO_4	1	2.20	次磷酸	H_3PO_2		11.00
		2	6.98	亚磷酸	H_3PO_3	1	1.30
		3	11.50			2	6.60
硼酸	H_3BO_3	1	9.24	磷酸	H_3PO_4	1	2.12
						2	7.20
						3	12.36
氢溴酸	HBr		−9.00	氢硫酸	H_2S	1	6.97
次溴酸	HBrO		8.62			2	12.90
碳酸	CO_2+H_2O	1	6.38	亚硫酸	SO_2+H_2O	1	1.90
		2	10.25			2	7.20
盐酸	HCl		−6.10	硫酸	H_2SO_4	1	−3.00
次氯酸	HClO		7.50			2	1.92
亚氯酸	$HClO_2$		1.96	硫代硫酸	$H_2S_2O_3$	1	0.60
氯酸	$HClO_3$		−2.70			2	1.40～1.70
高氯酸	$HClO_4$		−7.30	硅酸	H_2SiO_3	1	9.77
氢氰酸	HCN		9.21			2	11.80
铬酸	H_2CrO_4	1	−0.98	甲酸			3.75
		2	6.50	醋酸	CH_3COOH(HAc)		4.76
氢氟酸	HF		3.18	草酸	$H_2C_2O_4$	1	1.27
氢碘酸	HI		−9.5			2	4.27
次碘酸	HIO		10.64	EDTA	H_6Y^{2+}	1	0.90
碘酸	HIO_3		0.77		H_5Y^{+}	2	1.60
铵离子	NH_4^+	1	9.24		H_4Y	3	2.00
亚硝酸	HNO_2		3.29		H_3Y^-	4	2.67
柠檬酸		1	3.13		H_2Y^{2-}	5	6.16
		2	4.76		HY^{3-}	6	10.26
		3	6.40	氯乙酸			2.86
酒石酸		1	3.04				
		2	4.37				

2. 弱碱的解离常数

物　质	化　学　式	级 数	$pK_i^{\ominus}$	物　质	化　学　式	级 数	$pK_i^{\ominus}$
氨水	$NH_3 \cdot H_2O$		4.74	六亚甲基四胺	$(CH_2)_6N_4$		8.85
联胺	N_2H_4		6.01	乙二胺	$H_2NCH_2CH_2NH_2$	1	4.07
羟胺	NH_2OH		8.04			2	7.15
甲胺	CH_3NH_2		3.38	吡啶	C_5H_5N		8.77
苯胺	$C_6H_5NH_2$		9.40				

附录6　常见配离子的标准稳定常数

配　离　子	$K_{稳}$	配　离　子	$K_{稳}$	配　离　子	$K_{稳}$
$AgCl_2^-$	1.84×10^{5}	$Co(EDTA)^-$	1.00×10^{36}	$Hg(EDTA)^{2-}$	6.30×10^{21}
$AgBr_2^-$	1.93×10^{7}	$CuCl_2^-$	6.91×10^{4}	$Ni(NH_3)_6^{2+}$	8.97×10^{8}
AgI_2^-	4.80×10^{10}	$CuCl_3^{2-}$	4.55×10^{5}	$Ni(CN)_4^{2-}$	1.31×10^{30}
$Ag(NH_3)^+$	2.07×10^{3}	$Cu(CN)_2^-$	9.98×10^{23}	$Ni(N_2H_4)_6^{2+}$	1.04×10^{12}
$Ag(NH_3)_2^+$	1.67×10^{7}	$Cu(CN)_3^{2-}$	4.21×10^{28}	$Ni(EDTA)^{2-}$	3.60×10^{18}
$Ag(CN)_2^-$	2.48×10^{20}	$Cu(CN)_4^{3-}$	2.03×10^{30}	$Pb(OH)_3^-$	8.27×10^{13}
$Ag(SCN)_2^-$	2.04×10^{8}	$Cu(CNS)_4^{3-}$	8.66×10^{9}	$PbCl_3^-$	27.20
$Ag(S_2O_3)_2^{3-}$	2.90×10^{13}	$Cu(SO_3)_2^{3-}$	4.13×10^{8}	$PbBr_3^-$	15.50
$Ag(en)_2^+$	5.00×10^{7}	$Cu(NH_3)_4^{2+}$	2.30×10^{12}	PbI_3^-	2.67×10^{3}
$Ag(EDTA)^{3-}$	2.10×10^{7}	$Cu(P_2O_7)_2^{6-}$	8.24×10^{8}	PbI_4^{2-}	1.66×10^{4}
$Al(OH)_4^-$	3.31×10^{33}	$Cu(C_2O_4)_2^{2-}$	2.35×10^{9}	$Pb(CH_3CO_2)^+$	152.00
AlF_6^{3-}	6.90×10^{19}	$Cu(EDTA)^{2-}$	5.00×10^{18}	$Pb(CH_3CO_2)_2$	826.00
$Al(EDTA)^-$	1.30×10^{16}	FeF^{2+}	7.10×10^{6}	$Pb(EDTA)^{2-}$	2.00×10^{18}
$Ba(EDTA)^{2-}$	6.00×10^{7}	FeF_2^{2+}	3.80×10^{11}	$PdCl_3^-$	2.10×10^{10}
$Be(EDTA)^{2-}$	2.00×10^{9}	$Fe(CN)_6^{3-}$	4.10×10^{52}	$PdBr_4^{2-}$	6.05×10^{13}
$BiCl_4^-$	7.96×10^{6}	$Fe(CN)_6^{4-}$	4.20×10^{45}	PdI_4^{2-}	4.36×10^{22}
$BiCl_6^{3-}$	2.45×10^{7}	$Fe(NCS)^{2+}$	9.10×10^{2}	$Pd(NH_3)_4^{2+}$	3.10×10^{25}
$BiBr_4^-$	5.92×10^{7}	$FeCl^{2+}$	24.90	$Pd(CN)_4^{2-}$	5.20×10^{41}
BiI_4^-	8.88×10^{14}	$Fe(EDTA)^{2-}$	2.10×10^{14}	$Pd(CNS)_4^{2-}$	9.43×10^{23}
$Bi(EDTA)^-$	6.30×10^{22}	$Fe(EDTA)^-$	1.70×10^{24}	$Pd(EDTA)^{2-}$	3.20×10^{18}
$Ca(EDTA)^{2-}$	1.00×10^{11}	$HgCl^+$	5.73×106	$PtCl_4^{2-}$	9.86×10^{15}
$Cd(NH_3)_4^{2+}$	2.78×10^{7}	$HgCl_2$	1.46×10^{13}	$PtBr_4^{2-}$	6.47×10^{17}
$Cd(CN)_4^{2-}$	1.95×10^{18}	$HgCl_3^-$	9.60×10^{13}	$Pt(NH_3)_4^{2+}$	2.18×10^{35}
$Cd(OH)_4^{2-}$	1.20×10^{9}	$HgCl_4^{2-}$	1.31×10^{15}	$Zn(OH)_3^-$	1.64×10^{13}
CdI_4^{2-}	4.05×10^{5}	$HgBr_4^{2-}$	9.22×10^{20}	$Zn(OH)_4^{2-}$	2.83×10^{14}
$Cd(en)_3^{2+}$	1.20×10^{12}	HgI_4^{2-}	5.66×10^{29}	$Zn(NH_3)_4^{2+}$	3.60×10^{8}
$Cd(EDTA)^{2-}$	2.50×10^{16}	HgS_2^{2-}	3.36×10^{51}	$Zn(CN)_4^{2-}$	5.71×10^{16}
$Co(NH_3)_6^{2+}$	1.30×10^{5}	$Hg(NH_3)_4^{2+}$	1.95×10^{19}	$Zn(CNS)_4^{2-}$	19.60
$Co(NH_3)_6^{3+}$	1.60×10^{35}	$Hg(CN)_4^{2-}$	1.82×10^{41}	$Zn(C_2O_4)_2^{2-}$	2.96×10^{7}
$Co(EDTA)^{2-}$	2.00×10^{16}	$Hg(CNS)_4^{2-}$	4.98×10^{21}	$Zn(EDTA)^{2-}$	2.50×10^{16}

附录7 不同温度（0～40℃）下水的饱和蒸气压/Pa

单位：Pa

温度/℃	0.0	0.2	0.4	0.6	0.8
0		610.5	619.5	628.6	637.9
1	647.3	656.7	666.3	675.9	685.8
2	695.8	705.8	715.9	726.2	736.6
3	747.3	757.9	768.7	779.7	790.7
4	801.9	813.4	824.9	836.5	848.3
5	860.3	872.3	884.6	897.0	909.5
6	922.2	935.0	948.1	961.1	974.5
7	988.1	1001.7	1015.5	1029.5	1043.6
8	1058.0	1072.6	1087.2	1102.2	1117.2
9	1132.4	1147.8	1163.5	1179.2	1195.2
10	1211.4	1227.8	1244.3	1261.0	1277.9
11	1295.1	1312.4	1330.0	1347.8	1365.8
12	1383.9	1402.3	1421.0	1439.7	1458.7
13	1477.9	1497.3	1517.1	1536.9	1557.2
14	1577.6	1598.1	1619.1	1640.1	1661.5
15	1683.1	1704.9	1726.0	1749.3	1771.9
16	1794.7	1817.7	1841.0	1864.8	1888.6
17	1912.8	1937.2	1961.8	1986.9	2012.1
18	2037.7	2063.4	2089.6	2116.0	2142.6
19	2169.4	2196.8	2224.5	2252.3	2280.5
20	2309.0	2337.8	2366.9	2396.3	2426.1
21	2456.1	2486.5	2517.1	2548.2	2579.7
22	2611.4	2643.4	2675.8	2708.6	2741.8
23	2775.1	2808.8	2843.0	2877.5	2912.4
24	2947.8	2983.4	3019.5	3056.0	3092.8
25	3129.9	3167.2	3204.9	3243.2	3282.0
26	3321.3	3360.9	3400.9	3441.3	3482.0
27	3523.2	3564.9	3607.0	3649.6	3692.5
28	3753.8	3779.6	3823.7	3868.3	3913.5
29	3959.3	4005.4	4051.9	4099.0	4146.6
30	4194.5	4242.9	4291.8	4341.1	4390.8
31	4441.2	4492.3	4543.9	4595.8	4648.2
32	4701.1	4754.7	4808.7	4863.2	4918.4
33	4974.0	5030.1	5086.9	5144.1	5202.0
34	5260.5	5319.3	5378.8	5439.0	5499.7
35	5560.9	5622.9	5685.4	5748.5	5812.2
36	5876.6	5941.2	6006.7	6072.7	6139.5
37	6207.0	6275.1	6343.7	6413.1	6483.1
38	6553.7	6625.1	6696.9	6769.3	6842.5
39	6916.6	6991.7	7067.3	7143.4	7220.2
40	7297.7	7375.9			

注：摘自 Weast R C. Handbook of Chemistry and Physics. D-189，70th. edition，1989～1990。

附录8 常见离子和化合物的颜色

(一) 离子

1. 无色离子

Na^{+}、K^{+}、NH_4^{+}、Mg^{2+}、Ca^{2+}、Sr^{2+}、Ba^{2+}、Al^{3+}、Sn^{2+}、Sn^{4+}、Pb^{2+}、Bi^{3+}、Ag^{+}、Zn^{2+}、Cd^{2+}、Hg_2^{2+}、Hg^{2+}、TiO^{2+}等阳离子；

BO_2^{-}、$B_4O_7^{2-}$、$C_2O_4^{2-}$、Ac^{-}、CO_3^{2-}、SiO_3^{2-}、NO_3^{-}、NO_2^{-}、PO_4^{3-}、AsO_3^{3-}、AsO_4^{3-}、$[SbCl_6]^{3-}$、$[SbCl_6]^{-}$、SO_3^{2-}、SO_4^{2-}、S^{2-}、$S_2O_3^{2-}$、F^{-}、Cl^{-}、ClO_3^{-}、Br^{-}、BrO_3^{-}、I^{-}、SCN^{-}、$[CuCl_2]^{-}$、TiO^{2+}、VO_4^{3-}、MoO_4^{2-}、WO_4^{2-} 等阴离子。

2. 有色离子

(1) $[Ti(H_2O)_6]^{3+}$ 紫色；$[TiO(H_2O_2)]^{2+}$ 橘黄色；TiO_2^{2+} 橙红色；$[TiCl(H_2O)_5]^{2+}$ 绿色

(2) $[V(H_2O)_6]^{2+}$ 蓝色；$[V(H_2O)_6]^{3+}$ 暗绿色；VO^{2+} 蓝色；VO_2^{+} 黄色；VO_2^{3+} 棕红色；$[VO_2(O_2)_2]^{3-}$ 黄色

(3) $[Cr(H_2O)_6]^{2+}$ 天蓝色；$[Cr(H_2O)_6]^{3+}$ 蓝紫色；$[Cr(H_2O)_5Cl]^{2+}$ 蓝绿色；$[Cr(H_2O)_4Cl]^{+}$ 绿色；CrO_2^{2-} 绿色；CrO_4^{2-} 黄色；$Cr_2O_7^{2-}$ 橙色

$[Cr(NH_3)_2(H_2O)_4]^{3+}$ 紫红色；$[Cr(NH_3)_3(H_2O)_3]^{3+}$ 浅红色；$[Cr(NH_3)_5(H_2O)]^{3+}$ 橙红色；$[Cr(NH_3)_2(H_2O)_4]^{2+}$ 橙黄色

(4) $[Mn(H_2O)_6]^{2+}$ 浅红色；MnO_4^{2-} 绿色；MnO_4^{-} 紫红色

(5) $[Fe(H_2O)_6]^{2+}$ 浅绿色；$[Fe(H_2O)_6]^{3+}$ 淡紫色；$[Fe(CN)_6]^{4-}$ 黄色；$[Fe(CN)_6]^{3-}$ 红棕色；$[Fe(NCS)_n]^{3-n}$ 血红色

(6) $[Co(H_2O)_6]^{2+}$ 粉红色；$[Co(NH_3)_6]^{2+}$ 土黄色；$[Co(NH_3)_6]^{3+}$ 橙红色；$[Co(SCN)_4]^{2-}$ 蓝色

$[CoCl(NH_3)_5]^{2+}$ 红紫色；$[Co(NH_3)_5(H_2O)]^{3+}$ 粉红色；$[Co(NH_3)_4CO_3]^{+}$ 紫红色；$[Co(CN)_6]^{3-}$ 紫色

(7) $[Ni(H_2O)_6]^{2+}$ 亮绿色；$[Ni(NH_3)_6]^{2+}$ 蓝色

(8) $[Cu(H_2O)_4]^{2+}$ 蓝色；$[CuCl_2]^{-}$ 棕黄色；$[CuCl_4]^{2-}$ 黄色；$[CuI_2]^{-}$ 黄色；$[Cu(NH_3)_4]^{2+}$ 深蓝色

(9) I_3^{-} 浅棕黄色

(二) 化合物

1. 氧化物

V_2O_5	Cr_2O_3	CrO_3	MnO_2	FeO	Fe_2O_3	CoO	Co_2O_3	NiO
红棕色或橙黄色	绿色	橙红色	棕色	黑色	砖红色	灰绿色	黑色	暗绿色
Ni_2O_3	Cu_2O	CuO	Ag_2O	ZnO	CdO	Hg_2O	HgO	PbO_2
黑色	暗红色	黑色	褐色	白色	棕灰色	黑色	红色或黄色	棕褐色
PbO	Pb_3O_4	Sb_2O_3	Bi_2O_3					
黄色	红色	白色	黄色					

2. 氢氧化物

$Cr(OH)_3$	$Mn(OH)_2$	$Fe(OH)_2$	$Fe(OH)_3$	$Co(OH)_2$	$Co(OH)_3$	$Ni(OH)_2$
灰绿色	白色	白色	红棕色	粉红色	褐色	淡绿色
$Ni(OH)_3$	$CuOH$	$Cu(OH)_2$	$Zn(OH)_2$	$Cd(OH)_2$	$Sn(OH)_2$	$Pb(OH)_2$
黑色	黄色	浅蓝色	白色	白色	白色	白色
$Sb(OH)_3$	$Bi(OH)_3$	$BiO(OH)$				
白色	白色	灰黄色				

3. 铬酸盐

$CaCrO_4$	$BaCrO_4$	Ag_2CrO_4	$PbCrO_4$
黄色	黄色	砖红色	黄色

4. 硫酸盐

$CaSO_4$	$BaSO_4$	Ag_2SO_4	$PbSO_4$	$Cr_2(SO_4)_3 \cdot 6H_2O$	$Cr_2(SO_4)_3 \cdot 18H_2O$
白色	白色	白色	白色	绿色	紫色
$Cr_2(SO_4)_3$	$[Fe(NO)]SO_4$	$CoSO_4 \cdot 7H_2O$	$CuSO_4 \cdot 5H_2O$	$Cu_2(OH)_2SO_4$	
紫色或红色	深棕色	红色	蓝色	浅蓝色	
Hg_2SO_4	$(NH_4)_2Fe(SO_4)_2 \cdot 6H_2O$	$NH_4Fe(SO_4)_2 \cdot 12H_2O$			
白色	蓝绿色	浅紫色			

5. 磷酸盐

$Ca_3(PO_4)_2$	$CaHPO_4$	$Ba_3(PO_4)_2$	$FePO_4$	Ag_3PO_4
白色	白色	白色	浅黄色	黄色

6. 碳酸盐

$CaCO_3$	$BaCO_3$	Ag_2CO_3	$PbCO_3$	$MgCO_3$	$FeCO_3$	$MnCO_3$	$CdCO_3$	$Bi(OH)CO_3$
白色	白色	白色	白色	白色	白色	白色	白色	白色
$Co_2(OH)_2CO_3$	$Ni_2(OH)_2CO_3$	$Cu_2(OH)_2CO_3$	$Zn_2(OH)_2CO_3$	$Hg_2(OH)_2CO_3$				
红色	浅绿色	蓝色	白色	红褐色				

7. 草酸盐

CaC_2O_4	BaC_2O_4	$Ag_2C_2O_4$	PbC_2O_4	FeC_2O_4
白色	白色	白色	白色	淡黄色

8. 硅酸盐

$BaSiO_3$	$MnSiO_3$	$Fe_2(SiO_3)_3$	$CoSiO_3$	$NiSiO_3$	$CuSiO_3$	$ZnSiO_3$	Ag_2SiO_3
白色	肉色	棕红色	紫色	翠绿色	蓝色	白色	黄色

9. 氯化物

$CoCl_2$	$CoCl_2 \cdot H_2O$	$CoCl_2 \cdot 2H_2O$	$CoCl_2 \cdot 6H_2O$	$CrCl_3 \cdot 6H_2O$	$FeCl_3 \cdot 6H_2O$		
蓝色	蓝紫色	紫红色	粉红色	绿色	黄棕色		
$TiCl_3 \cdot 6H_2O$	$BiOCl$	$SbOCl$	$Sn(OH)Cl$	$Co(OH)Cl$	$AgCl$	$CuCl$	Hg_2Cl_2
紫色	白色	白色	白色	蓝色	白色	白色	白色
$PbCl_2$	$HgNH_2Cl$						
白色	白色						

10. 溴化物

$AgBr$	$PbBr_2$	$AsBr$	$CuBr_2$
浅黄色	白色	浅黄色	黑紫色

11. 碘化物

AgI	Hg_2I_2	HgI_2	PbI_2	CuI
黄色	黄色	橘红色	黄色	白色

12. 拟卤化合物

AgCN	AgSCN	CuCN	$Cu(CN)_2$	$Cu(SCN)_2$	$Ni(CN)_2$
白色	白色	白色	黄色	黑色	浅绿色

13. 硫化物

MnS	FeS	Fe_2S_3	CoS	NiS	Cu_2S	CuS	Ag_2S	ZnS	CdS	HgS
肉色	黑色	黑色	黑色	黑色	黑色	黑色	黑色	白色	黄色	红色或黑色

SnS	SnS_2	PbS	As_2S_3	Sb_2S_3	Sb_2S_5	Bi_2S_3	Bi_2S_5
棕色	黄色	黑色	黄色	橙色	橙红色	黑褐色	黑色

14. 其他含氧酸盐

$NaBiO_3$	BaS_2O_3	$BaSO_3$	$Ag_2S_2O_3$	Ag_3AsO_4
黄棕色	白色	白色	白色	红褐色

15. 其他化合物

$Mn_2[Fe(CN)_6]$	$Zn_2[Fe(CN)_6]$	$Cu_2[Fe(CN)_6]$	$Ni_2[Fe(CN)_6]$
白色	白色	红棕色	浅绿色

$Co_2[Fe(CN)_6]$	$Fe_3[Fe(CN)_6]_2$	$Fe_4[Fe(CN)_6]_3$	$Na_2[Fe(CN)_5]\cdot 2H_2O$
绿色	蓝色	普鲁士蓝	红色

$(NH_4)_3PO_4\cdot 12MoO_3\cdot 6H_2O$ 黄色

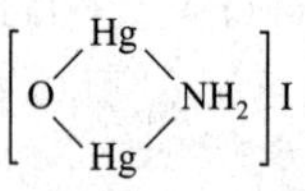

$\left[O\begin{smallmatrix}Hg\\ \\Hg\end{smallmatrix}NH_2\right]I$ 红棕色

$\left[\begin{smallmatrix}I—Hg\\ \\I—Hg\end{smallmatrix}NH_2\right]I$ 深褐色或红棕色

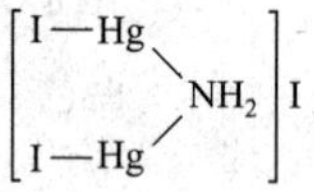

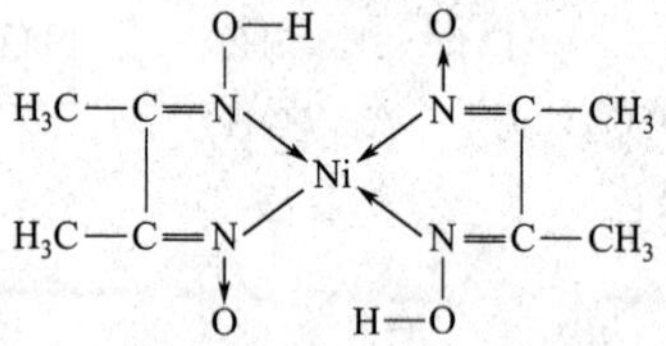

鲜红色

附录9　常用基准物及其干燥条件

基　准　物	标定对象	干燥条件
$NaHCO_3$	酸	260～270℃干燥至恒重
$Na_2B_4O_7\cdot 10H_2O$	酸	放在含 NaCl 蔗糖饱和溶液的干燥器中
$KHC_6H_4(COO)_2$	NaOH	105～110℃干燥至恒重
$H_2C_2O_4\cdot 2H_2O$	碱或 $KMnO_4$	室温空气干燥
$Na_2C_2O_4$	$KMnO_4$	105～110℃干燥至恒重
$K_2Cr_2O_7$	$Na_2S_2O_3$,$FeSO_4$	120℃干燥至恒重
$KBrO_3$	$Na_2S_2O_3$	150℃干燥至恒重

续表

基准物	标定对象	干燥条件
KIO_3	$Na_2S_2O_3$	180℃干燥至恒重
As_2O_3	I_2	硫酸干燥器中干燥至恒重
$(NH_4)_2Fe(SO_4)_2 \cdot 6H_2O$	氧化剂	室温空气干燥
Cu	还原剂	室温干燥器中保存
NaCl	$AgNO_3$	500～600℃加热至恒重
$AgNO_3$	卤化物,硫氰酸盐	硫酸干燥器中干燥至恒重
ZnO	EDTA	800℃灼烧至恒重
无水 Na_2CO_3	HCl,H_2SO_4	260～270℃加热至恒重
$CaCO_3$	EDTA	105～110℃干燥至恒重

附录10　常用离子的主要鉴定方法

(一) 常见阳离子的鉴定方法

1. NH_4^+

(1) 取10滴试液于试管中，加入NaOH溶液（$2.0mol \cdot dm^{-3}$）呈碱性，微热，并用滴加奈斯勒试剂的滤纸检验逸出的气体。如有红棕色斑点出现，表示有NH_4^+存在。

$$NH_3(g)+2[HgI_4]^{2-}+3OH^- \longrightarrow HgO \cdot HgNH_2I(s)+7I^-+2H_2O$$

(2) 取10滴试液于试管中，加入NaOH溶液（$2.0mol \cdot dm^{-3}$）呈碱性，微热，并用湿润的红色石蕊试纸检验逸出的气体。如试纸显蓝色，表示有NH_4^+存在。

2. K^+

取3～4滴试液于试管中，加入4～5滴Na_2CO_3溶液（$0.5mol \cdot dm^{-3}$），加热，使有色离子变为碳酸盐沉淀。离心分离，在所得的清液中加入HAc溶液（$6.0mol \cdot dm^{-3}$），再加入2滴$Na_3[Co(NO_2)_6]$溶液，最后将试管放入沸水中加热2min，若试管中有黄色沉淀，表明有K^+存在。

$$2K^+ + Na^+ + [Co(NO_2)_6]^{3-} \longrightarrow K_2Na[Co(NO_2)_6](s)$$

3. Na^+

取3滴试液于试管中，加氨水（$6.0mol \cdot dm^{-3}$）中和至碱性，再加入HAc溶液（$6.0mol \cdot dm^{-3}$）酸化，然后加入3滴EDTA溶液（饱和）（掩蔽其它金属离子的干扰）和6～8滴醋酸铀酰锌，充分摇荡，放置片刻，若有淡黄色晶状沉淀生成，表示有Na^+存在。

$$Zn^{2+}+Na^++3UO_2^{2+}+8Ac^-+HAc+9H_2O \longrightarrow NaAc \cdot Zn(Ac)_2 \cdot 3UO_2(Ac)_2 \cdot 9H_2O+H^+$$

4. Mg^{2+}

取1滴试液于点滴板上，加2滴EDTA溶液（饱和）（掩蔽其它金属离子的干扰），搅拌后加1滴镁试剂、1滴NaOH溶液（$6.0mol \cdot dm^{-3}$），如有蓝色沉淀生成，表明有Mg^{2+}存在。

5. Ca^{2+}

取5滴试液于试管中，加入少量Zn粉，水浴加热（使Ag^+、Pb^{2+}、Cu^{2+}、Hg^{2+}、Hg_2^{2+}等离子还原为金属），离心分离后，在清液中加入饱和$(NH_4)_2C_2O_4$溶液，水浴加热后，慢慢生成白色沉淀，表示有Ca^{2+}存在。

6. Sr^{2+}

取4滴试液于试管中，加入4滴Na_2CO_3溶液（$0.5mol \cdot dm^{-3}$），在水浴上加热得$SrCO_3$沉淀，离心分离。在沉淀中加2滴HCl（$6.0mol \cdot dm^{-3}$），使其溶解为$SrCl_2$，然后用清洁的镍铬丝或铂丝蘸$SrCl_2$置于煤气灯的氧化火焰中灼烧，如有猩红色火焰，表示有Sr^{2+}存在。

注意：在做焰色反应前，应将镍铬丝或铂丝蘸浓HCl置于煤气灯的氧化火焰中灼烧，反复数次，直至火焰无色。

7. Ba^{2+}

取4滴试液于试管中，加浓氨水使呈碱性，再加锌粉少许，在沸水浴中加热1～2min，不断搅拌（使Ag^+、Pb^{2+}、Hg^{2+}等离子还原为金属），离心分离。在溶液中加醋酸酸化，加3～4滴K_2CrO_4溶液，摇荡，在沸水中加热，如有黄色沉淀，表明有Ba^{2+}存在。

$$Ba^{2+} + CrO_4^{2-} = BaCrO_4(s)$$

8. Al^{3+}

取4滴试液于试管中，加NaOH溶液（$6.0mol \cdot dm^{-3}$）碱化，并过量2滴，加2滴H_2O_2（3%），加热2min，离心分离（消除Fe^{3+}、Bi^{3+}的干扰）。用HAc溶液（$6.0mol \cdot dm^{-3}$）酸化，调pH=6～7，加3滴铝试剂，摇荡后放置片刻，加氨水（$6.0mol \cdot dm^{-3}$）碱化，置于水浴上加热（消除Cr^{3+}、Cu^{2+}的干扰），如有橙红色物质（有CrO_4^{2-}存在）生成，可离心分离。用去离子水洗沉淀，如沉淀为红色，表示有Al^{3+}存在。

9. Sn^{2+}

取4滴试液于试管中，加2滴HCl（$6.0mol \cdot dm^{-3}$），加少许铁粉，在水浴上加热至作用完全，气泡不再发生为止。吸取清液于另一干净试管中，加入2滴$HgCl_2$，如有白色沉淀生成，表示有Sn^{2+}存在。

$$[SnCl_4]^{2-} + 2HgCl_2 = [SnCl_6]^{2-} + Hg_2Cl_2(s)$$

$$[SnCl_4]^{2-} + Hg_2Cl_2(s) = [SnCl_6]^{2-} + 2Hg(s)$$

10. Pb^{2+}

取4滴试液于试管中，加入2滴H_2SO_4溶液（$3.0mol \cdot dm^{-3}$），加热几分钟，摇荡，使Pb^{2+}沉淀完全，离心分离。在沉淀中加入NH_4Ac（$3.0mol \cdot dm^{-3}$）溶液，并加热1min，使$PbSO_4$转化为$[PbAc]^+$，离心分离。在清液中加HAc溶液（$6.0mol \cdot dm^{-3}$），再加2滴K_2CrO_4溶液（$0.1mol \cdot dm^{-3}$），如有黄色沉淀，表明有Pb^{2+}存在。

$$Pb^{2+} + CrO_4^{2-} = PbCrO_4(s)$$

11. Bi^{3+}

取3滴试液于试管中，加浓氨水使呈碱性，使Bi^{3+}变为$Bi(OH)_3$沉淀，离心分离。洗涤沉淀，以除去可能共沉淀的Cu^{2+}、Cd^{2+}。在沉淀中加入少量新配制的$Na_2[Sn(OH)_4]$溶液，如沉淀变黑，表示有Bi^{3+}存在。

$$2Bi(OH)_3 + 3[Sn(OH)_4]^{2-} = 2Bi(s) + 3[Sn(OH)_6]^{2-}$$

12. Sb^{3+}

取 6 滴试液于试管中，加氨水（6.0mol·dm^{-3}）碱化，加 5 滴 $(NH_4)_2S$ 溶液（0.5mol·dm^{-3}），充分摇荡，于水浴上加热 5min 左右，离心分离（消除 Hg_2^{2+}、Bi^{3+} 等的干扰）。在溶液中加 HCl（6.0mol·dm^{-3}）酸化，使呈微酸性，并加热 3～5min，离心分离（消除 Hg_2^{2+}、Bi^{3+} 等的干扰）。沉淀中加 3 滴 HCl（浓），再加热使 Sb_2S_3 溶解。取此溶液滴在锡箔上，片刻锡箔上出现黑斑。用水洗去酸，再用 1 滴新配制的 NaBrO 溶液处理（排除砷离子的干扰），黑斑不消失，表示有 Sb^{3+} 存在。

$$2[SbCl_6]^{3-}+3Sn = 2Sb(s)+3[SnCl_4]^{2-}$$

13. As(Ⅲ)、As(Ⅴ)

取 3 滴试液于试管中，加 NaOH 溶液（6.0mol·dm^{-3}）碱化，再加锌粉少许，立刻用一小团脱脂棉塞在试管上部，再用 $w=0.05$ 的 $AgNO_3$ 溶液浸过的滤纸盖在试管口上，置于水浴中加热，如滤纸上 $AgNO_3$ 斑点逐渐变黑，表示有 AsO_3^{3-} 存在。

$$AsO_3^{3-}+3OH^-+3Zn+6H_2O = 3[Zn(OH)_4]^{2-}+AsH_3(g)$$

$$6AgNO_3+AsH_3 = Ag_3As\cdot 3AgNO_3(\text{黄})+3HNO_3$$

$$Ag_3As\cdot 3AgNO_3+3H_2O = H_3AsO_3+3HNO_3+6Ag(s,\text{黑色})$$

14. Ti^{4+}

取 4 滴试液于试管中，加 7 滴浓氨水和 5 滴 NH_4Cl 溶液（1.0mol·dm^{-3}），摇荡，离心分离。在沉淀中加 2～3 滴浓 HCl 和 4 滴 H_3PO_4（浓），使沉淀溶解，再加 4 滴 H_2O_2（$w=0.03$），摇荡，如溶液呈橙色，表示有 Ti^{4+} 存在。

15. Cr^{3+}

取 2 滴试液于试管中，加 NaOH 溶液（2.0mol·dm^{-3}）至沉淀生成又溶解，再多加 2 滴。加 H_2O_2（$w=0.03$），微热，溶液呈黄色。冷却后再加 5 滴 H_2O_2（$w=0.03$），加 1cm^3 乙醚，最后慢慢滴加 HNO_3 溶液（6.0mol·dm^{-3}）。注意，每滴加 1 滴 HNO_3 溶液都必须充分摇荡。如果乙醚层呈蓝色，表示有 Cr^{3+} 存在。

$$2[Cr(OH)_4]^-+3H_2O_2+2OH^- = 2CrO_4^{2-}+8H_2O$$

$$2CrO_4^{2-}+2H^+ = Cr_2O_7^{2-}+H_2O$$

$$Cr_2O_7^{2-}+4H_2O_2+2H^+ = 2CrO(O_2)_2+5H_2O$$

16. Mn^{2+}

取 2 滴试液于试管中，加 HNO_3 溶液（6.0mol·dm^{-3}）酸化，加少量 $NaBiO_3$ 固体，摇荡后静置片刻，如溶液呈紫红色，表示有 Mn^{2+} 存在。

$$2Mn^{2+}+5NaBiO_3(s)+14H^+ = 2MnO_4^-+5Bi^{3+}+5Na^++7H_2O$$

17. Fe^{2+}

取 1 滴试液于点滴板上，加 1 滴 HCl（2.0mol·dm^{-3}）溶液酸化，加 1 滴 $K_3[Fe(CN)_6]$ 溶液（0.1mol·dm^{-3}），如出现蓝色沉淀，表示有 Fe^{2+} 存在。

$$xFe^{2+}+xK^++x[Fe(CN)_6]^{3-} = [KFe(\text{Ⅲ})(CN)_6Fe(\text{Ⅱ})]_x(s)$$

18. Fe^{3+}

(1) 与 $K_4[Fe(CN)_6]$ 反应　取 1 滴试液于点滴板上，加 1 滴 HCl（2.0mol·dm^{-3}）溶液酸化，加 1 滴 $K_4[Fe(CN)_6]$ 溶液（0.1mol·dm^{-3}），如出现蓝色沉淀，表示有 Fe^{3+} 存在。

$$xFe^{3+}+xK^++x[Fe(CN)_6]^{4-} = [KFe(\text{Ⅲ})(CN)_6Fe(\text{Ⅱ})]_x(s)$$

(2) 与 KSCN 或 NH_4SCN 反应　取 1 滴试液于点滴板上，加 1 滴 HCl(2.0mol·dm^{-3}) 溶液酸化，加 1 滴 KSCN 溶液（0.1mol·dm^{-3}），如溶液显红色，表示有 Fe^{3+} 存在。

$$Fe^{3+} + nSCN^- \longrightarrow [Fe(SCN)_n]^{3-n} (n=1\sim6)$$

19. Co^{2+}

取 5 滴试液于试管中，加入数滴丙酮，再加少量 KSCN 或 NH_4SCN 晶体（Fe^{3+} 的干扰可加 NaF 来掩蔽），充分摇荡，若溶液呈鲜艳的蓝色，表示有 Co^{2+} 存在。

$$Co^{2+} + 4SCN^- \longrightarrow [Fe(SCN)_4]^{2-}$$

20. Ni^{2+}

取 5 滴试液于试管中，加 5 滴氨水（2.0mol·dm^{-3}）碱化，加丁二酮肟溶液（$w=$ 0.01），若出现鲜红色沉淀，表示有 Ni^{2+} 存在。

$$Ni^{2+} + 2NH_3 + 2DMG \longrightarrow Ni(DMG)_2(s) + 2NH_4^+$$

21. Cu^{2+}

取 1 滴试液于点滴板上，加 2 滴 $K_4[Fe(CN)_6]$ 溶液（0.1mol·dm^{-3}），如生成红棕色沉淀，表示有 Cu^{2+} 存在。

$$2Cu^{2+} + [Fe(CN)_6]^{4-} \longrightarrow Cu_2[Fe(CN)_6](s)$$

22. Zn^{2+}

取 2 滴试液于试管中，加 5 滴 NaOH 溶液（6.0mol·dm^{-3}），加 10 滴 CCl_4，加 2 滴二苯硫腙溶液摇荡，如水层显粉红色，CCl_4 层由绿色变棕色，表示有 Zn^{2+} 存在。

23. Ag^+

取 5 滴试液于试管中，加 5 滴 HCl 溶液（2.0mol·dm^{-3}），置于水浴上温热，使沉淀聚集，离心分离。沉淀用去离子水洗 1 次，然后加过量氨水（6.0mol·dm^{-3}），摇荡，如有不溶物存在时，离心分离。取一部分溶液于试管中加 HNO_3 溶液（2.0mol·dm^{-3}），有白色沉淀，表示有 Ag^+ 存在。或取一部分溶液于试管中，加 KI 溶液（0.1mol·dm^{-3}），有黄色沉淀，表示有 Ag^+ 存在。

$$AgCl(s) + 2NH_3 \longrightarrow [Ag(NH_3)_2]^+ + Cl^-$$

$$[Ag(NH_3)_2]^+ + Cl^- + 2H^+ \longrightarrow AgCl(s) + 2NH_4^+$$

24. Cd^{2+}

取 3 滴试液于试管中，加 10 滴 HCl（2.0mol·dm^{-3}），加 3 滴 Na_2S 溶液（0.1mol·dm^{-3}），可使 Cu^{2+} 沉淀，Co^{2+}、Ni^{2+} 和 Cd^{2+} 均无反应，离心分离。在清液中加 NH_4Ac 溶液（$w=0.30$），使酸度降低，若有黄色沉淀析出，表示有 Cd^{2+} 存在。在该酸度下，Co^{2+}、Ni^{2+} 不会生成硫化物沉淀。

25. Hg^{2+}、Hg_2^{2+}

取 2 滴试液，加 2～3 滴 $SnCl_2$ 溶液（0.1mol·dm^{-3}），若生成白色沉淀，并逐渐转变为灰色或黑色，表示有 Hg^{2+} 存在。

$$2HgCl_2 + [SnCl_4]^{2-} \longrightarrow Hg_2Cl_2(s) + [SnCl_6]^{2-}$$

$$Hg_2Cl_2(s) + [SnCl_4]^{2-} \longrightarrow 2Hg(s) + [SnCl_6]^{2-}$$

（二）常见阴离子的鉴定方法

1. CO_3^{2-}

取 10 滴试液于试管中，加 10 滴 H_2O_2 溶液（$w=0.03$），置于水浴上加热 3min，如果

检验溶液中无 SO_3^{2-} 和 S^{2-} 存在时，可向溶液中加入半滴管 HCl 溶液（6.0mol·dm^{-3}），并立即插入吸有 $Ba(OH)_2$溶液（饱和）的带塞滴管，使滴管口悬挂 1 滴溶液，观察溶液是否变浑浊。或向试管中插入沾有 $Ba(OH)_2$溶液（饱和）的带塞的镍铬丝小圈，若镍铬丝小圈上的液膜变浑浊，表示有 CO_3^{2-} 存在。

$$SO_3^{2-}+H_2O_2 = SO_4^{2-}+H_2O$$

$$S^{2-}+4H_2O_2 = SO_4^{2-}+4H_2O$$

2. NO_3^-

取 10 滴试液于试管中，加 5 滴 H_2SO_4（2.0mol·dm^{-3}），加入 1cm^3 Ag_2SO_4溶液（0.02mol·dm^{-3}），离心分离。在清液中加入少量尿素固体，并微热。在溶液中加入少量 $FeSO_4$固体，摇荡溶解后，将试管倾斜，慢慢沿试管壁滴入 1cm^{3}浓 H_2SO_4，若 H_2SO_4层于水溶液层的界面处有“棕色环”出现，表示有 NO_3^- 存在。

$$6FeSO_4+2NaNO_3+4H_2SO_4 = 3Fe_2(SO_4)_3+2NO(g)+Na_2SO_4+4H_2O$$

$$FeSO_4+NO = [FeNO]SO_4\text{(棕色)}$$

$$2NO_2^-+CO(NH_2)_2+2H^+ = 2N_2(g)+CO_2(g)+3H_2O$$

3. NO_2^-

取 5 滴试液于试管中，加 10 滴 Ag_2SO_4溶液（0.02mol·dm^{-3}），若有沉淀生成，离心分离。在清液中加入少量 $FeSO_4$ 固体，摇荡溶解后，加入 10 滴 HAc 溶液（2.0mol·dm^{-3}），若溶液呈棕色，表示有 NO_2^- 存在。

$$Fe^{2+}+NO_2^-+2HAc = Fe^{3+}+NO(g)+H_2O+2Ac^-$$

$$Fe^{2+}+NO = [Fe(NO)]^{2+}\text{(棕色)}$$

4. PO_4^{3-}

取 5 滴试液于试管中，加 10 滴 HNO_3溶液（浓），置于沸水浴上加热 1～2min。稍冷后，加入 20 滴 $(NH_4)_2MoO_4$溶液，并水浴上加热至 40～45℃，若有黄色沉淀生成，表示有 PO_4^{3-} 存在。

$$PO_4^{3-}+3NH_4^++12MoO_4^{2-}+24H^+ = (NH_4)_3PO_4\cdot 12MoO_3\cdot 6H_2O(s)+6H_2O$$

5. S^{2-}

取 1 滴试液于点滴板上，加 1 滴 $Na_2[Fe(CN)_5NO]$ 溶液（w=0.01），若溶液呈紫色，表示有 S^{2-}存在。

$$S^{2-}+[Fe(CN)_5NO]^{2-} = [Fe(CN)_5NOS]^{4-}$$

6. SO_3^{2-}

取 10 滴试液于试管中，加入少量 $PbCO_3$(s)，摇荡，若沉淀由白色变为黑色，则需要再加少量 $PbCO_3$（s），直到沉淀呈灰色为止。离心分离，保留清液。

在点滴板上，加 $ZnSO_4$溶液（饱和）、$K_4[Fe(CN)_6]$ 溶液（0.1mol·dm^{-3}）及 $Na_2[Fe(CN)_5NO]$ 溶液（w=0.01）各 1 滴，加 1 滴氨水（2.0mol·dm^{-3}）将溶液调至中性，最后加 1 滴除去 S^{2-} 的试液。出现红色沉淀，表示有 SO_3^{2-} 存在。

$$S^{2-}+PbCO_3 = PbS+CO_3^{2-}$$

7. $S_2O_3^{2-}$

取 1 滴除去 S^{2-} 的试液于点滴板上，加 2 滴 $AgNO_3$溶液（0.1mol·dm^{-3}），若有白色

沉淀生成，并很快变为黄色、棕色，最后变为黑色，表示有 $S_2O_3^{2-}$ 存在。

$$2Ag^+ + S_2O_3^{2-} \longequal Ag_2S_2O_3(s)$$

$$Ag_2S_2O_3(s) + H_2O \longequal H_2SO_4 + Ag_2S(s，黑色)$$

8. SO_4^{2-}

取 5 滴试液于试管中，加 HCl 溶液（$6.0mol \cdot dm^{-3}$）至无气泡产生时，再多加 1～2 滴。加入 1～2 滴 $BaCl_2$ 溶液（$1.0mol \cdot dm^{-3}$），若有白色沉淀生成，表示有 SO_4^{2-} 存在。

9. Cl^-

取 10 滴试液于试管中，加 5 滴 HNO_3 溶液（$6.0mol \cdot dm^{-3}$）和 15 滴 $AgNO_3$ 溶液（$0.1mol \cdot dm^{-3}$），在水浴上加热 2min，离心分离。将沉淀用 $2cm^3$ 去离子水洗涤 2 次，使溶液的 pH 值接近中性。加入 10 滴 $(NH_4)_2CO_3$ 溶液（$w=0.12$），并在水浴上加热 1min，离心分离。在清液中加 1～2 滴 HNO_3 溶液（$2.0mol \cdot dm^{-3}$），若有白色沉淀生成，表示有 Cl^- 存在。

10. Br^-、I^-

取 5 滴试液于试管中，加 1 滴 H_2SO_4 溶液（$2.0mol \cdot dm^{-3}$）酸化，加 $2cm^3$ CCl_4，加 1 滴 Cl_2 水，充分摇荡，若 CCl_4 层呈紫红色，表示有 I^- 存在。继续加入 Cl_2 水，并摇荡，若 CCl_4 层紫红色褪去，又呈现出棕黄色或黄色，则表示有 Br^- 存在。

$$2Br^- + Cl_2 \longequal Br_2 + 2Cl^-$$

$$2I^- + Cl_2 \longequal I_2 + 2Cl^-$$

$$I_2 + 5Cl_2 + 6H_2O \longequal 2HIO_3 + 10HCl$$

附录 11　常用试剂的配制方法

试剂名称	浓度	配制方法
硫代乙酰胺	5%	5g 硫代乙酰胺溶于 $100cm^3$ 水中
碳酸铵	12%	120g $(NH_4)_2CO_3$ 溶于 $1000cm^3$ 水中
碳酸铵	$1mol \cdot dm^{-3}$	96g $(NH_4)_2CO_3$ 溶于 $1dm^3$ $2mol \cdot dm^{-3}$ 氨水中
硫氰酸铵	饱和溶液	NH_4SCN 的饱和水溶液
硫氰酸汞铵		8g $HgCl_2$ 和 9g NH_4SCN 溶于 $100cm^3$ 水中
硫化铵	$3mol \cdot dm^{-3}$	通 H_2S 于 $200cm^3$ $15mol \cdot dm^{-3}$ 氨水至饱和，然后加 $200cm^3$ $15mol \cdot dm^{-3}$ 氨水，并将所得溶液稀释至 $1dm^3$
磷钼酸铵试剂		$(NH_4)_3PO_4 \cdot 12MoO_3$ 的饱和溶液，用时取浑浊液于滤纸上
四苯硼化钠	3%	3g $NaB(C_6H_5)_4$ 溶于 $100cm^3$ 水中
亚硝酸钴钠	$0.1mol \cdot dm^{-3}$	230g $NaNO_2$ 溶于 $500cm^3$ 水中，加 $165cm^3$ $6mol \cdot dm^{-3}$ HAc 和 30g $Co(NO_3)_2 \cdot 6H_2O$，静置，过滤，将滤液稀释至 $1dm^3$，此溶液应呈橙色
硫化钠		480g $Na_2S \cdot 9H_2O$ 和 40g NaOH 溶于 $1dm^3$ 水中
酒石酸钾钠	$1mol \cdot dm^{-3}$	21g $NaKC_4H_4O_6$ 溶于 $100cm^3$ 水中
亚硝酸铜铅钠		溶 2g $NaNO_2$、0.9g $Cu(Ac)_2 \cdot H_2O$ 和 1.6g $Pb(Ac)_2 \cdot 3H_2O$ 于 $15cm^3$ 水中，加 $0.2cm^3$ $6mol \cdot dm^{-1}$ HAc 酸化，临用时配制
酚酞	1%	溶解 1g 酚酞于 $90cm^3$ 无水乙醇与 $10cm^3$ 水的混合液中
二苯胺磺酸钠	0.5%	称取 0.5g 二苯胺磺酸钠溶解于 $100cm^3$ 水中，如溶液浑浊，可滴加少量 HCl 溶液
铬黑 T		1g 铬黑 T 与 100g 无水 Na_2SO_4 固体混合，研磨均匀，放入干燥的磨口瓶中，保存于干燥瓶内
钙指示剂		钙指示剂与固体无水 Na_2SO_4 以 2∶100 比例混合，研磨均匀，放入干燥棕色瓶中，保存于干燥器内

续表

试剂名称	浓度	配制方法
钼酸铵试剂	5%	5g $(NH_4)_2MoO_4$加 5cm^{3}浓 HNO_3,加水至 100cm^3
二乙酰二肟	1%	溶解 1g 二乙酰二肟于 100cm^3 95%的乙醇中
KI-Na_2SO_3溶液		5g KI 和 20g $Na_2SO_3 \cdot 7H_2O$ 溶于 100cm^{3}水中
醋酸铀酰锌溶液		40g 醋酸铀酰锌加 24cm^3 6mol·dm^{-3} HAc 溶于 300cm^{3}水中
奈斯勒试剂		溶解 115g HgI_2和 80g KI 于水中,稀释至 500cm^3,加入 500cm^3 6mol·dm^{-3} NaOH,放置后取清液存于暗处
二苯硫腙	0.01%	10mg 二苯硫腙溶于 100cm^3 CCl_4中
茜素磺酸钠	0.1%	0.1g 茜素磺酸钠溶于 100cm^{3}水中
邻二氮菲	2%	2g 邻二氮菲盐酸盐溶于 100cm^{3}水中
丁二酮肟	1%	1g 丁二酮肟溶于 100cm^{3}95%乙醇中
5-Cl-PADAB	0.04%	0.04g 5-Cl-PADAB 溶于 100cm^{3}无水乙醇中
玫瑰红酸钠	0.5%	0.5%玫瑰红酸钠溶于 100cm^{3}水中,贮于棕色瓶中,仅能保持 2～3 天
GBHA	饱和	试剂溶于无水乙醇中至饱和
过氧化氢	6%	市售 30%的 H_2O_2 20cm^{3}与 80cm^{3}水混合
氯化亚锡	0.5mol·dm^{-3}	11g $SnCl_2 \cdot 2H_2O$ 溶于 50cm^{3}浓 HCl 中,然后以水稀释至 100cm^3,并加入几颗锡粒
草酸	饱和溶液	$H_2C_2O_4 \cdot 2H_2O$ 的饱和水溶液
镁试剂Ⅰ	0.01%	0.01g 镁试剂溶于 100cm^3 1mol·dm^{-3}NaOH 中
硝酸铵	2%	2g NH_4NO_3溶于 100cm^{3}水中
二氯化钴	0.02%	0.037g $CoCl_2 \cdot 6H_2O$ 溶于 100cm^{3}水中
$BiCl_3$	0.1mol·dm^{-3}	溶解 31.6g $BiCl_3$于 330cm^3 6mol·dm^{-3} HCl 中,加水稀释至 1dm^3
$SbCl_3$	0.1mol·dm^{-3}	溶解 22.8g $SbCl_3$于 330cm^3 6mol·dm^{-3} HCl 中,加水稀释至 1dm^3

附录 12 危险品的分类、性质和管理

根据危险品的性质，常用的一些化学药品大致可分为易燃、易爆和有毒 3 大类。

1. 易燃化学药品

（1）可燃气体有 NH_3、$CH_3CH_2NH_2$、Cl_2、CH_3CH_2Cl、C_2H_2、H_2、H_2S、CH_4、CH_3Cl、O_2、SO_2和煤气等。

（2）易燃液体可分为一级、二级、三级。一级易燃液体有丙酮、乙醚、汽油、环氧丙烷、环氧乙烷等；二级易燃液体有甲醇、乙醇、吡啶、甲苯、二甲苯、正丙醇、异丙醇、二氯乙烯、丙酸戊酯等；三级易燃液体有火柴、煤油、松节油等。

（3）易燃固体可分为无机物和有机物 2 大类，无机物类如红磷、硫黄、P_2S_3、镁粉和铝粉等；有机物类如硝化纤维、樟脑等。

（4）自燃物质有白磷。

（5）遇水燃烧的物品有 K、Na、CaC_2等。

2. 易爆化学药品

（1）H_2、C_2H_2、CS_2和乙醚及汽油的蒸气与空气或 O_2混合，皆可因火花导致爆炸。

（2）单独可爆炸的有：硝酸铵、雷酸铵、三硝基甲苯、硝化纤维、苦味酸等。

（3）混合发生爆炸的有：C_2H_5OH 加浓 HNO_3；$KMnO_4$加甘油；$KMnO_4$加 S；HNO_3加 Mg 和 HI；NH_4NO_3加锌粉和水滴；硝酸盐加 $SnCl_2$；过氧化物加 Al 和 H_2O；S 加 HgO；Na 或 K 加 H_2O 等。

（4）氧化剂与有机物接触，极易引起爆炸，故在使用 HNO_3、$HClO_4$、H_2O_2等时必须注意。

3. 有毒化学药品

（1）Br_2、Cl_2、F_2、HBr、HCl、HF、SO_2、H_2S、$COCl_2$、NH_3、NO_2、PH_3、HCN、CO、O_3和BF_3等均为有毒气体，具有窒息性或刺激性。

（2）强酸和强碱均会刺激皮肤，有腐蚀作用，会造成化学烧伤。强酸、强碱可烧伤眼睛角膜，其中强碱烧伤后5min，可使角膜完全毁坏。HF、PCl_3、CCl_3COOH等也有强腐蚀性。

（3）高毒性固体有：无机氰化物、As_2O_3等砷化物、$HgCl_2$等可溶性汞化合物、铊盐、Se及其化合物和V_2O_5等。

（4）有毒有机物有：苯、甲醇、CS_2等有机溶剂；芳香硝基化合物、苯酚、硫酸二甲酯、苯胺及其衍生物等。

（5）已知的危险致癌物质有：联苯胺及其衍生物、β-萘胺、二甲氨基偶氮苯、α-萘胺等芳胺及其衍生物；*N*-四甲基-*N*-亚硝基苯胺、*N*-亚硝基二甲胺、*N*-甲基-*N*-亚硝基脲、*N*-亚硝基氢化吡啶等*N*-亚硝基化合物；双（氯甲基）醚、氯甲基甲醚、碘甲烷、β-羟基丙酸丙酯等烷基化试剂；苯并[*a*]芘、二苯并[*c*，*g*]咔唑、二苯并[*d*，*h*]蒽、7，12-二甲基苯并[*a*]蒽等稠环芳烃；硫代乙酰胺硫脲等含硫化合物；石棉粉尘等。

（6）具有长期积累效应的毒物有：苯；铅化合物，特别是有机铅化合物；汞、2价汞盐和液态的有机汞化合物等。

附录13　常用化学网址

1. 化学信息与检索

（1）http：//www.nstl.gov.cn　中国科技图书文献中心

（2）http：//www.las.ac.cn　中国科学院情报所网

（3）http：//www.wokeji.com/qyts/1_qykj　中国科技网

（4）http：//chem.icxo.com/chin/zy.html　化学信息网

（5）http：//www.cintcm.ac.cn/opencms/opencms　中国中医药信息网

（6）http：//china.chemnet.com　中国化工信息网

（7）http：//telu.wubaiyi.com　化学化工信息导航网

（8）http：//www.wanfangdata.com.cn　万方数据资源系统

（9）http：//www.nlc.gov.cn　中国国家图书馆

（10）http：//www.cnki.net　中国期刊网 CNKI 数字图书馆

（11）http：//www.acs.org/content/acs/en.html　美国化学信息网

（12）http：//www.cas-china.org　美国化学文摘

（13）http：//pubs.acs.org　美国化学会全文期刊数据库

2. 专利服务

（1）http：//www.patent.com.cn　中国专利信息网

（2）http：//www.sipo.gov.cn/zljsfl　中国专利检索网

（3）http：//www.uspto.gov　美国专利检索网

（4）http：//www.jpo.go.jp　日本专利检索网

（5）http：//www.epo.org　欧洲专利局

3. 协会与组织

(1) http：//www.chemsoc.org.cn 中国化学学会

(2) http：//www.rsc.org 英国皇家化学会

(3) http：//www.acs.org/content/acs/en.html 美国化学会

(4) http：//www.csj.jp 日本化学会

(5) http：//www.gdch.de 德国化学会

(6) http：//www.cheminst.ca 加拿大化学会

参 考 文 献

[1] 南京大学《无机及分析化学实验》编写组．无机及分析化学实验．第4版．北京：高等教育出版社，2006.

[2] 大连理工大学主编. 无机化学实验．第2版．北京：高等教育出版社，2012.

[3] 武汉大学主编．分析化学实验．第5版．北京：高等教育出版社，2011.

[4] 倪哲明主编．无机及分析化学．第2版．北京：化学工业出版社，2009.

[5] 天津大学主编．无机化学简明教程．北京：高等教育出版社，2010.

[6] 武汉大学主编．分析化学（上）．第5版．北京：高等教育出版社，2010.

[7] 北京师范大学等．无机化学实验．第4版．北京：高等教育出版社，2014.

[8] 浙江大学，华东理工大学，四川大学合编．新编大学化学实验．北京：高等教育出版社，2002.

[9] 倪静安，高世萍等．无机及分析化学实验．北京：高等教育出版社，2007.

[10] 贾佩云，陈春霞等．无机及分析化学实验．北京：化学工业出版社，2013.

[11] Yang F，Zheng W J. Inorganic Chemistry Experiment. Bei Jing：Chemical Industry Press，2014.

[12] Housecroft C E，Sharpe A G. Inorganic Chemistry. London：Pearson Education Limited，2001.

[13] Beran J A. Laboratory Manual for Principles of General Chemistry. 6th ed. New York：John Wiley and Sons，2000.